전자회로 실험

2판

조춘식 전재홍 김영진 오병태 정동원

JINSAEM 진샘미디어

머리말

전자공학을 전공하는 학생들이 3학년 때 주로 배우는 전자회로는 반도체, 다이오드 및 트랜지스터의 물리적인 특성에 대한 이해를 바탕으로 다양한 회로를 해석하고 설계하는 능력을 함양시키기 위한 교과목이다. 그런데 이 교과목의 내용을 모두 이해하는 것은 매우 어렵고, 학생들에게는 끈기와 시간과 노력의 투자가 요구된다. 이렇게 어렵고 많은 시간과 노력의 투자를 필요로 하는 전자회로는 이론적인 분석과 증명에 치우친 교육을 하게 되면 수강하는 학생들이 자주 좌절하고 힘들어하는 것 또한 주지의 사실이다.

공학은 과학을 기초로 하여 인류가 누리고 있는 많은 편리한 장치나 시스템을 실현시키는 분야이므로 과학적인 현상이나 법칙에 대한 이해가 선행되어야 한다. 이를 바탕으로 실제 구현하는 과정을 몸소 체험하거나 간접적으로 체험하면 그 분야에 대한 지식 및 이해 능력을 획기적으로 증가시킬 수 있다. 그러므로 전자회로에서 익힌 이론적 배경을 직접 실험으로 익히기 위한 전자회로 실험은 알 듯 말 듯 모호한 이론에 대한 이해를 높이며, 이론적으로 학습한 회로를 실제로 구현해봄으로써 이론적인 해석에 그치지 않고 보다 근원적인 물리적인 이해와 실제 회로의 원리를 익히기에 매우 유익하고도 보람된 과정이라고 할 수 있다.

어렴풋이 이해하고 방치한 전자회로의 원리를 실험 실습을 통하여 이해하고 또 보다 근본적인 개념습득을 달성하는 사례를 전자회로 실험이라는 교과목을 통하여 무수히 목격하였다. 특히 현대의 전자회로 실험이나 설계는 시뮬레이션이라는 과정을 반드시 거쳐서 시행착오를 줄이는 데 많은 노력을 기울이고 있으므로, 본 교재에서는 기본적인 이론의 소개에 이어서 실험할 회로에 대한 MultiSIM을 이용한 시뮬레이션 과정을 상세히 나타내었다. 따라서 과거처럼 시뮬레이션 과정없이 바로 실험에 임함으로 인해 겪게 되는 수많은 시행착오를 되풀이하지 않도록 구성하였다.

본 교재의 구성은 실험을 시작하면서 반드시 사용하게 될 오실로스코프의 사용법과 MultiSIM 프로그램의 사용법을 앞부분에 배치하여 학생들의 실험에 필요한 기초를 준비하도록 하였다. 그리고 연산증폭기(Op-amp)의 기초 및 이를 활용한 가산기, 비교기, 증폭기 및 미분기/적분기에 대하여 다루고 있다. 또 다이오드를 이용한 정류기 및 클램퍼 등을 다루고 이를 바탕으로 BJT 및 MOSFET를 사용한 다양한 증폭회로에 대하여 다루고 있다.

과거에는 전자회로 실험을 하면서 예비보고서 등의 형식으로 학생들의 시간을 많이 낭비하는 효율적이지 못한 교육이 이루어졌으나, 본 교재에서는 MultiSIM으로 미리 회로의 동작원리를 익히고 오는 것으로 예비보고서를 갈음하도록 하였다.

본 교재는 한국항공대학교의 항공전자정보공학부의 3학년을 대상으로 지금까지 "전자회로 실험"이라는 과목으로 진행되어온 내용을 바탕으로 출간되었다. 다양한 전자회로를 검증하고 실험하면서 집필하고 교정하는 데 많은 시간을 내어주신 저자 여러분들께 다시 한 번 서로서로 감사의 마음을 전하며 전자회로를 접하면서 많은 어려움을 겪는 학생들에게 본 교재를 통하여 도움이 되었으면 한다.

차례

CHAPTER

01 오실로스코프 및 회로 시뮬레이션

1 실험 목적

(1) 오실로스코프의 사용 방법을 익힌다.

(2) 회로 시뮬레이션 tool의 사용 방법을 익힌다.

2 이론적 배경

2.1 오실로스코프

오실로스코프는 전자 분야에서 가장 광범위하게 사용되는 측정장비 중 하나이다. 전자공학도는 반드시 이 장비를 조작할 수 있어야 하며 또한 어떻게 사용되며 어떤 용도로 사용되는지 반드시 이해하여야 한다.

오실로스코프는 저주파 및 고주파 전압신호의 측정에 이용된다. 즉 전압신호가 시간에 대해 어떻게 변화하는지를 실시간으로 관측하는 것이 주목적이다. 측정되고 있는 파형은 장비에 부착되어 있는 디스플레이 화면으로 그래프의 형태로 실시간으로 보여 지게 된다. 따라서 화면의 수평축은 시간을 나타내고 화면의 수직축은 전압의 크기를 나타낸다. 측정된 파형을 화면에 표시할 때 화면에 표시되는 수평축 한 눈금(그리드)의 크기(Time/Div)와 수직축 한 눈금의 크기(Volt/Div)를 조절함으로써 파형의 확대 및 축소 표시가 가능하다.

한 화면으로 표시할 수 있는 시간(화면 수평축의 길이에 대응됨)이 관찰하고 있는 파형의 주기와 정확한 정수배 관계에 있다고 가정하자. 이 경우 파형이 화면에 표시될 때 동일한 그래프가 계속 반복될 것이므로 마치 정지된 화면을 보는 것처럼 된다. 반면 정수배의 관계에 어긋나게 되면 화면에 표시되는 그래프는 매 화면마다 조금씩 그래프의 시작점이 달라질 것이므로 그래프가 고정되지 않고 좌우로 심하게 움직이게 된다. 따라서 대부분의 오실로스코프는 관찰하고 있는 전압신호를 빠뜨리지 않고 모두 화면에 표시하는 것이 아니라, 매 화면마다 그래프가 일정하게 보일 수 있는 구간만 주기적으로 샘플링하여 이를 화면에 반복적으로 보여준다. 이는 샘플링의 시작점에 해당되는 트리거 레벨이 관찰되는 신호의 전압 범위 내에 있어야 가능한 일이다. 만약 트리거 레벨이 신호의 전압 범위를 벗어나 있으면 언제 어디에서 샘플링을 해야 하는지 기기가 정할

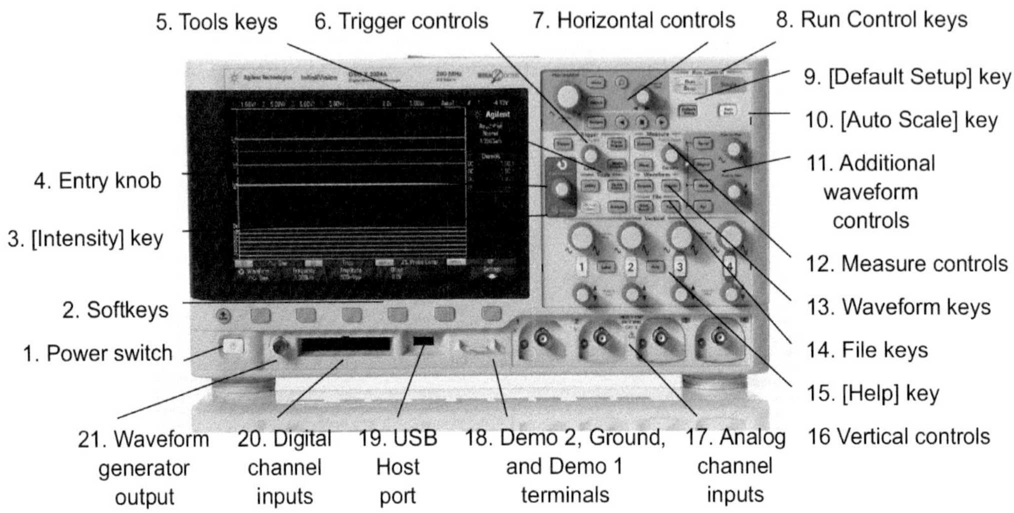

(a) Agilent사의 오실로스코프 전면도

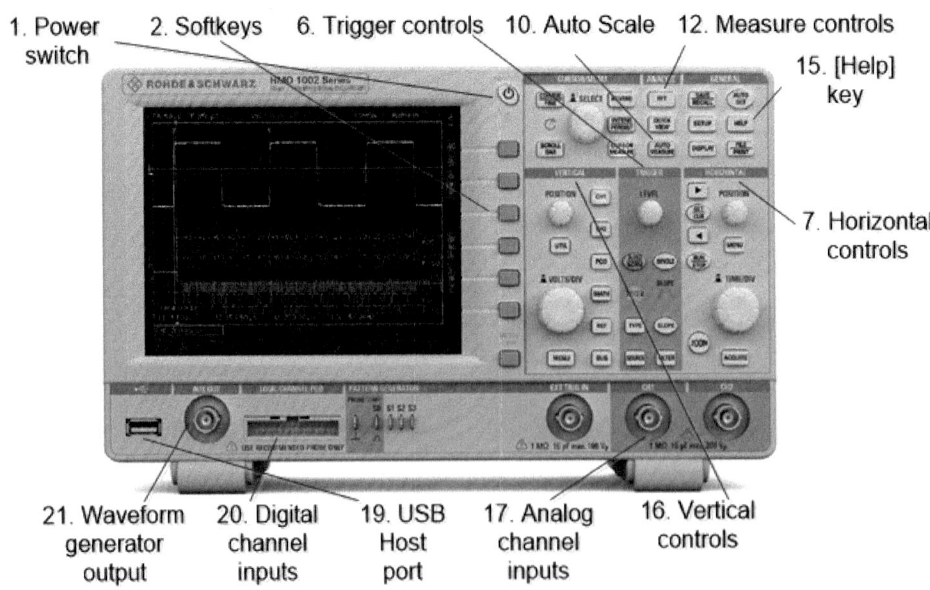

(b) Rohde-schwarz사의 오실로스코프 전면도

| **그림 1.1** | 오실로스코프 전면도: (a) Agilent사의 오실로스코프, (b) Rohde-schwarz사의 오실로스코프

수 없게 되므로 그래프가 화면에서 좌우로 심하게 요동치는 현상이 발생하게 된다. 이런 경우 그래프가 고정될 수 있도록 트리거 레벨을 조정해 주어야 한다. 조작 버튼 중에 [Auto Scale] 버튼을 누르면 기기가 자동으로 트리거 레벨을 찾아서 최적의 눈금 간격을 적용하여 고정된 그래프를 보여 주기도 한다. 그러나 가급적이면 [Auto Scale] 버튼을 누르지 않고도 적절하고 올바른 조작을 통해 고정된 파형을 화면에 나타낼 수 있도록 오실로스코프의 조작법을 익혀야 한다.

과거에는 오실로스코프의 화면이 CRT(음극선관)였고, 측정된 파형을 화면에 표시하기 위한 신호처리 방식이 아날로그 방식이었으나, 현재는 대부분 화면이 LCD(액정디스플레이)로 바뀌었고, 신호처리 방식도 디지털 방식으로 바뀌었다.

현재 실험실에는 Agilent사와 Rohde-schwarz사의 두 가지 오실로스코프가 비치되어 있는데 두 가지 모두 디지털 오실로스코프이며 사용방법에 있어서 큰 차이가 없다. 그림 1.1은 두 회사의 오실로스코프의 전면도이다. 아래는 그림 1.1(a)를 기준으로 그림에 표시된 여러 가지 버튼 및 knob들의 기능에 대한 설명이다. 그림 1.1(b)에도 동일한 기능의 버튼과 knob의 위치를 표시하였다.

1. Power switch : 한 번 누르면 전원이 켜지며, 다시 누르면 전원이 꺼진다.
2. Softkeys : 가로로 6개의 버튼이 배치되어 있으며, 버튼 바로 위에 LCD화면 가장자리에 표시되어 있는 메뉴들의 제목으로 각 버튼의 기능이 무엇인지 알 수 있다. 버튼을 누르면 화면 가장자리에 새로운 팝업 메뉴가 생기며 이 팝업 메뉴는 계층 구조를 이루고 있다. Softkeys 버튼의 왼쪽에 있는 (Back) 버튼을 누르면 이전 메뉴로 이동하게 된다. 메뉴에 있는 항목의 선택은 [Entry knob](4번설명 참고)를 활용해야 한다.
3. [Intensity] key : 이 버튼을 누르면 버튼에 불이 켜진다. 불이 켜진 상태에서 [Entry knob](4번설명 참고)를 돌려 화면의 명암을 조정할 수 있다.
4. [Entry knob] : 메뉴에서 항목을 선택하고 값을 변경하는 데 사용된다. 즉 이 knob를 돌려서 메뉴에 표시되고 있는 커서의 위치를 이동시키거나 값을 변화시키고, 또 이 knob를 눌러서 커서가 위치한 항목 또는 설정된 값을 선택하는 용도로 사용된다. [Entry knob]로 선택하거나 조절되는 항목은 현재의 메뉴, 즉 어떤 [Softkeys]가 선택되었는지에 따라 달라진다. [Entry knob]를 사용하여 값을 선택할 수 있을 때에는 언제나 이 knob 위에 있는 굽은 화살표 기호 ↻에 불이 켜진다.

5. Tool keys : Tools 표시 아래에 있는 버튼 4개의 기능은 아래와 같다.
   - [Utility] : 이 버튼을 누르면 오실로스코프의 I/O 설정을 구성하거나, 파일 탐색기를 사용하거나, 기본 설정을 지정하거나, 서비스 메뉴를 열거나, 기타 옵션을 선택할 수 있는 유틸리티 메뉴가 열린다.
   - [Quick Action] : 이 버튼을 누르면 모든 스냅샷 측정, 인쇄, 저장, 호출, 디스플레이 고정 등의 작업을 간편하게 수행할 수 있다.
   - [Analyze] : 이 버튼을 누르면 트리거 레벨, 측정 임계값 설정 또는 비디오 트리거 자동 설정 및 표시와 같은 분석 기능에 액세스할 수 있다.
   - [Wave Gen] : 이 키를 누르면 파형 발생기 기능에 액세스할 수 있다.
6. Trigger controls : 오실로스코프에서 파형 캡처 및 파형의 화면 표시를 위한 트리거의 방식을 결정하는 것으로서 [Level]이라고 표시된 knob는 트리거의 레벨을 조정하는데 사용한다.
7. Horizontal controls : [∿ ∿] 표시된 knob(수평 스케일 knob)를 돌려 Time/Div 설정을 조정할 수 있다. 이 수평 스케일을 사용하여 화면에서 파형을 수평방향으로 확대 또는 축소하는 효과를 얻을 수 있다. [◀▶] 표시된 knob(수평 위치 knob)를 돌리면 화면에서 파형을 수평으로 이동시킬 수 있다.
8. Run Control keys : [Run/Stop] 버튼을 눌러 버튼이 녹색이 되면 오실로스코프가 작동 중임을 나타내고, 이는 트리거 조건이 만족될 때 데이터를 수집하고 있음을 의미한다. 데이터 수집을 중단하려면, [Run/Stop]을 한 번 더 눌러 버튼이 빨간색이 되면 데이터 수집이 정지된 상태이다. 단일 수집을 캡처 및 화면표시를 하려면 [Single] 버튼을 누른다. [Single] 버튼은 화면에 파형이 표시되기 전에는 버튼이 노란색으로 표시된다.
9. [Default Setup] key : 이 버튼을 누르면 오실로스코프의 기본 설정이 복원된다.
10. [Auto Scale] key : 이 버튼을 누르면 오실로스코프에서 어느 채널에 활동이 있는지 신속히 파악한 다음, 자동으로 최적의 스케일과 트리거 레벨을 적용하여 화면에 파형을 나타내 준다.
11. Additional waveform controls : 각 버튼 및 knob의 기능은 아래와 같다.
    - [Math] : 파형에 대한 연산(더하기, 빼기 등) 기능에 대한 액세스를 제공한다.
    - [Ref] : 기준 파형 기능에 대한 액세스를 제공한다. 기준 파형은 화면에 표시하여 다른 아날로그 채널의 파형 또는 연산 파형과 비교하기 위한 파형이다.

- [Digital] : 이 버튼을 누르면 디지털 채널을 켜거나 끌 수 있다.
- [Serial] : 이 키는 현재 오실로스코프에서 사용되지 않는다.
- [∿ ∿] 표시된 knob : 이 knob는 연산, 기준 또는 디지털 파형에 대한 수직 스케일 knob의 기능을 한다.
- [▲▼] 표시된 knob : 이 knob는 연산, 기준 또는 디지털 파형에 대한 수직 위치 knob의 기능을 한다.

12. Measure controls : 각 버튼 및 knob의 기능은 아래와 같다.
    - [Cursors] 표시된 knob : 이 knob를 누르면 팝업 메뉴에서 원하는 종류의 커서를 선택할 수 있다. 다음으로 팝업 메뉴가 닫힌 후에(시간이 경과되거나 다시 knob를 눌러) knob를 돌리면 화면에서 선택한 커서 위치를 조정할 수 있다.
    - [Cursors] : 이 버튼을 누르면 커서 모드와 소스를 선택할 수 있는 메뉴가 열린다.
    - [Meas] : 이 버튼을 누르면 여러 가지 측정 항목 중 한 가지를 선택할 수 있다.
13. Waveform keys : 각 버튼의 기능은 아래와 같다.
    - [Acquire] : 일반, 피크 검출, 평균 또는 고분해능 수집 모드를 선택하고 세그먼트 메모리를 사용할 수 있다.
    - [Display] : 지속성을 활성화하거나, 디스플레이를 지우거나, 디스플레이 그리드(눈금) 명암을 조정할 수 있는 메뉴가 열린다.
14. File keys : 각 버튼의 기능은 아래와 같다.
    - [Save/Recall] : 이 버튼을 누르면 파형 또는 설정을 저장하거나 호출할 수 있다.
    - [Print] : 파형을 인쇄할 수 있는 메뉴가 열린다.
15. [Help] key : 도움말 항목을 표시하고 언어를 선택할 수 있는 메뉴가 열린다.
16. Vertical controls : 숫자 [1]과 숫자 [2]로 표시된 버튼(채널 버튼)을 사용하여 사용하고자 하는 채널(17번 설명 참고)을 켜고 끌 수 있다. 버튼을 누르면 불이 켜지므로 사용 중인 채널의 번호와 개수를 알 수 있다. 그림 1.1은 채널이 4개인 오실로스코프의 사진이지만 실험실에 비치된 오실로스코프는 채널의 개수가 2개이다. [∿ ∿] 표시된 knob(수직 스케일 knob)를 사용하여 각 아날로그 채널의 Volt/Div 설정을 조정할 수 있다. 이 수직 스케일을 사용하여 화면에서 파형을 수직방향으로 확대 또는 축소하는 효과를 얻을 수 있다. [▲▼] 표시된 knob(수직 위치 knob)를

사용하여 화면에서 채널의 수직 위치를 변경할 수 있다. [Label] 버튼을 누르면 라벨을 입력할 수 있는 라벨 메뉴가 열린다.

17. Analog channel inputs : 측정용 아날로그 프로브가 달린 BNC 케이블을 이 커넥터에 연결한다.
18. Demo 2, Ground, and Demo 1 terminals : Demo 1 단자는 특정 라이센스 기능이 설치된 경우, 이 단자를 통해 데모 또는 교육용 신호를 출력할 수 있다. Demo 2 단자는 프로브의 입력 커패시턴스를 연결된 오실로스코프의 채널에 일치시킬 수 있도록 하는 Probe Comp 신호를 출력한다. Ground 단자는 Demo 1 또는 Demo 2 단자에 대한 접지 단자로 사용된다.
19. USB host port : USB 메모리 또는 프린터를 오실로스코프에 연결하는 포트이다.
20. Digital channel inputs : 디지털 프로브 케이블을 이 커넥터에 연결한다.
21. Waveform generator output : [Wave Gen] 버튼을 눌렀을 때 설정에 따라서 기기 내부에서 발생된 파형이 출력되는 단자이다.

2.2 회로 시뮬레이션

아무리 복잡한 회로라도 키르히호프의 전압법칙 및 전류법칙은 성립해야 하며, 이 법칙으로부터 전류 또는 전압을 변수로 하는 연립 또는 연립미분방정식이 도출된다(그림 1.2). 이론적으로는 이 방정식들을 풀이하면 원하는 지점의 전류 또는 전압을 알 수 있을 것이다. 그러나 단순한 저항회로가 아니면 통상적으로 풀이가 난해한 방정식이 도출되는 것이 일반적이다. 따라서 컴퓨터의 도움으로 주어진 회로로부터 도출된 연립방정식(DC analysis) 또는 연립미분방정식(AC analysis)을 수치해석 방법으로 풀이함으로써 전류와 전압을 알아내는 것을 회로 시뮬레이션이라 한다. 이런 회로 시뮬레이션을 수행할 수 있도록 하는 컴퓨터 프로그램으로 여러 가지가 있는데, 이 중 대표적인 것이 PSpice와 MultiSIM이다. 두 프로그램의 구조나 사용법은 거의 비슷하나 시뮬레이션 결과를 표시해주는 방식만 약간 차이가 있다. 본 교재에서는 MultiSIM을 기준으로 설명을 할 것이다.

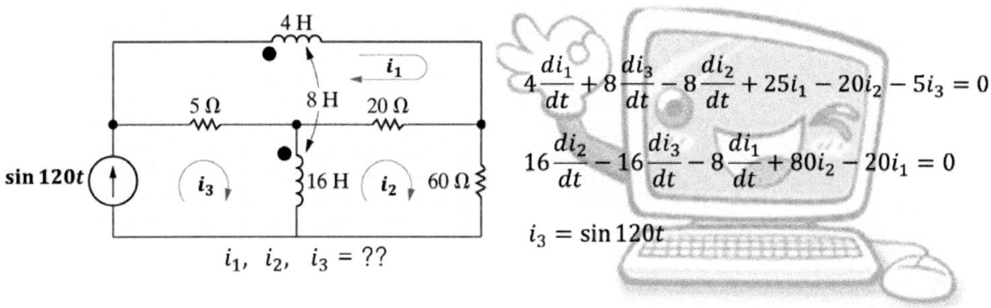

| **그림 1.2** | 임의의 회로와 이 회로에서 도출되는 방정식의 관계

(1) 시뮬레이션 입력 절차

풀이하고자 하는 연립방정식 또는 연립미분방정식을 프로그램에 인식시키는 방법으로 수식을 직접 입력하는 방법이 있겠지만, 이보다는 그 방정식들이 도출된 회로를 프로그램에 바로 인식시키는 것이 훨씬 효율적일 것이다. 프로그램에 회로를 인식시키기 위해 과거의 초창기 프로그램에서는 주어진 회로를 기술하는 문장들(net list)을 입력해 주었으나, 현재는 schematic diagram, 즉 회로도를 그리는 것을 입력 수단으로 하고 있다. 프로그램 상에서 schematic diagram을 그리는 작업을 schematic capture라고 한다(그림 1.3). 프로그램이 오류가 없는 연산을 할 수 있으려면 이 schematic diagram에 문제가 없어야 한다. 즉 schematic diagram을 구성하는 부품들이 올바르게 선택되어야 하고, 각 부품들이 갖고 있어야 할 값들(저항값, capacitance 등)이 빠짐없이 주어져야 하고, 부품 간의 연결에 문제가 없어야 한다.

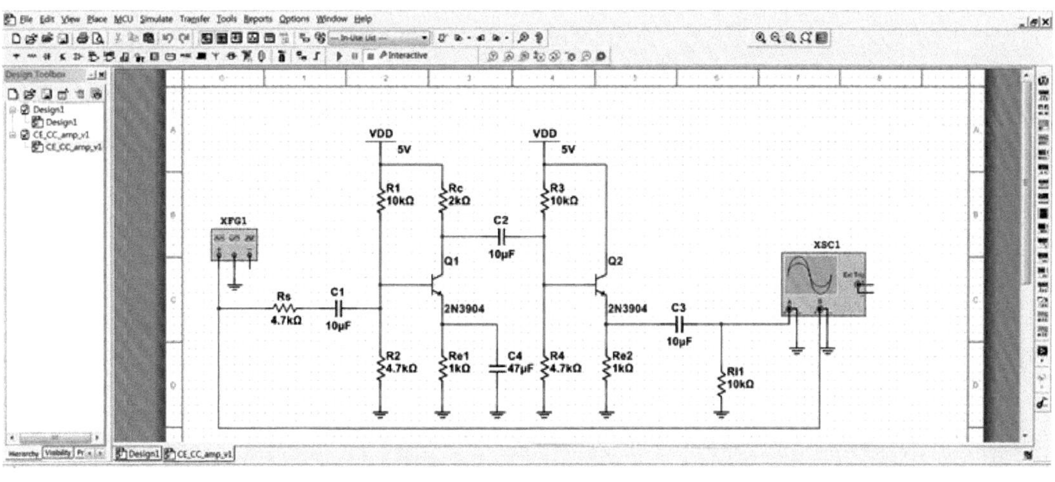

| **그림 1.3** | 임의의 회로에 대한 시뮬레이션을 위해 그린 schematic diagram

Schematic capture 시 부품들을 database에서 불러와야 하는데, real 소자를 불러올지, ideal 소자(=virtual 소자)를 불러올지를 결정하는 것은 트랜지스터와 같은 능동소자가 포함된 회로를 시뮬레이션 할 때 중요하다. Real 소자는 시중에 판매되고 있는 소자의 전기적 특성을 모사한 소자를 의미하고, ideal 소자는 이 소자가 속하는 그룹을 대표할 수 있도록 가장 일반적인 특성을 갖도록 설정된 소자를 의미한다. Real 소자의 명칭은 시중에 판매되고 있는 부품의 ID(part number)와 같다. R, L, C와 같은 수동 소자는 real 소자나 virtual 소자나 시뮬레이션 결과에 큰 차이가 없으나, 다이오드나 트랜지스터는 real 소자의 경우 종류가 아주 많으며, 전기적 특성이 서로 조금씩 또는 크게 차이가 나기 때문에 신중하게 선택할 필요가 있다. 어떤 소자를 선택할지는 시뮬레이션의 목적에 의해 결정된다고 할 수 있다. 예를 들어 시중에 판매되고 있는 부품으로 회로를 구성하기 위해 이 회로의 동작을 미리 예측해 볼 필요가 있다면 이때는 real 소자를 선택해서 시뮬레이션해야 할 것이다. 그림 1.4(a)는 실제 바이폴라 트랜지스터 부품인 2N3904를 불러오는 화면을 캡쳐한 것이다(Database: Master Database >> Group: Transistors >> Family: BJT_NPN >> Component: 2N3904). 한편 다이오드나 트랜지스터가 사용된 회로의 가장 일반적인 동작을 확인하고 싶다면 virtual 소자(database에서 명칭 끝에 "_Virtual"이 붙음)를 선택해야 할 것이다. 그림 1.4(b)는 MOSFET를 불러옴에 있어 실제 부품대신 virtual 소자를 불러오는 화면을 캡쳐한 것이다(Database: Master Database >> Group: Transistors >> Family: TRANSISTORS_VIRTUAL >> Component: MOS_N). Virtual 소자는 전기적 특성과 관계된 parameter들(=속성)을 사용자가 인위적으로 변경함으로써 이 virtual 소자의 전기적 특성을 인위적으로 변경할 수 있다. 주로 반도체 소자들이 이러한 parameter들을 많이 내포하고 있는데, 예를 들어 트랜지스터의 parameter 중 하나인 이동도 값에 따라 전체 회로의 동작이 어떻게 달라지는지 확인하고 싶다면, virtual 소자를 선택해서 default 값으로 정해져 있는 이동도를 여러 가지 값으로 바꿔서 시뮬레이션을 각각 수행하고 그 결과를 비교하면 될 것이다.

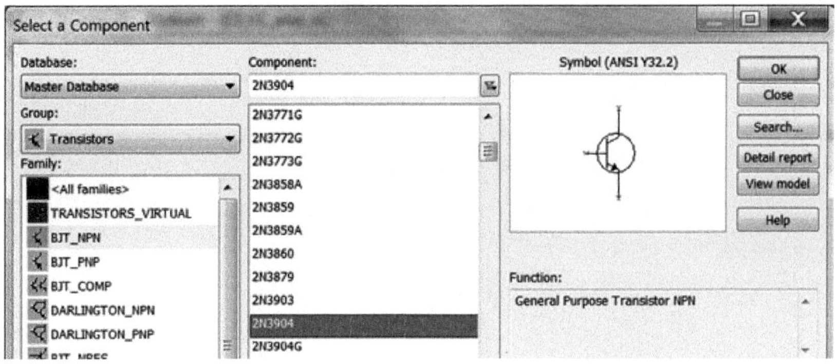

(a)

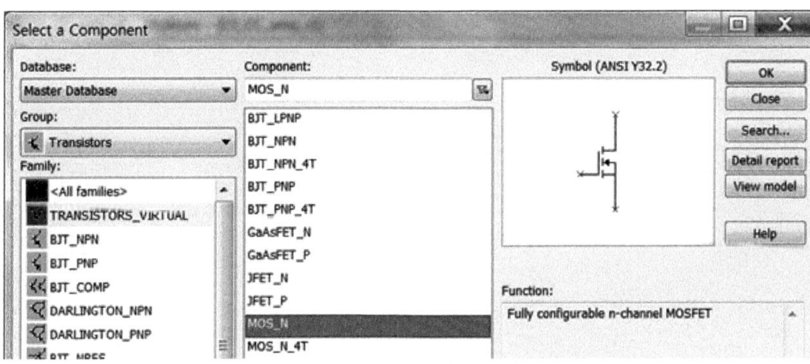

(b)

| **그림 1.4** | (a) 실제 바이폴라 트랜지스터 부품인 2N3904를 불러오는 화면,
(b) virtual MOSFET 소자를 불러오는 화면

본 실험수업을 위한 예비 시뮬레이션은 실제 부품이 사용된 회로의 동작을 예측하기 위한 것이므로, 실험에 사용되는 부품의 ID를 미리 파악하여 해당 부품의 ID와 동일한 real 소자를 활용하는 것이 의미가 있다. Real 소자도 실제 부품의 전기적 특성과 차이가 있다면 속성을 변경해서 실제 부품과 일치하도록 조정할 수 있다. 한편 R, L, C와 전원 및 신호원은 virtual 소자를 선택해도 무방하다.

(2) 시뮬레이션 결과 확인

Schematic capture가 완료되면 주어진 회로에 대해 프로그램이 연산을 수행하도록 한 후, 연산의 결과인 전압 및 전류의 값을 확인하면 된다. 결과 확인에 있어서 PSpice에는 없는 MultiSIM의 기능 중 한 가지는 schematic diagram에 계측기 symbol들을 추가해서 시뮬레이션 결과를 실시간으로 확인 할 수 있는 "Interactive simulation" 기능이 있다는 것이다. 추가할 수 있는 계측기 symbol로는 voltmeter, ammeter, multimeter, oscilloscope, IV analyzer 등이 있고, 이들을 선택할 수 있는 아이콘은 화면 우측 가장자리에 세로로 배치되어 있다. MultiSIM은 이 계측기 symbol들을 이용하여 시뮬레이션 결과를 실시간으로 확인할 수 있는 기능을 제공한다. 예를 들어 회로의 특정 node의 전압파형을 시뮬레이션으로 확인하고 싶다면 oscilloscope symbol을 해당 node에 연결해 주고, oscilloscope symbol을 더블 클릭하면 팝업창으로 oscilloscope 화면이 만들어진다. 이 후 시뮬레이션을 실행하면 oscilloscope 화면에 시뮬레이션 결과인 전압파형이 실시간으로 보여 진다. 아래 그림 1.5는 증폭회로의 simulation 결과를 oscilloscope 기능으로 확인하고 있는 화면을 캡쳐한 것이다. 쉽게 말해 컴퓨터 모니터를 통해 실시간 가상 실험을 하는 것과 유사하다고 할 수 있다. Oscilloscope와 마찬가지로 많이 사용되는 multimeter의 기능도 symbol로 제공하고 있다. IV analyzer symbol은 다이오드나 트랜지스터의 전기적 특성(I-V 그래프)을 시뮬레이션으로 확인할 때 사용한다.

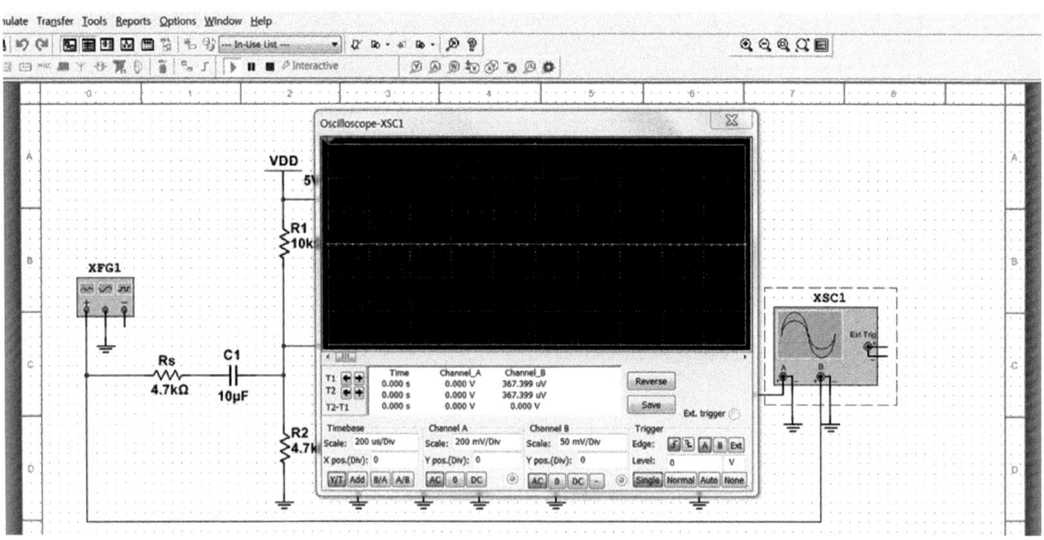

| 그림 1.5 | Simulation 결과를 oscilloscope 기능으로 확인하고 있는 화면

PSpice는 프로그램이 연산을 수행하면 그 결과가 output file에 우선적으로 저장된다. 물론 output file에 저장된 값들을 그래프로 보여주는 기능도 제공한다. 이 과정에서 output file에 어떤 결과를 저장할 것인지를 연산을 수행하기 전에 먼저 지정해 주어야 한다. 다시 말해 시뮬레이션을 실시하기 전에 analysis type을 먼저 지정해 주어야 한다. PSpice에서 제공하는 analysis의 종류로는 bias point analysis, time domain(=transient) analysis, DC sweep analysis, AC sweep/Noise analysis 등이 있다. MultiSIM에서 multimeter symbol, oscilloscope symbol 등 계측기 symbol을 schematic diagram에 연결하는 것이 바로 PSpice에서 analysis type을 정하는 것이라고 할 수 있다. 그러나 PSpice의 결과 출력 방식이 전통적인 방식이므로 MultiSIM도 메뉴에 "Analyses and simulation" 기능이 있으며 여기에서 analysis type을 지정한 후 simulation을 수행할 수 있다. 아래 그림 1.6은 MultiSIM에서 analysis 기능으로 시뮬레이션을 수행하고 graph viewer로 결과를 확인하는 화면을 캡처한 것이다.

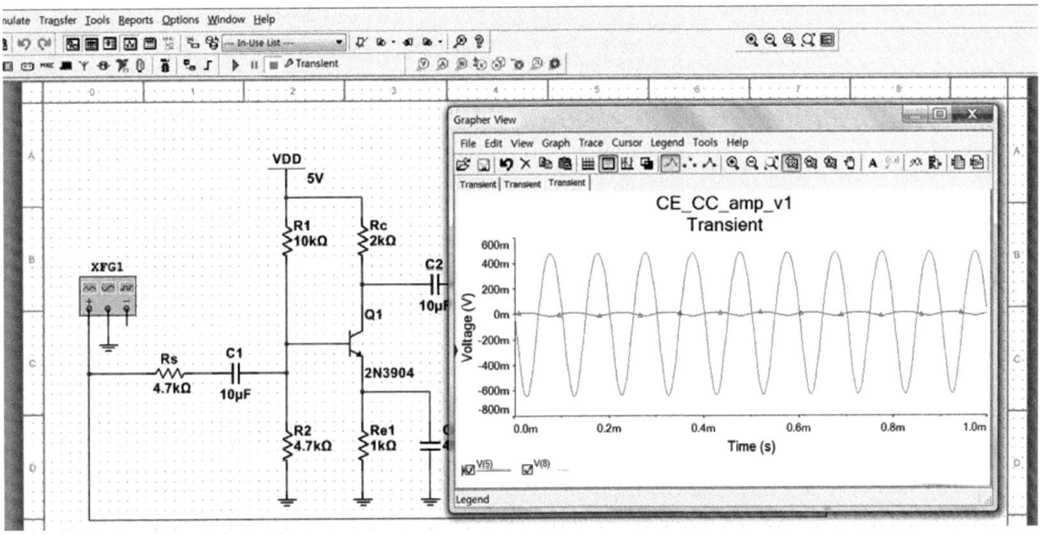

| 그림 1.6 | Analysis 기능으로 시뮬레이션을 수행하고 graph viewer로 결과를 확인하는 화면

3 사용 계기 및 부품

- 함수발생기, 오실로스코프
- 저항 : 1kΩ 3개 (2kΩ 대신 1kΩ 활용), 50Ω 1개
- capacitor : 0.047μF 1개
- 브레드 보드, 전선 및 리드선

4 실험방법

4.1 오실로스코프의 Horizontal, Vertical and Trigger Control

(1) 아래 그림 1.7과 같이 함수발생기의 출력 신호를 오실로스코프로 측정하고자 한다. 오실로스코프 1번 채널의 프로브를 함수발생기 신호선과 연결한다.

(2) 함수발생기의 출력이 5kHz, 10Vpp(Vp=5V), 사인파가 되도록 함수발생기를 설정한다.

(3) 오실로스코프의 Vertical 노브를 돌려서 사인파형이 오실로스코프 한 화면에 들어오도록 Vertical division 값을 조정한다.

(4) 오실로스코프의 Trigger 버튼을 눌러서 Trigger 소스를 채널 1번으로 설정하고, Trigger 레벨 노브를 조정하여 신호가 화면에서 흐르지 않고 정지되어 보일 수 있도록 Trigger레벨을 사인파형의 중간 레벨 정도로 조정한다.

(5) 오실로스코프의 Horizontal 노브를 돌려서 오실로스코프 화면에 최소 2주기 이상의 사인파형이 나타나도록 Horizontal division값을 조정한다.

(6) 함수발생기의 출력을 1kΩ 저항 양단에 인가한 후, 1kΩ 저항 양단의 전압 파형을 오실로스코프로 측정한다. 단계 (5)에서의 결과와 어떤 차이가 있는지 분석한다.

(7) 단계 (6)에서 사용했던 1kΩ 저항 대신에 50Ω 저항으로 교체한 후, 50Ω 저항 양단의 전압 파형을 오실로스코프로 측정한다. 단계 (6)에서의 결과와 어떤 차이가 있는지 분석한다.

| 그림 1.7 | 함수발생기의 출력 신호를 오실로스코프로 측정

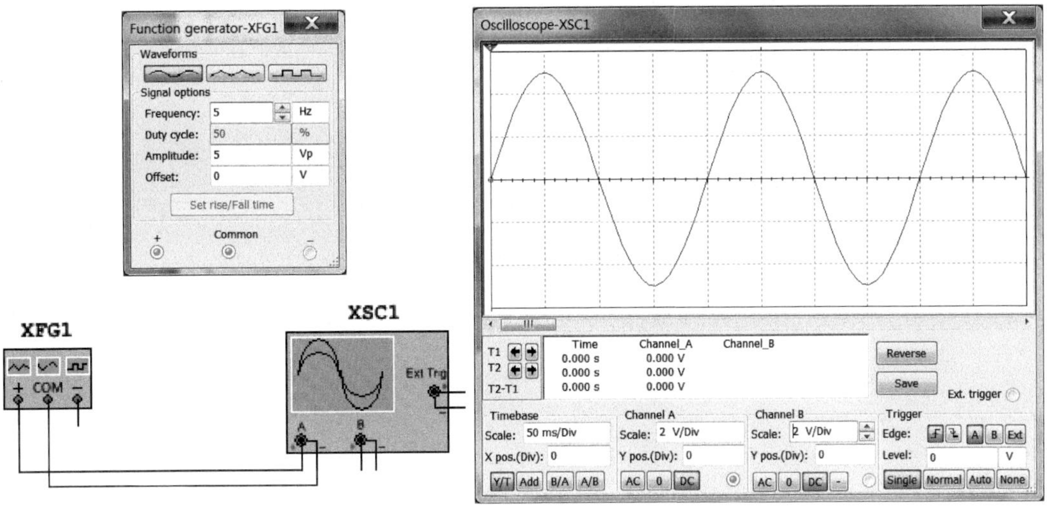

| 그림 1.8 | 오실로스코프 측정 시뮬레이션 및 결과

(8) 오실로스코프의 [Default Setup] key를 누른다. 함수발생기의 출력이 5kHz, 2Vpp (Vp−1V), offsct 4V(DC value) 사인파가 되도록 함수발생기를 설정한다.

(9) [Auto Scale] key를 눌러 오실로스코프의 화면으로 파형을 확인한 후 다시 [Default Setup] key를 누른다.

(10) [Auto Scale] key를 누르지 않고 오실로스코프의 화면에 최소 2주기 이상의 사인파형이 나타나도록 오실로스코프를 조정한다.

4.2 오실로스코프의 접지, two channel 측정, math 기능

(1) 아래 그림 1.9와 같이 회로를 결선하고, 함수발생기의 출력을 회로도에 표시된 바와 같이 설정한다.

(2) 오실로스코프의 1번 채널을 사용하여 1kΩ 양단에 인가되는 전압 파형을 오실로스코프로 관찰한다.

(3) 단계 (2)의 결과가 예상과 다른 이유를 분석한다.

(4) 오실로스코프의 채널 두 개를 사용하되 프로브의 접지를 함수발생기의 접지단자에 연결하고 오실로스코프의 math 기능을 사용하여 1kΩ 양단에 인가되는 전압 파형을 오실로스코프의 화면에 나타내도록 한다.

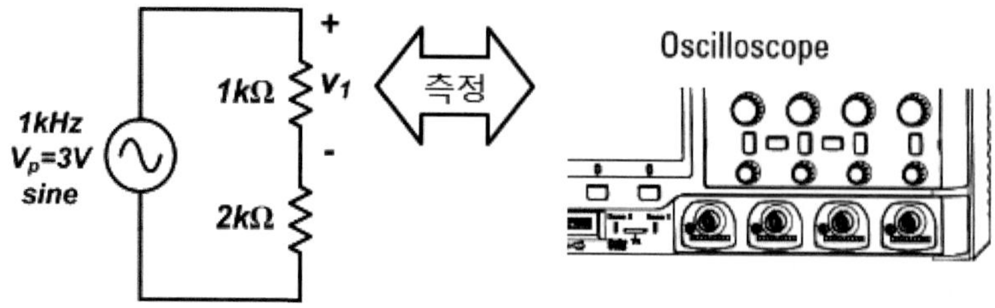

| 그림 1.9 | 실험용 회로와 측정하고자 하는 파형(v_1)의 측정 위치

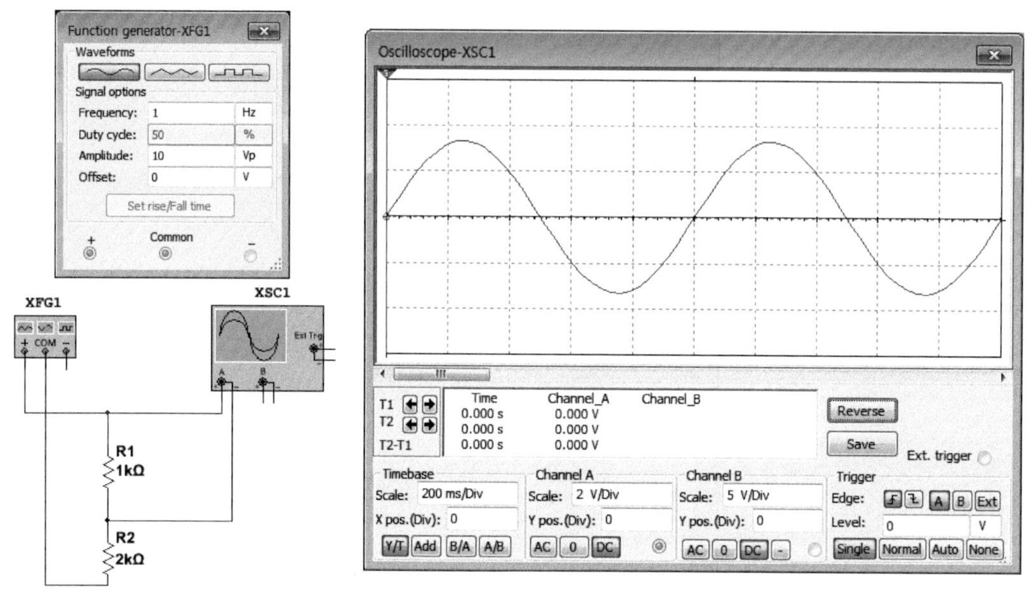

| 그림 1.10 | 오실로스코프 two channel 측정 시뮬레이션 회로도 및 결과

4.3 오실로스코프의 trigger 소스, cursor & measurement control

(1) 아래 그림 1.11과 같이 회로를 결선한다. 오실로스코프의 접지를 함수발생기의 접지에 연결한 후, 1번 채널의 프로브는 함수발생기 출력에 연결하고, 2번 채널의 프로브는 capacitor와 저항의 연결지점에 연결한 후 파형을 관찰한다. Trigger 소스의 전환에 따른 화면의 표시되는 파형의 변화를 관찰한다.

(2) Cursor 기능을 이용하여 1번 채널의 파형과 2번 채널의 파형의 주기, amplitude 등 파형과 관계된 값들을 추출한다.

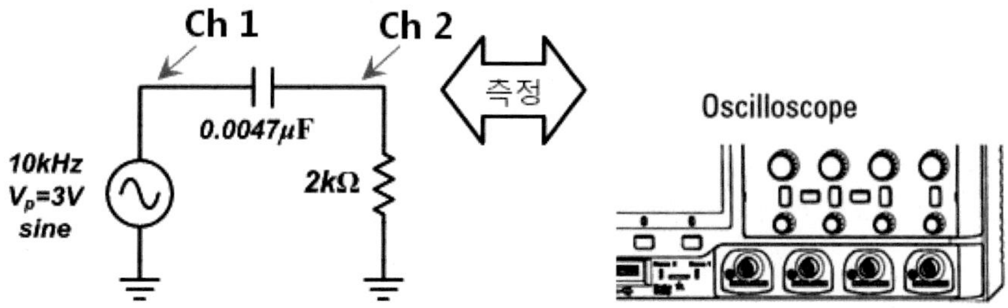

| **그림 1.11** | 실험용 회로와 측정하고자 하는 파형의 측정 위치

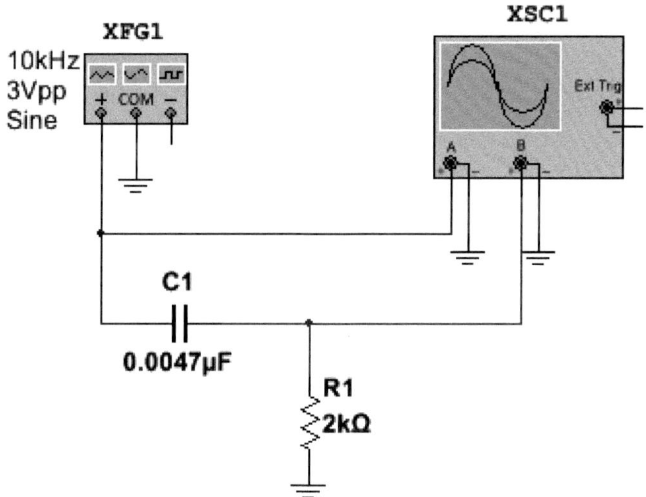

| **그림 1.12** | 오실로스코프 Trigger 소스 전환에 따른 시뮬레이션 회로도

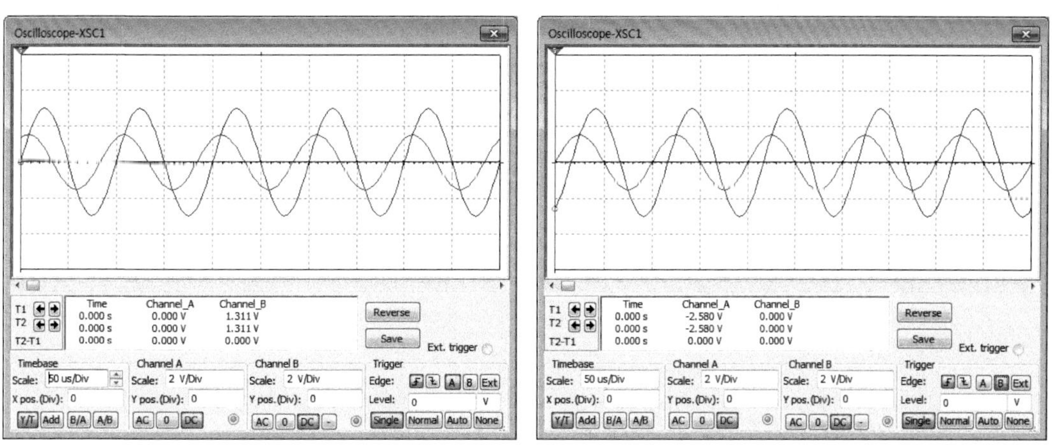

(a) 1번 채널 Trigger

(b) 2번 채널 Trigger

| **그림 1.13** | 오실로스코프 Trigger 소스 전환에 따른 시뮬레이션 결과

CHAPTER

02 Op-amp 기초 실험

1 실험 목적

(1) Op-amp 칩에 전원을 공급할 줄 알고, 각 핀의 사용법을 이해하고 익힌다.

(2) Op-amp를 활용한 대표적인 응용 회로들의 동작을 이해하고 실험으로 확인한다.

2 이론적 배경

2.1 Op-amp 칩의 전원공급 방법

연산증폭기(operational amplifier, op-amp)는 아래 그림 2.1(a)와 같은 칩 형태의 회로 부품이며, 그 내부에는 많은 수의 트랜지스터로 이루어진 집적회로가 들어 있다. 아래

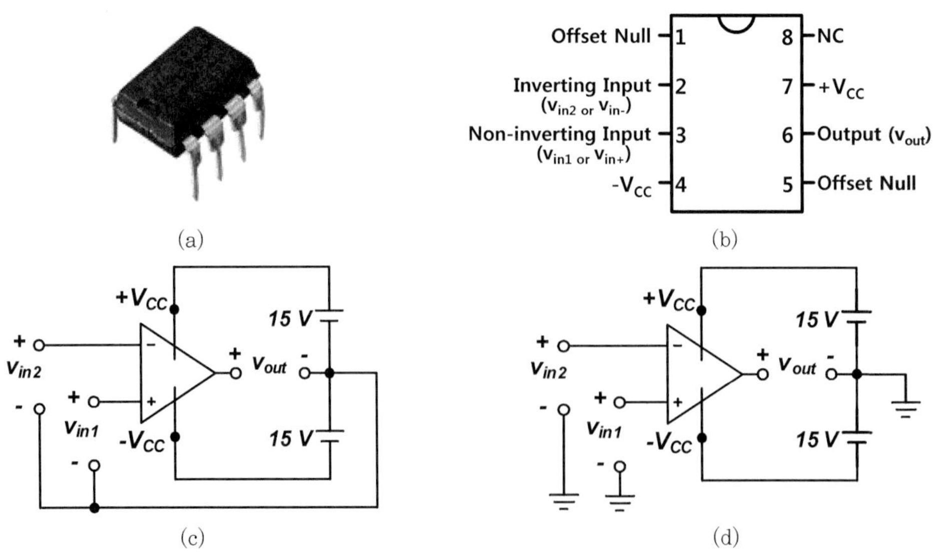

| 그림 2.1 | (a) Op-amp 부품 사진, (b) op-amp 핀 배치도, (c) op-amp의 전원공급을 위해 파워써플라이를 연결한 회로도, (d) (c)와 동일한 회로도 (ground 표시 활용)

그림 2.1(b)에 op-amp 칩의 핀 배치도를 나타내었다. 7번과 4번 핀은 전원공급용 단자이며, 3번과 2번 핀은 입력 단자, 6번 핀은 출력 단자이다. 1번과 5번 핀은 추후 설명하게 될 입력 오프셋전압 보상용 단자이다. 8번 핀은 사용하지 않는다.

디지털 IC의 경우에는 일반적으로 전원공급용 단자 중 한 개는 전체 회로의 ground와 연결하고 나머지 한 개에는 DC 양전압(ground 기준)을 인가한다. 그러나 대표적인 아날로그 IC인 op-amp는 회로의 ground와 연결되는 단자가 없다는 점을 유의해야 한다. Op-amp의 두 전원공급용 단자 중 한 개에는 DC 양전압($+V_{CC}$)을 인가하고 나머지 한 개에는 DC 음전압($-V_{CC}$)을 인가해야 한다(이와 같은 전원공급을 dual supply라고 부름). 이 때 $+V_{CC}$ 및 $-V_{CC}$는 회로의 ground를 기준으로 한 전압이므로, op-amp를 포함하는 회로를 꾸밀 때 전체 회로의 ground 위치가 어디인지를 꼭 알고 있어야 한다. 실험실에서 op-amp에 전원을 공급할 때에는 파워써플라이의 두 채널을 모두 사용해야 하며, 반드시 한 채널의 + 단자와 다른 채널의 - 단자를 서로 연결해 주어야 한다. 이 +/- 연결지점이 전체 회로의 ground가 되어야 한다. 따라서 이 +/- 연결지점과 bread board에서 ground로 사용할 지점을 반드시 연결시켜 주도록 한다. 이렇게 한 후, +/- 연결에 - 단자를 사용한 채널의 남는 + 단자를 op-amp의 $+V_{CC}$ 핀에 연결하고, + 단자를 사용한 채널의 남는 - 단자를 op-amp의 $-V_{CC}$ 핀에 연결해 준다. 마지막으로 파워써플라이 두 채널의 출력전압을 동일한 값으로 올려주면(예를 들어 각각 15V) ±15V의 dual supply가 완료된다. 위 그림 2.1(c)와 (d)는 동일한 회로를 나타내는 그림이다. 그림 2.1(d)는 ground node에 연결된 도선들을 표시하지 않는 대신 ground 기호로써 각 지점들이 서로 연결되어 있음을 나타내고 있다. 앞으로 op-amp가 사용되는 회로도에서 $+V_{CC}$ 및 $-V_{CC}$ 연결, 즉 전원공급 표시는 생략할 것이다.

2.2 Op-amp의 입력과 출력의 관계

Op-amp에 전원이 공급되고 있을 때, op-amp의 입력과 출력의 관계식은 아래와 같다.

$$v_{out} = A_{OL}(v_{in1} - v_{in2}) \tag{2.1}$$

Op-amp는 한 개의 입력을 받아서 증폭하는 소자가 아니라 두 개의 입력을 받아서 그 차이(=차동입력)를 증폭하는 소자이다. 두 입력은 모두 AC 전압이거나 모두 DC 진압일 수 있고, 한 개는 AC이고 나머지 한 개는 DC 전압일 수도 있다.

두 입력 전압(v_{in1} : 비반전 입력, v_{in2} : 반전 입력)은 모두 회로의 ground가 기준이다. 따라서 함수발생기에서 발생된 파형을 두 입력 중 하나로 넣어주고자 한다면 함수발생기의 출력단자는 op-amp의 두 입력 핀 중 필요한 한 군데에 연결하되, 함수발생기의 ground 단자는 반드시 앞서 설명한 회로의 ground(=bread board에서 ground로 사용하기로 한 지점)에 연결되어야 한다.

Op-amp의 입력과 출력의 관계식에서 A_{OL}을 open loop gain이라 부르며 매우 높은 값을 갖는 특징이 있다(이상적으로는 무한대, op-amp의 중요 특징 1). 이 open loop gain은 제조사 및 부품 넘버에 따라 다르긴 하지만 통상 10,000~200,000 정도의 매우 높은 값을 갖는다. 예를 들어 A_{OL}이 50,000일 때, v_{in2}를 ground와 연결하고 v_{in1}에 1V를 인가하면 차동입력은 +1V이므로 출력 전압(출력 전압도 회로의 ground가 기준임)은 +50,000V가 되어야 한다. 그러나 출력 전압이 전원으로 공급된 $+V_{CC}$와 $-V_{CC}$를 넘어갈 수 없다. 따라서 전원 전압이 ±15V라면 출력 전압은 +50,000V가 될 수 없고 +15V에 근접한 값으로 포화된다. 포화된 출력 전압은 $\pm V_{CC}$에 약 1~2V 모자라게 출력되는 것이 일반적이다. 포화전압이 $\pm V_{CC}$에 가까울수록 부품가격이 비싸며, 이를 rail-to-rail 출력이라고 한다.

한편 A_{OL}이 매우 높지만 v_{in1}과 v_{in2}를 모두 ground에 연결하거나 완벽하게 동일한 전압을 인가(=0V의 차동입력)하면 출력 전압도 0V가 나오는 것이 바람직하다. 그러나 아무리 잘 만들어진 op-amp라 하더라도 수 mV 또는 그 이하의 입력 오프셋전압이 존재할 수 있다. 이런 부품의 경우 0V의 차동입력이 인가되더라도 정확히 0V가 출력되지 않는다. 따라서 대부분의 op-amp 칩에는 입력 오프셋전압 보상용 단자가 있으며 이를 이용하여 입력 오프셋전압을 소거해 줄 수 있다. 소거 방법은 아래 그림 2.2처럼 10kΩ potentiometer(3단자 가변저항)를 입력 오프셋전압 보상용 단자인 1번과 5번 핀 사이에 연결하고, potentiometer의 가운데 단자(wiper 단자)는 $-V_{CC}$에 연결한다. 이 후 출력이 0V가 되도록 potentiometer의 wiper 위치를 조절한다. 그러나, A_{OL}이 워낙 높기 때문에 출력이 0V가 되도록 조절하기는 쉽지가 않으며, op-amp 소자만 단독으로 사용되는 회로는 드물다. 그 대신 op-amp가 포함된 전체 회로를 완성한 후 적정 수준의 gain이 얻어진 상태에서 0V 입력에 대해 0V 출력이 나오도록 1번과 5번 핀을 이용하여 입력 오프셋전압을 보상해주도록 한다.

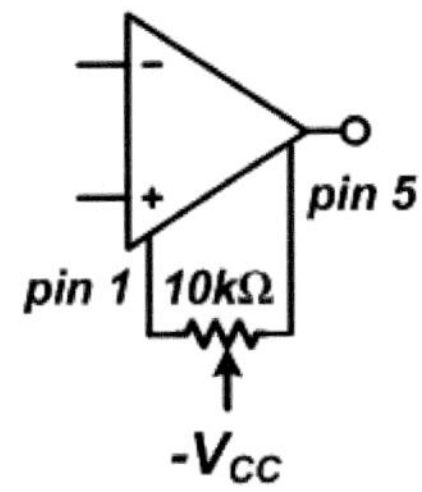

| 그림 2.2 | Op-amp 입력 오프셋전압 보상을 위한 potentiometer 연결 방법

2.3 Op-amp의 활용 (1) : 비교기

입력전압이 설정된 기준치보다 높거나 낮은 두 가지 경우에 대해 서로 다른 두 가지 레벨의 전압을 출력하는 회로를 비교기(comparator)라고 부른다. 이러한 비교기의 동작을 op-amp가 나타내는 출력 포화현상을 응용하여 구현할 수 있다. 아래 그림 2.3은 op-amp를 이용하여 구현한 비교기의 예시이다. R_1, R_2 전압분배기(voltage divider)로 원하는 기준전압을 생성하여 op-amp의 v_{in2}에 연결하고, v_{in1}에 비교하고자 하는 신호를 연결하면 된다. v_{in1}에 입력한 신호가 기준전압보다 높으면 $+V_{CC}$로 포화된 전압이 출력될 것이고, 낮으면 $-V_{CC}$로 포화된 전압이 출력될 것이다. 따라서 출력전압을 확인함으로써 입력신호가 기준전압보다 높은지 낮은지를 알 수 있게 된다. 일반적으로 전압분배기의 R_2 양단에 유한한 저항값을 갖는 부품이 병렬연결로 추가되면 이 부품으로도 전류가 흘러서 기준전압이 달라지게 되는데, op-amp의 두 입력단의 저항은 매우 높기 때문에(이상적으로는 무한대, op-amp의 중요 특징 2) 입력단자를 전압분배기에 연결해도 설정된 기준전압이 거의 그대로 유지될 수 있다.

Op-amp 비교기를 이용하면 sine파를 구형파로 변형시키는 것이 가능하다. v_{in2}에 회로의 ground를 연결하고 v_{in1}에 sine 파를 입력하면, sine 파의 peak 값에 상관없이 $+V_{CC}$와 $-V_{CC}$ 두 가지 레벨의 구형파가 출력될 것이고, 이 구형파의 주파수는 입력 sine 파의 주파수와 같을 것이라는 것을 쉽게 예측할 수 있다. 이 때 오실로스코프 화면의 시간축을 확대해서 출력 구형파의 상승 또는 하강 엣지를 관찰하면 일정한 기울기를 확인할 수 있게 된다. 이는 op-amp 소자의 자체적 특성인 slew rate에 기인된 것이다. Slew rate란 op-amp가 허용하는 단위시간당 출력전압 변화량의 최댓값을 의미한다. 따라서 이 slew rate 이상의 순간 기울기를 갖는 파형은 원형 그대로 출력이 되지 않는다. Slew rate는 부품마다 datasheet에 반드시 기재되는 사양이므로 확인할 필요가 있다. 예를 들어 어떤 op-amp의 slew rate가 0.5V/μs라면 비교기를 이용하여 ±15V의 구형파를 출력하도록 할 때, 이 출력파형이 -15V에서 +15V로 변화하는데 총 60μs가 소요될 것이다.

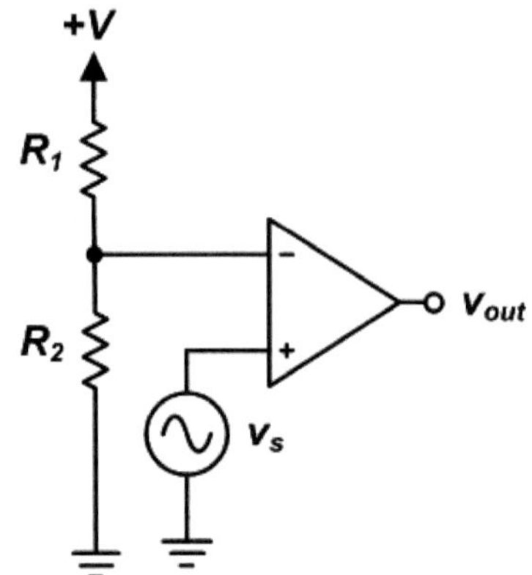

| 그림 2.3 | Op-amp를 이용하여 구현한 비교기

2.4 Op-amp의 활용 (2) : 반전 증폭기, 비반전 증폭기, 가산기

이상적인 op-amp에 대해 A_{OL}은 무한대로 정의되어 있다. 실제 op-amp도 10,000~200,000 정도의 높은 A_{OL} 값을 나타낸다. 따라서 v_{in1}과 v_{in2}가 조금이라도 차이가 나면 $+V_{CC}$ 또는 $-V_{CC}$로 포화되어 버리기 때문에 극히 작은 입력(예를 들어 0.1mV 레벨)이 아니라면 선형적인 증폭 동작은 일어나지 않는다. 즉, $\pm V_{CC}$로 출력이 포화되어 버린다. 그러나 op-amp는 negative feedback을 적용함으로써 그 효용성이 매우 높아지게 되며, op-amp를 사용하는 많은 회로들에는 negative feedback이 적용되어 있다. Feedback이란 간단히 말해 출력의 전부 또는 일부가 입력단으로 되돌려진다는 의미이고, 되돌려진 출력이 입력을 증가시키는 작용을 하면 positive feedback, 입력을 감소시키는 작용을 하면 negative feedback이라고 한다. Op-amp 회로에서 negative feedback 작용을 유도하려면 출력과 v_{in2}를 직접 연결해 주거나 또는 둘 사이에 저항과 같은 부품을 연결해 주게 된다.

Op-amp에 대한 입력은 v_{in1}에 연결된 신호와 v_{in2}에 연결된 신호를 따로 생각할 것이 아니라, 두 입력신호의 차이(=차동입력)임을 상기하자. Negative feedback이 작용하는 회로에서는 출력이 이 차동입력을 0에 가깝도록 줄여주는 작용을 한다. 차동입력이 이렇게 줄어들더라도 op-amp의 자체 gain(A_{OL})은 매우 높기 때문에 출력전압은 포화되지 않는 선에서 적당한 값을 가질 수 있게 된다. 이런 negative feedback이 적용된 회로의 입력과 출력의 관계를 근사적으로 간단하게 유도하는 방법은 A_{OL}을 무한대라고 가정하는 것이다. A_{OL}이 무한대이면 negative feedback 작용이 극대화되어 차동입력은 0으로 수렴된다(차동입력이 0이면 출력도 0일 것 같지만 A_{OL}이 무한대라 가정했으므로 ∞×0가 되어 0이 아닐 수 있다). 차동입력이 0이면 다시 말해 + 입력 단자와 - 입력 단자의 전위가 등전위가 된다. 이를 virtual short라고 부른다. 이 (1) virtual short 개념과 (2) op-amp의 입력단 저항이 무한대라는 가정을 활용하여 회로 해석이 가능하다. 아래 그림 2.4의 두 회로는 negative feedback이 적용된 대표적 회로이다. 이들 회로에서 입력신호 v_s와 op-amp의 출력 v_{out}의 비(v_{out}/v_s)를 closed loop gain(A_{CL})이라 부른다. Open loop gain에서는 입력이 op-amp에 대한 차동입력($= v_{in1} - v_{in2}$)으로 정의되지만, closed loop gain에서는 입력신호 자체(v_s)를 입력으로 정의한다. 아래 그림의 회로들에 대한 A_{CL}은 사용된 저항값들에 결정됨을 알 수 있고 A_{OL}과는 무관함(A_{OL}을 무한대로 가정할 때)을 알 수 있다. 그림 2.4(a)의 A_{CL}을 간단히 반전증폭기의 gain이라 부르고, 그림 2.4(b)의 A_{CL}을 간단히 비반전증폭기의 gain이라 부른다.

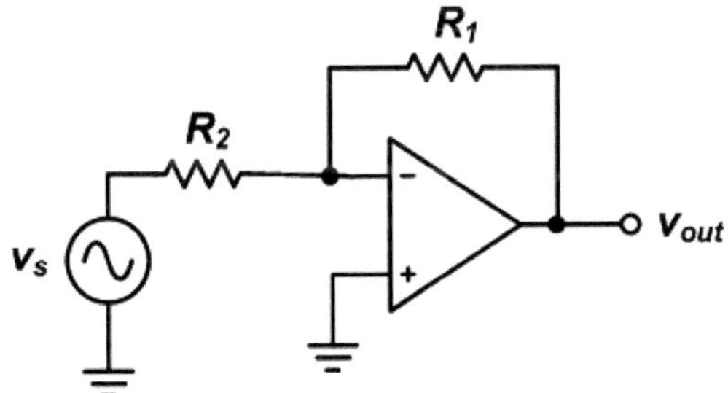

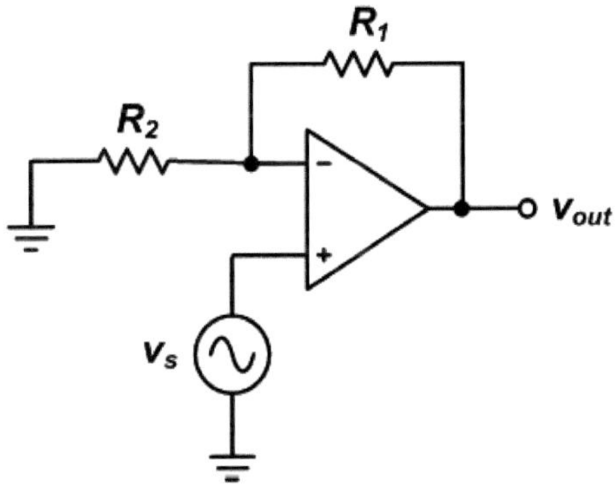

| 그림 2.4 | (a) Op-amp를 활용한 반전증폭기, (b) op-amp를 활용한 비반전증폭기

실제 반전증폭기나 비반전증폭기의 gain은 앞서 이상적인 조건을 이용하여 구한 A_{CL}과 차이를 나타내게 된다. 이것은 실제 op-amp 칩의 A_{OL}이 무한대가 아니기 때문이다. A_{OL}을 무한대로 가정하지 않고 op-amp의 입력단 저항은 무한대라는 가정만 유지하고 A_{CL}을 유도할 수 있다. 이렇게 유도된 결과는 앞서 이상적인 조건에서 유도된 결과보다 실제와의 차이가 줄어들게 될 것이다.

아래 그림 2.5와 같이 반전증폭기를 응용하여 2개 이상의 입력신호들을 v_{in2}에 병렬로 연결하면 가산기가 된다. 입력신호와 v_{in2} 핀 사이에 위치한 저항의 저항값을 조절하여 해당 입력신호에 대한 가중치를 부여할 수 있다. 이 가산기는 입력들의 덧셈 결과에 비례하는 값을 출력하는 연산기라는 의미를 갖고 있는데, 연산의 의미를 떠나서 입력신호들을 혼합시켜주는 기능을 한다는 의미도 된다. 따라서 DC와 AC 신호의 혼합, 또는 AC와 AC 신호의 혼합 등 여러 가지 신호들을 혼합하는데 사용할 수 있다.

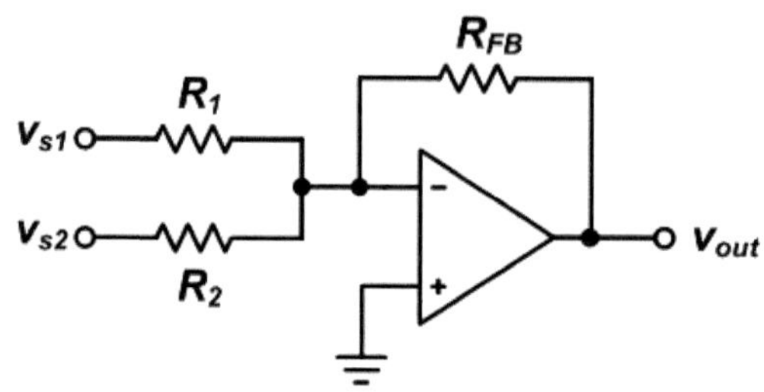

| 그림 2.5 | Op-amp를 활용한 가산기

2.5 Op-amp의 활용 (3) : 슈미트 트리거

앞에서 설명한 비교기를 이용하여 sine 파를 구형파로 바꾸고자 할 때, 입력 sine 파가 0V를 지나는 순간 구형파의 엣지가 출력된다. 만약 아래 그림 2.6(a)처럼 입력 sine 파가 0V 근처를 지날 때 잡음이 섞이면 원하지 않게 입력신호가 여러 번 0V를 교차하게 되고, 그 때마다 출력신호의 레벨이 뒤바뀌어서 깨끗한 구형파가 출력되기 어려울 것이다.

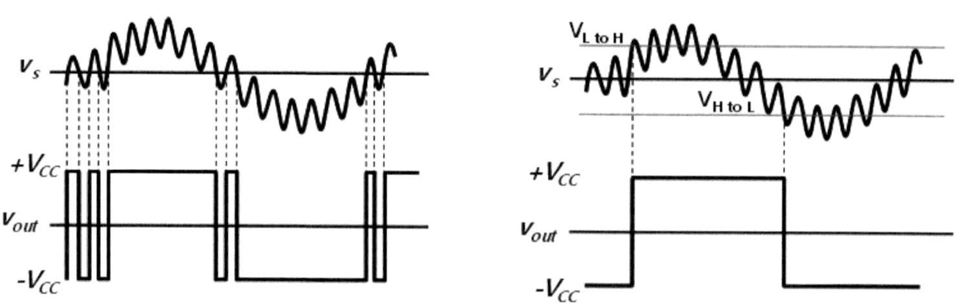

| 그림 2.6 | 노이즈가 포함된 입력신호에 대한 (a) 일반 비교기의 출력, (b) 슈미트 트리거의 출력

이처럼 입력단에 잡음이 섞일 수 있는 환경에서는 아래 그림 2.7(a)와 같이 기준 전압을 두 가지로 분리하는 것이 잡음의 영향을 줄일 수 있다. 예를 들어 발생할 수 있는 노이

즈의 첨두치를 ΔV라고 가정할 때, 입력신호가 low에서 high로 변할 때는 기준 전압(V_{L_H})을 0V보다 ΔV만큼 높게 설정하고, 반대로 high에서 low로 변할 때는 기준 전압(V_{H_L})을 0V보다 ΔV만큼 낮게 설정하는 것이다. 그 결과 그림 2.6(b)와 같이 입력단의 잡음에 둔감한 출력을 얻을 수 있다. 이처럼 비교기와 유사하지만 기준 전압이 두 가지로 분리된 비교기를 슈미트(Schmitt) 트리거라고 한다.

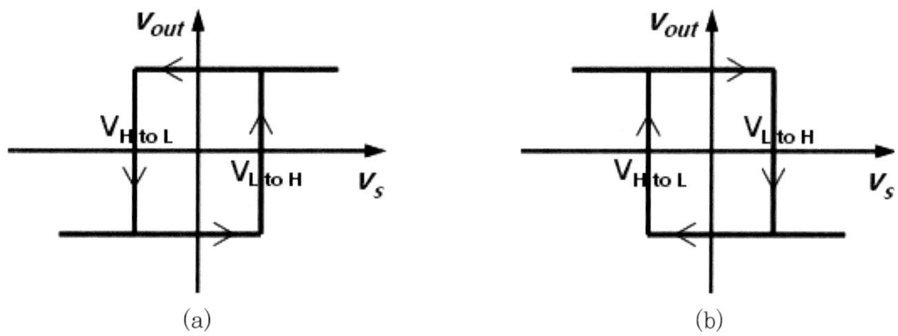

| **그림 2.7** | (a) 슈미트 트리거의 입출력 특성, (b) 반전 출력 슈미트 트리거의 입출력 특성

Op-amp를 이용하여 반전 출력 슈미트 트리거를 구현한 회로를 아래 그림 2.8에 나타내었다. Op-amp 슈미트 트리거는 positive feedback의 대표적 사례라고 할 수 있다. 출력과 v_{in1}이 R_1을 통해 연결되어 있어 op-amp에 대한 차동입력을 계속 증가시키는 작용을 한다. 그렇지만 출력은 계속 커질 수는 없고 $\pm V_{CC}$에서 포화된다. 출력이 $+V_{CC}$ 또는 $-V_{CC}$에 도달되면 R_1, R_2 전압분배기에 대한 전원으로 작용하면서 서로 다른 두 기준전압을 만들어 내는 역할을 하게 된다. 아래 그림의 op-amp 슈미트 트리거는 입력 레벨과 출력 레벨이 반대인 인버팅 동작을 한다. 따라서 입력과 출력의 관계는 그림 2.7(b)와 같다.

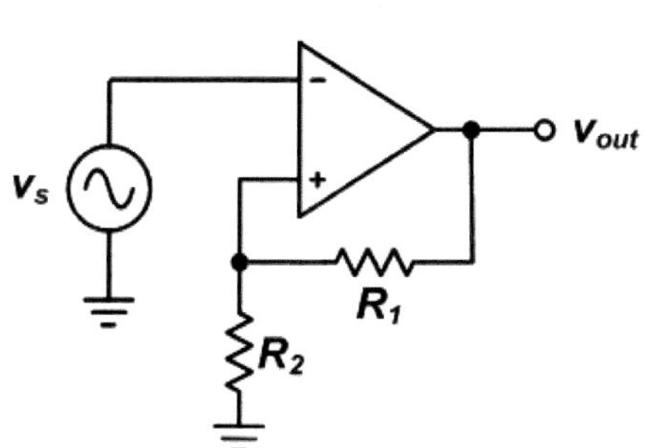

| **그림 2.8** | Op-amp를 활용한 반전 출력 슈미트 트리거

3 사용 계기 및 부품

- DC power supply, 디지털 멀티미터, 오실로스코프, 함수발생기
- Op-amp : LM741 1개, 다른 제조사(예, μA741) 1개
- 저항 : 200kΩ 4개, 1kΩ 4개, 10kΩ 2개, 100kΩ 2개 (400kΩ 대신 200kΩ 활용, 500Ω 대신 1kΩ 활용)
- 가변저항 : 10kΩ potentiometer 1개
- 브레드 보드, 전선 및 리드선

4 실험 방법

4.1 Op-amp 입력 바이어스 전류 측정 실험

(1) 그림 2.9의 회로를 결선하고, op-amp 반전입력과 비반전입력 핀의 전압을 측정하고, 입력바이어스 전류를 계산한 뒤 아래 표 2.1에 기입한다.

(2) 회로의 200kΩ 저항 대신 아래 표 2.1에 제시된 다른 저항값으로 바꾸어 과정 (1)을 반복하고, 결과를 표 2.1에 기입한다.

(3) 다른 제조사의 op-amp 소자를 사용하여 과정 (1)과 (2)를 반복한다.

(다음 회로부터는 $\pm V_{CC}$ 연결 표시는 생략함)

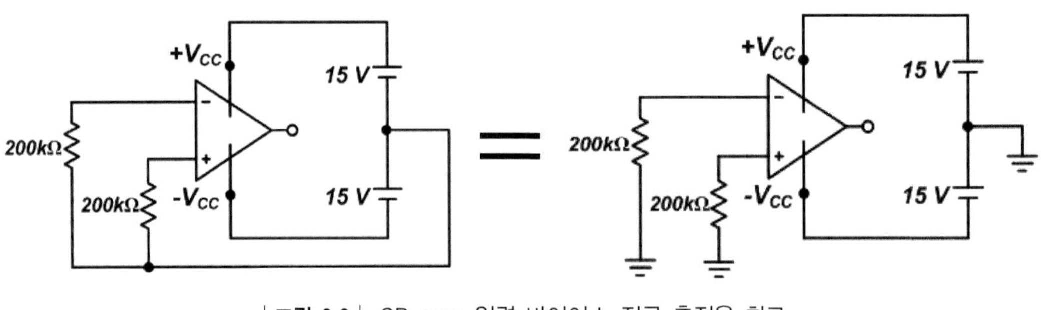

| 그림 2.9 | OP-amp 입력 바이어스 전류 측정용 회로

| 표 2.1 | OP-amp 입력 바이어스 전류 측정 실험 결과

Op-amp	전압 측정값			입력바이어스 전류		
	비반전입력	반전입력	출력	비반전입력	반전입력	평균값
200kΩ 조건						
100kΩ 조건						
400kΩ 조건						

회로 시뮬레이션

아래는 위 실험에 대한 회로 시뮬레이션 예시이다. 이를 참고하여 각자 위 실험에 대한 회로 시뮬레이션을 미리 수행하여 실험 결과와 비교할 수 있도록 준비한다.

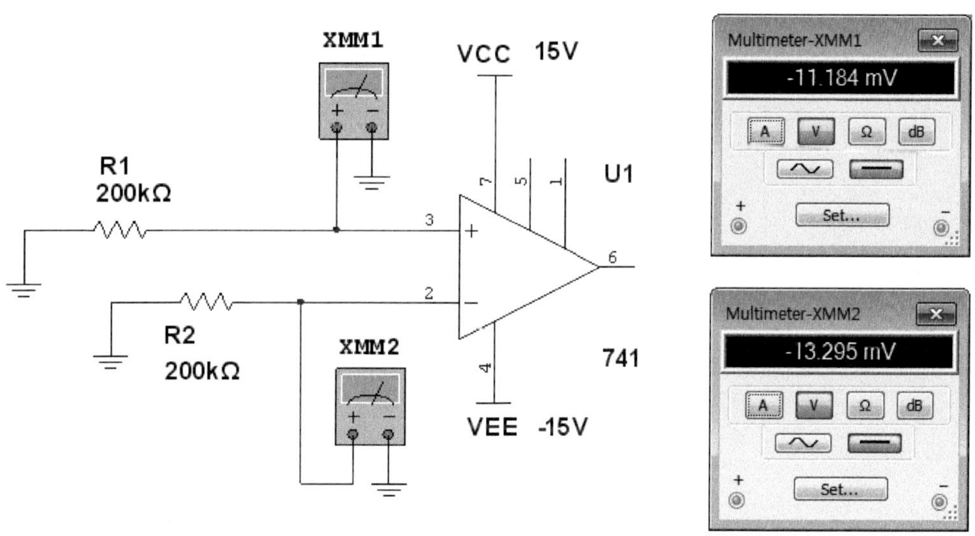

| 그림 2.10 | OP-amp 입력 바이어스 전류 측정 시뮬레이션 회로도 및 결과

4.2 Op-amp 입력 오프셋전압 측정 및 소거 실험

(1) 그림 2.11(a)의 회로를 결선하고 출력 전압을 측정한다. 비반전증폭기 특성을 고려하여 op-amp의 입력 오프셋전압을 계산한다.

(2) 그림 2.11(b)의 회로로 고치고 출력 전압을 측정하고 입력 오프셋전압을 계산한다.

(3) (a) 회로와 (b) 회로의 차이를 고려하면서 과정 (1)과 과정 (2) 결과를 분석한다.

(4) 그림 2.11(b) 또는 2.11(a)의 회로를 유지한 채, 그림 2.2의 입력 오프셋전압 소거 방법대로 op-amp 1번과 5번 사이에 10kΩ potentiometer를 연결하여 출력 전압이 0V

가 되도록 조정하는 것이 op-amp의 입력 오프셋전압 소거 방법이다. 이 때 브레드 보드의 결선상태가 정돈되어 있지 않으면 리드선끼리 의도하지 않는 단락(short)이 발생할 수 있다. 이러한 의도하지 않은 단락이 발생한 채로 시간이 흐르면 op-amp가 과열되어 터지는 사고가 발생할 수 있으니 이 실험은 생략한다.

(다음 회로부터는 입력 오프셋전압 소거 과정은 생략함. 즉 입력 오프셋전압은 무시함)

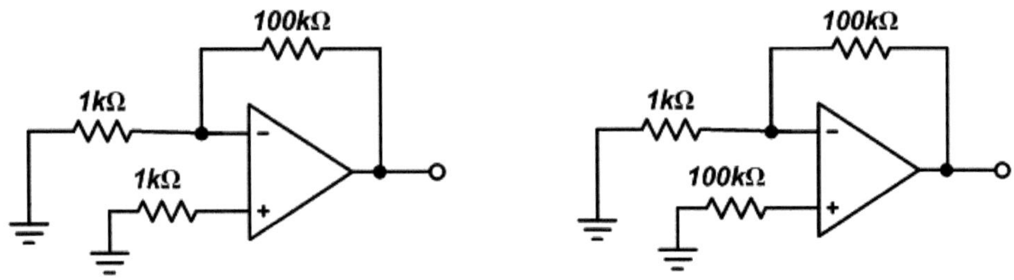

| 그림 2.11 | Op-amp 입력오프셋 전압 측정용 회로

회로 시뮬레이션

아래는 위 실험에 대한 회로 시뮬레이션 예시이다. 이를 참고하여 각자 위 실험에 대한 회로 시뮬레이션을 미리 수행하여 실험 결과와 비교할 수 있도록 준비한다.

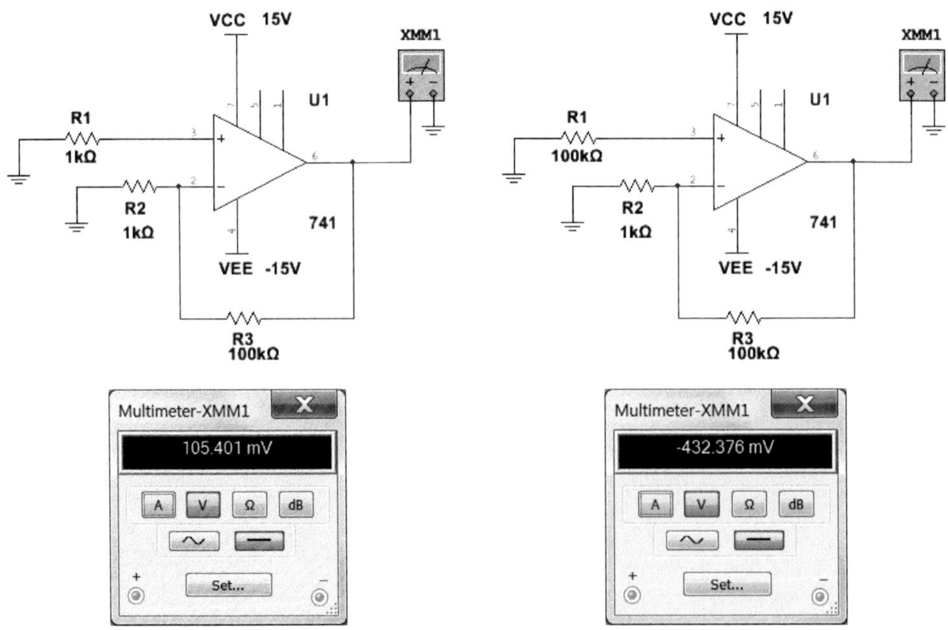

| 그림 2.12 | Op-amp 입력오프셋 전압 측정 시뮬레이션 회로도 및 결과

4.3 Op-amp slew rate 측정 시험

(1) 그림 2.13의 회로를 결선하고 함수발생기를 이용하여 회로에 표시된 구형파를 입력전압으로 인가하고, 오실로스코프를 이용하여 출력전압을 관찰한다.

(2) 전압변화 ΔV와 시간변화 ΔT를 측정하여 slew rate를 계산한다.

(3) 다른 제조사의 op-amp 소자를 사용하여 과정 (1)과 (2)를 반복한다.

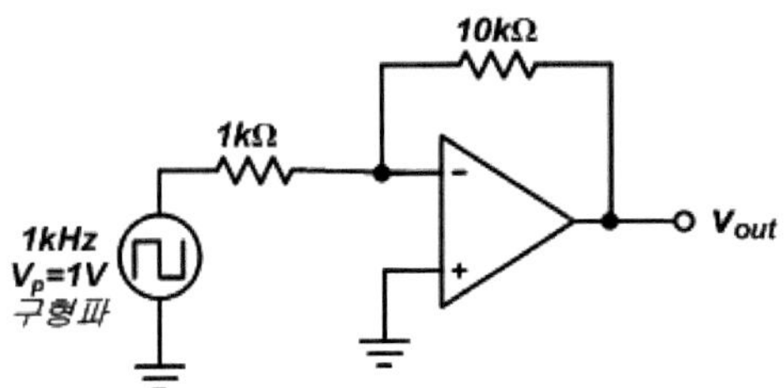

| 그림 2.13 | Op-amp slew rate 측정용 회로

회로 시뮬레이션

아래는 위 실험에 대한 회로 시뮬레이션 예시이다. 이를 참고하여 각자 위 실험에 대한 회로 시뮬레이션을 미리 수행하여 실험 결과와 비교할 수 있도록 준비한다.

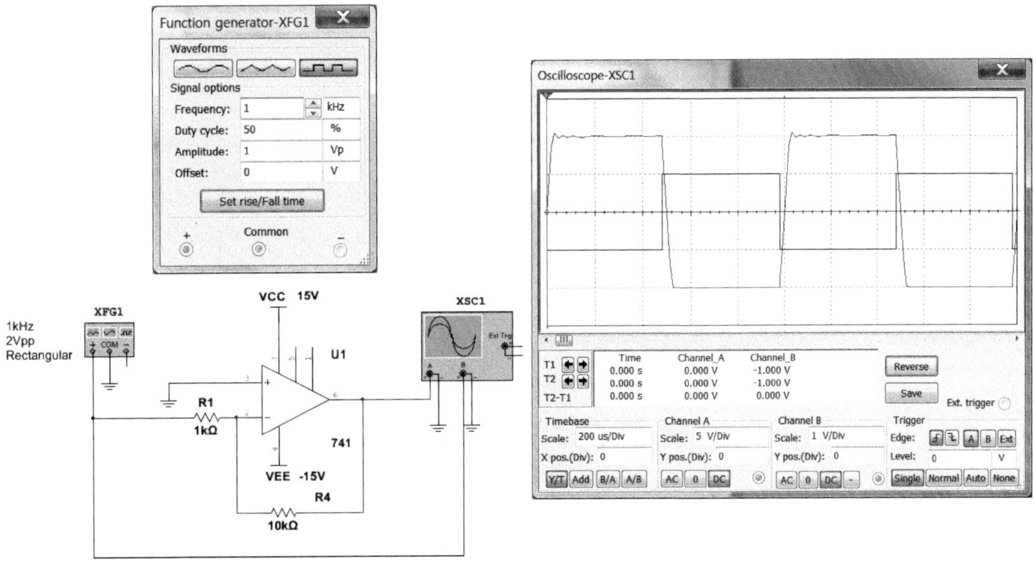

| 그림 2.14 | Op-amp slew rate 측정 시뮬레이션 회로도 및 결과

4.4 OP-amp 활용 (1) : 비교기

(1) 그림 2.15의 회로를 결선하고 함수발생기를 이용하여 회로에 표시된 sine파를 입력전압으로 인가하고, 오실로스코프를 이용하여 출력전압을 관찰한다.

(2) 비반전입력단의 비교기준전압을 바꾸어 가면서(저항 R_1(100kΩ)과 R_2(1kΩ)의 값을 바꾸어 가면서) 출력파형의 변화를 관찰한다.

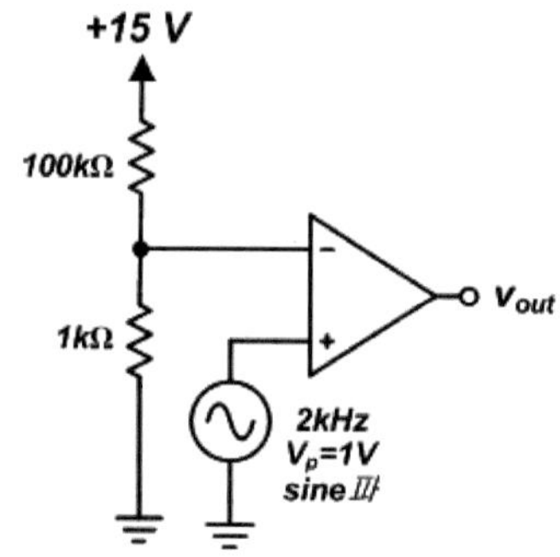

| 그림 2.15 | Op-amp 비교기

회로 시뮬레이션

아래는 위 실험에 대한 회로 시뮬레이션 예시이다. 이를 참고하여 각자 위 실험에 대한 회로 시뮬레이션을 미리 수행하여 실험 결과와 비교할 수 있도록 준비한다.

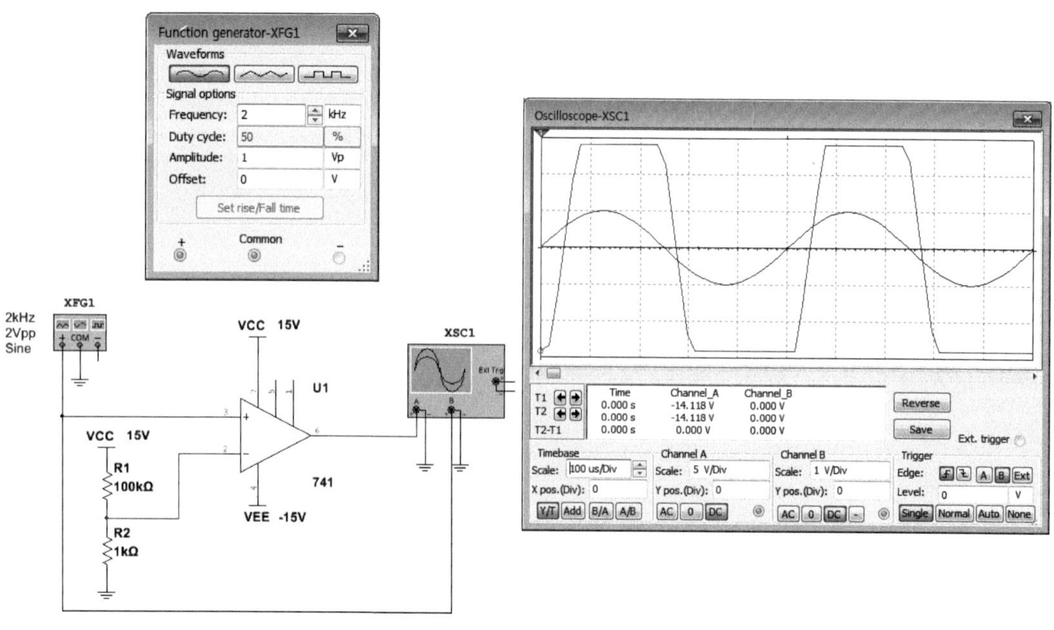

| 그림 2.16 | 비교기 시뮬레이션 회로도 및 결과

4.5 OP-amp 활용 (2) : 반전증폭기, 비반전증폭기, 가산기

(1) 그림 2.17의 회로를 결선하고 함수발생기를 이용하여 회로에 표시된 sine파를 입력전압으로 인가하고, 오실로스코프를 이용하여 출력전압을 관찰한다.

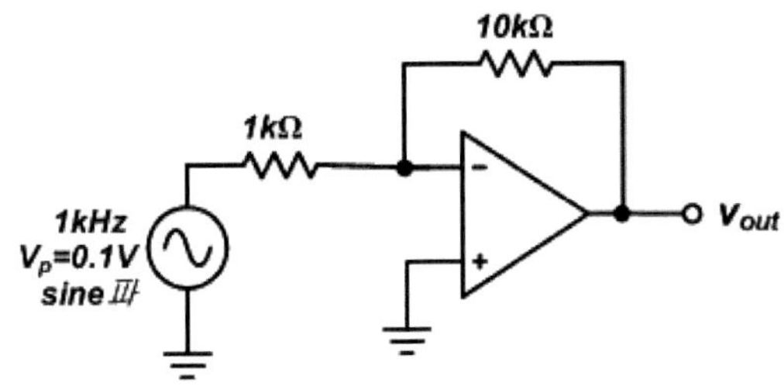

| 그림 2.17 | Op-amp 반전증폭기

회로 시뮬레이션

아래는 위 실험에 대한 회로 시뮬레이션 예시이다. 이를 참고하여 각자 위 실험에 대한 회로 시뮬레이션을 미리 수행하여 실험 결과와 비교할 수 있도록 준비한다.

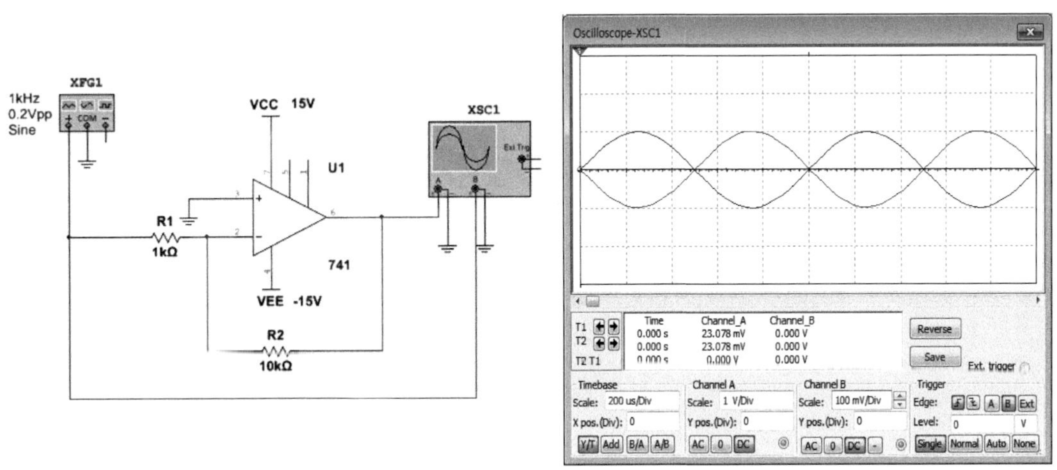

| 그림 2.18 | 반전증폭기 시뮬레이션 회로도 및 결과

(2) 그림 2.19의 회로를 결선하고 함수발생기를 이용하여 회로에 표시된 sine파를 입력 전압으로 인가하고 오실로스코프를 이용하여 출력전압을 관찰한다.

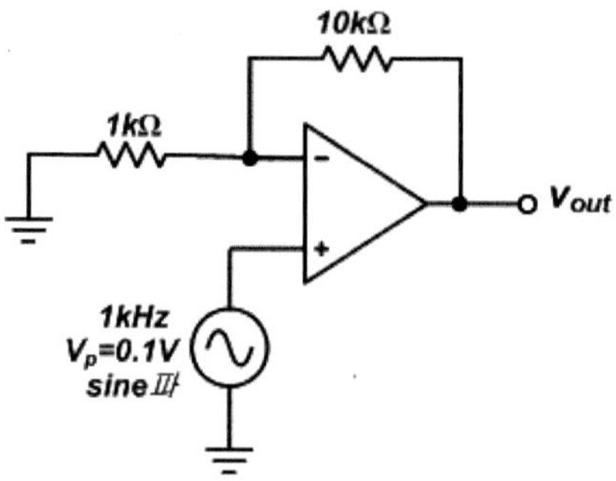

| 그림 2.19 | Op-amp 비반전증폭기

회로 시뮬레이션

아래는 위 실험에 대한 회로 시뮬레이션 예시이다. 이를 참고하여 각자 위 실험에 대한 회로 시뮬레이션을 미리 수행하여 실험 결과와 비교할 수 있도록 준비한다.

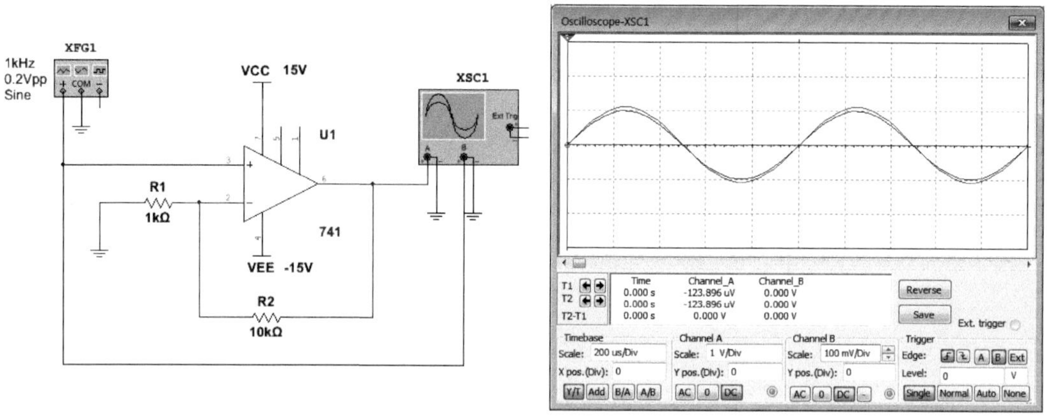

| 그림 2.20 | 비반전증폭기 시뮬레이션 회로도 및 결과

(3) 그림 2.21의 회로를 결선하고 함수발생기를 이용하여 회로에 표시된 sine파를 입력 전압으로 인가하고 오실로스코프를 이용하여 출력전압을 관찰한다.

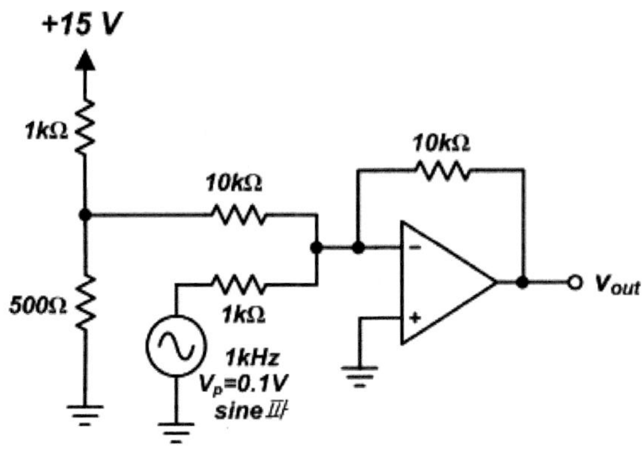

| 그림 2.21 | Op-amp 가산기

회로 시뮬레이션

아래는 위 실험에 대한 회로 시뮬레이션 예시이다. 이를 참고하여 각자 위 실험에 대한 회로 시뮬레이션을 미리 수행하여 실험 결과와 비교할 수 있도록 준비한다.

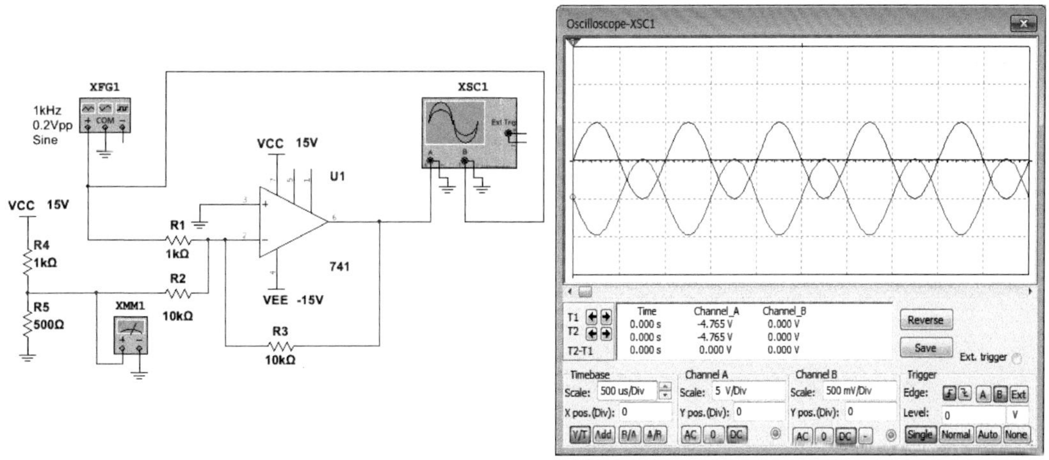

| 그림 2.22 | 가산기 시뮬레이션 회로도 및 결과

4.6 OP-amp 활용 (3) : 슈미트 트리거

(1) 그림 2.23의 회로를 결선하고 함수발생기를 이용하여 회로에 표시된 sine파를 입력하고, 오실로스코프를 이용하여 출력전압을 관찰한다.

(2) 그림 2.23의 회로에서 출력이 바뀌게 되는 기준 전압이 달라지도록 각자 회로를 수정한 후 sine파를 입력하고, 오실로스코프를 이용하여 출력전압을 관찰한다.

(3) 입력 sine파의 진폭이 얼마일때부터 슈미트 트리거 동작을 멈추게 되는지 조사하고 원인을 분석한다.

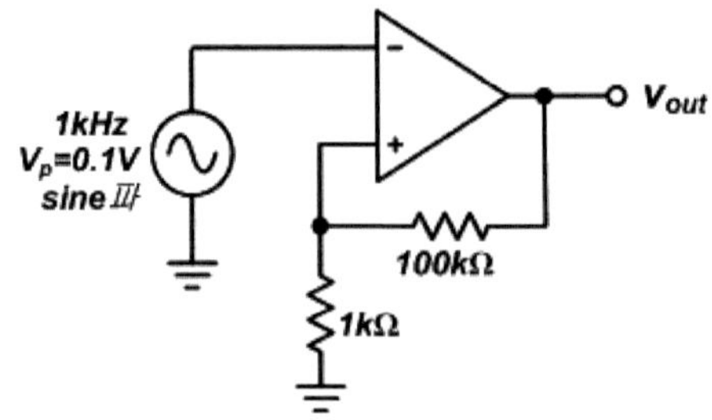

| 그림 2.23 | Op-amp 반전 출력 슈미트 트리거

회로 시뮬레이션

아래는 위 실험에 대한 회로 시뮬레이션 예시이다. 이를 참고하여 각자 위 실험에 대한 회로 시뮬레이션을 미리 수행하여 실험 결과와 비교할 수 있도록 준비한다.

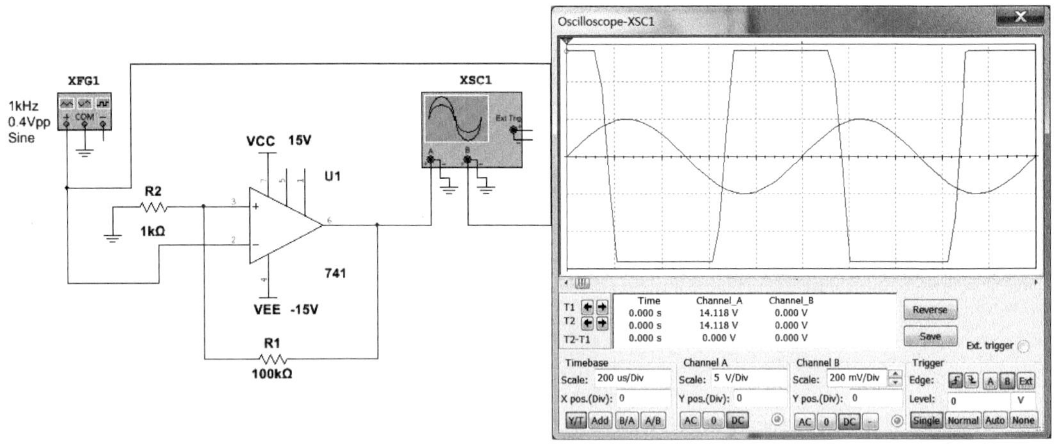

| 그림 2.24 | 슈미트 트리거 시뮬레이션 회로도 및 결과

CHAPTER

03 다이오드 기본 회로

1 실험 목적

(1) 다이오드의 전압-전류 특성을 실험으로 확인하고, 다이오드를 활용한 회로의 동작을 이해하고 실험으로 확인한다.

(2) Ideal diode 모델 또는 constant voltage 모델을 사용한 회로의 근사적 해석 결과와 실제 회로의 관찰 결과를 비교하고 근사적 해석에서 발생되는 오차의 정도를 확인한다.

2 이론적 배경

2.1 다이오드의 전기적 특성

반도체 다이오드는 p형 반도체와 n형 반도체를 접합시켜 만든 소자이다. 다이오드는 2단자 소자로서 한 단자의 명칭은 애노드(anode), 나머지 단자의 명칭은 캐소드(cathode)이고, 실제 부품에서 이들 두 단자의 위치가 정해져 있다. 아래 사진과 같이 원통형 소자의 몸체에 띠가 표시되어 있는 쪽이 캐소드 단자이고 그 반대쪽이 애노드 단자이다.

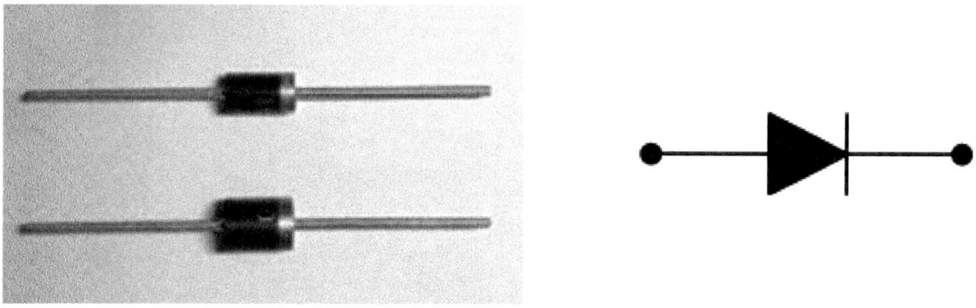

(a) (b)

| **그림 3.1** | (a) 다이오드 부품 사진, (b) 다이오드의 회로기호

다이오드의 전기적 특성, 즉 인가 전압(V_D)과 전류(I_D)의 관계는 일반적으로 아래의 식과 같이 모델링된다.

$$I_D = I_S[\exp(V_D/V_T) - 1] \tag{3.1}$$

식 (3.1)에서 I_S는 reverse saturation current라고 부르는 상수이며, 부품마다 서로 달리 정해지며, V_T는 thermal voltage라고 부르는 상수(26mV at 300K)이다. 소자에 인가된 전압(V_D)은 애노드 전위(V_{anode})와 캐소드 전위($V_{cathode}$)의 차이($V_{anode} - V_{cathode}$)로 정의된다. 따라서 위의 관계식에서 알 수 있듯이 다이오드에 인가된 전압의 부호가 양일 때와 음일 때의 특성이 큰 차이를 나타내게 된다. 즉 전압의 부호가 양일 때(순방향 바이어스)는 애노드에서 캐소드 방향으로 큰 전류가 흐를 수 있게 되고, 반대로 전압의 부호가 음일 때(역방향 바이어스)는 캐소드에서 애노드 방향으로는 매우 낮은 전류가 흐르게 된다.

다이오드의 전기적 특성을 확인하는 방법은 아래 그림 3.2(a)처럼 다이오드 양단에 파워써플라이(=전압원)를 직접 연결하고 파워써플라이에서 공급하는 전압이 V_D가 되도록 하고 이 때 흐르는 전류를 멀티미터를 이용하여 측정하면 될 것이다. 그러나, 다이오드는 순방향 바이어스에서 전류가 지수함수적으로 증가하기 때문에 파워써플라이의 공급전압을 mV 단위로 조절 가능해야 정확한 측정을 할 수 있게 된다. 한편 실수로 파워써플라이의 공급전압을 1V 근처 혹은 그 이상으로 설정하면 과도한 전류가 흘러 다이오드가 타 버릴 수 있으므로 조심해야 한다.

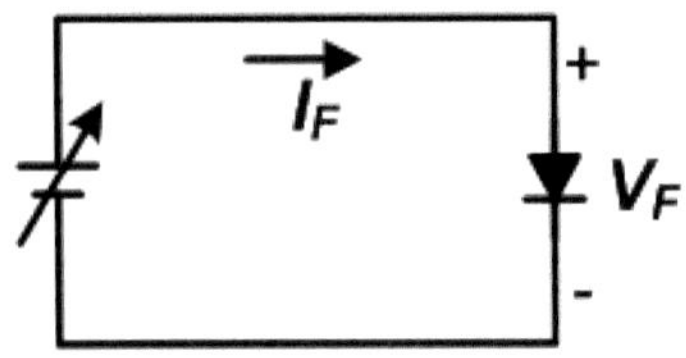

(a)

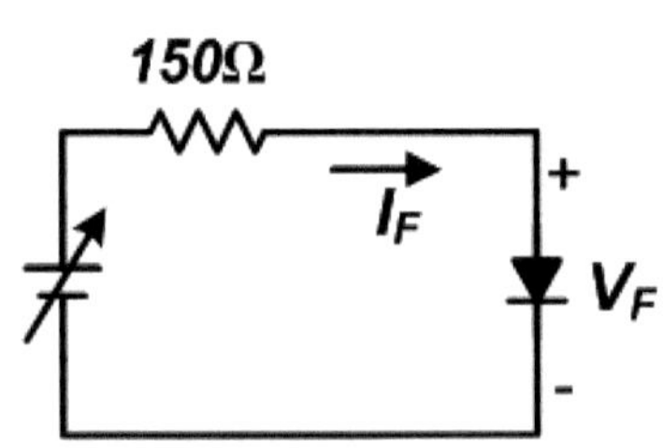

(b)

| **그림 3.2** | (a) 파워써플라이를 직접 연결한 다이오드 특성 확인, (b) 전류 제한용 저항을 활용한 다이오드 특성 확인

따라서 정밀한 파워써플라이가 아닌 일반 파워써플라이(0.1V 단위로 공급전압 조절)를 사용해야 한다면 그림 3.2(b)와 같이 저항을 직렬로 연결시켜 파워써플라이의 공급전압이 저항과 다이오드로 배분이 되도록 하여 다이오드의 전기적 특성을 측정할 수 있다. 이 방법에서는 실수로 파워써플라이의 공급전압이 수 V 정도로 설정되더라도 저항에 의해 과도한 전류가 흐를 수 없게 되어 안전한 실험 방법이라 할 수 있다.

2.2 다이오드를 포함하는 회로의 해석

다이오드와 같은 반도체 소자가 회로에 포함되더라도 키르히호프의 전압 및 전류 법칙은 항상 성립해야 한다. 따라서 아무리 복잡한 회로라도 mesh current법 또는 node voltage법을 통해 한 개의 방정식 또는 연립 방정식이 세워질 수 있고, 방정식의 해를 찾으면 회로의 전압 및 전류를 알아낼 수 있게 된다. 그러나 앞서 다이오드의 전류-전압 관계식에서 알 수 있듯이 전류와 전압의 관계가 선형적이지 않기 때문에 방정식도 선형 방정식이 아닌 복잡한 함수를 포함하는 방정식으로 유도되므로 해를 찾기가 쉽지 않다. 예를 들어 아래 그림 3.3의 두 회로에 대해 mesh current법으로 방정식을 유도해 보기 바란다.

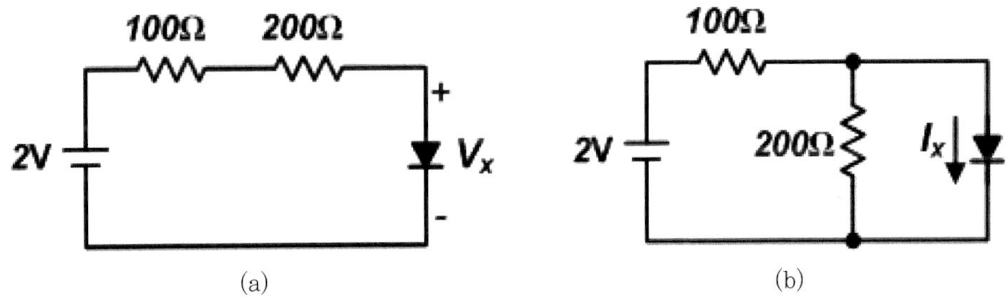

| 그림 3.3 | 다이오드가 사용된 회로의 예

이런 경우 정확한 해를 얻기 위해 컴퓨터를 활용할 수 있는데 바로 Spice simulation을 수행하는 것이다. 이 때 실제 부품으로서 다이오드는 수많은 종류가 있기 때문에 실험자가 사용하고자 하는 다이오드의 부품 번호(ID)를 알아 낸 뒤 이 부품의 전류-전압 특성과 가장 가까운 특성을 나타내는 다이오드 part를 찾아서 simulation에서 사용해야 한다. 어떤 다이오드 part를 선택하는지에 따라 I_S 값이 다를 수 있고, 지수함수의 지수에 들어있는 parameter가 다를 수 있다. 따라서 다이오드의 여러 가지 part들 중에서 실제

사용되는 소자와 특성이 가장 가까운 것을 선택해야 한다.

아래 그림 3.4에서 보듯이 다이오드가 나타내는 지수함수 그래프도 x축과 y축의 범위에 따라 동일한 그래프인데도 몇 가지 형태로 다르게 보임을 알 수 있다. Simulation을 활용하지 않고 다이오드가 포함된 회로를 해석하고자 할 때에는 오차가 있더라도 그 오차를 무시할 정도의 수준이라면 근사법을 사용하게 되는데, 이 때 어떻게 근사할 것인지에 따라 몇 가지 모델로 나뉜다.

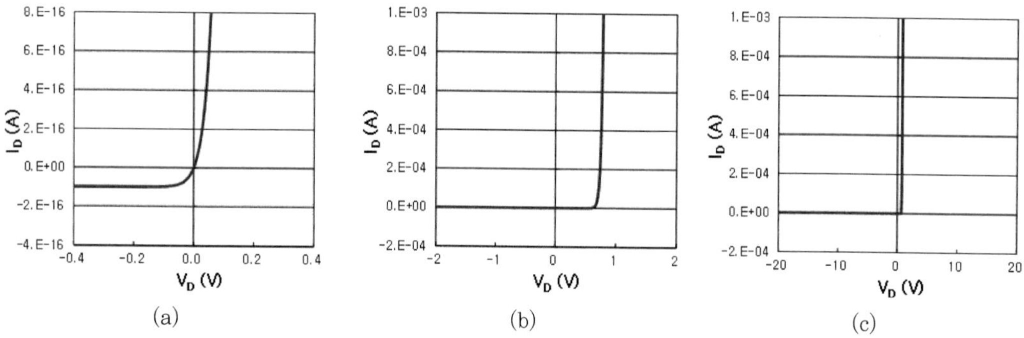

| **그림 3.4** | 이오드의 전압-전류 특성 그래프 ((a), (b), (c)는 x축과 y축의 범위만 다름)

그림 3.5(a)와 같이 원점에서 '┘' 모양으로 꺾이는 그래프로 근사하는 것을 ideal diode 모델이라고 한다. 이는 앞서 그림 3.4의 다이오드의 전류-전압 특성 그래프들 중에서 (c)와 유사한 모델이다. 다이오드가 포함된 회로의 전압 레벨이 높을 때 사용하기 적당한 모델이다. 전압 레벨이 수 V 정도로 낮은 레벨의 회로에서는 해석 결과에 비교적 큰 오차를 발생시킨다. Ideal diode 모델은 순방향 바이어스에서는 닫힌 스위치, 역방향 바이어스에서는 열린 스위치로 간주하는 모델이다. 이 모델을 회로 해석에 활용하는 방법은 다음과 같다. 회로에 포함된 다이오드를 순방향 바이어스 또는 역방향 바이어스 중 한 가지 상태를 가정해서 다이오드를 닫힌 또는 열린 스위치로 대체하여 회로 해석을 수행한 후 처음 가정한 상태와 해석 결과를 비교하여 가정이 맞는지 검증하면 된다. 순방향 바이어스를 가정했다면 닫힌 스위치를 통해 흐르는 전류가 순방향 전류 방향과 일치하는지 검증해야 하고, 역방향 바이어스를 가정했다면 열린 스위치의 양단 전위차가 다이오드에 대해 역방향 바이어스가 맞는지 검증해야 한다. 한편 순방향 바이어스 상태는 $V_D > 0$V라는 의미인데, 통상적인 회로 해석에 있어서 닫힌 스위치 양단에서 발생하는 전압강하는 무시하는 것과 마찬가지로 순방향 ideal diode에서의 전압강하

도 무시한다. 다시 말해 순방향 바이어스에서 ideal diode 모델의 전압강하는 $V_D = 0^+ \approx 0\mathrm{V}$ 라고 표현할 수 있다.

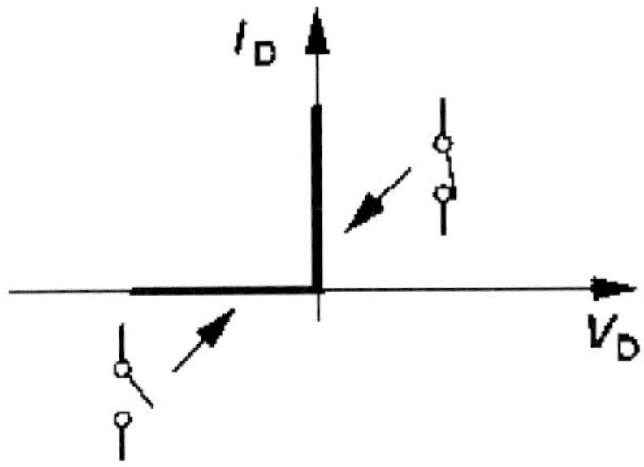

(a)

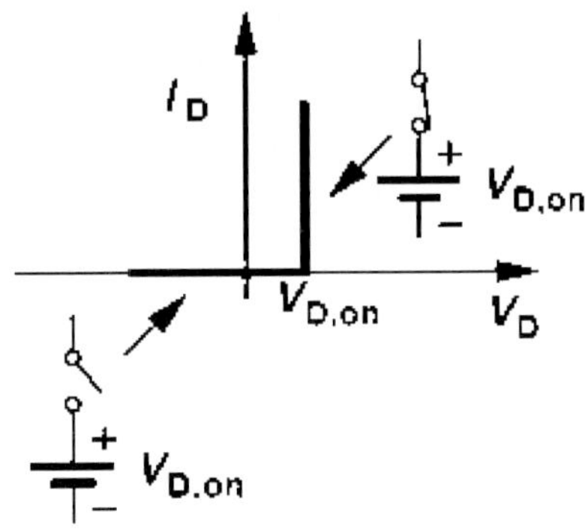

(b)

| **그림 3.5** | (a) Ideal diode 모델, (b) constant voltage 모델

위 그림 3.5(b)와 같이 ideal diode 모델 그래프를 x축 방향으로 $V_{D,on}$만큼 오른쪽으로 이동시킨 그래프가 constant voltage 모델의 그래프이다. $V_{D,on}$의 값으로 통상적으로 0.7~0.8V의 값을 사용한다. 이는 앞서 그림 3.4의 다이오드의 전류-전압 특성 그래프들 중에서 (b)와 유사한 모델이다. 해석 결과에 있어서 ideal diode 모델보다 오차를 작게 발생시키는 장점이 있다. Constant voltage 모델은 다이오드 소자를 ideal diode와 $V_{D,on}$의 값을 갖는 배터리의 직렬연결로 간주(배터리의 +, - 방향 주의)하는 것이다. 따라서 다이오드 소자에 인가되는 전압(V_D)은 $V_D = V_{D,i} + V_{D,on}$관계가 성립한다($V_{D,i}$는 내부 ideal diode에 인가된 전압). 이 모델에서 전류가 흐를 수 있기 위해서 $V_{D,i} > 0\mathrm{V}$ 여야 하고(내부의 ideal diode가 turn-on되기 위해), 따라서 다이오드 소자에 인가되는 전압(V_D)은 $V_D > V_{D,on}$ 조건이 충족되어야 한다. 이 조건이 충족될 수 있다면 내부의 ideal diode는 닫힌 스위치로 간주되므로 스위치에서 발생하는 추가적인 전압강하는 무시한다. 따라서 다이오드를 constant voltage 모델로 간주할 때 전류가 흐르는 상태($V_D > V_{D,on}$)에서 다이오드에서 발생되는 전압강하는 내부 배터리에 의한 $V_{D,on}$만큼이라고 간주한다. 즉 $V_D = 0^+ + V_{D,on} \approx V_{D,on}$이라고 표현할 수 있다.

이 모델을 회로 해석에 활용하는 방법은 다음과 같다. 다이오드 소자를 $V_{D,on}$의 배터리와 스위치 직렬연결로 대체하되 스위치를 닫힌 상태 또는 열린 상태 중 한 가지 상태를 가정해서 회로 해석을 수행한 후 처음 가정한 상태와 해석 결과를 비교하여 가정이 맞는지 검증하면 된다. 닫힌 스위치 상태를 가정했다면 스위치를 통해 흐르는 전류가 내부 ideal diode의 순방향 전류 방향과 일치하는지 검증해야 하고, 열린 스위치 상태를 가정했다면 내부 ideal diode의 양단 전위차가 역방향 바이어스가 맞는지 검증해야 한다. 예를 들어 아래 그림 3.6의 회로에 대해 ideal diode 모델을 사용해 v_{in}과 v_{out}의 관계를 구해보고, constant voltage 모델을 사용해 v_{in}과 v_{out}의 관계를 구해서 두 결과의 차이를 비교해 보기 바란다.

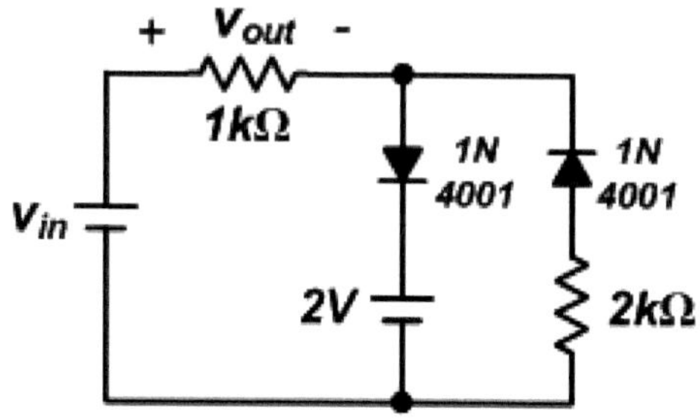

| **그림 3.6** | 다이오드가 사용된 회로의 예

2.3 반파정류기

일반적으로 교류전압원을 부하에 직접 연결하면 부하의 양단 전위차의 부호가 주기적으로 바뀌고 전류의 방향도 주기적으로 바뀐다. 부하에 흐르는 전류의 방향을 원하는 한 가지 방향으로 제한(=정류)하고자 할 때 다이오드를 삽입하여 부하와 직렬 연결시키면 된다. 아래 그림 3.7과 같이 다이오드 1개만 사용한 회로를 반파정류회로라고 한다.

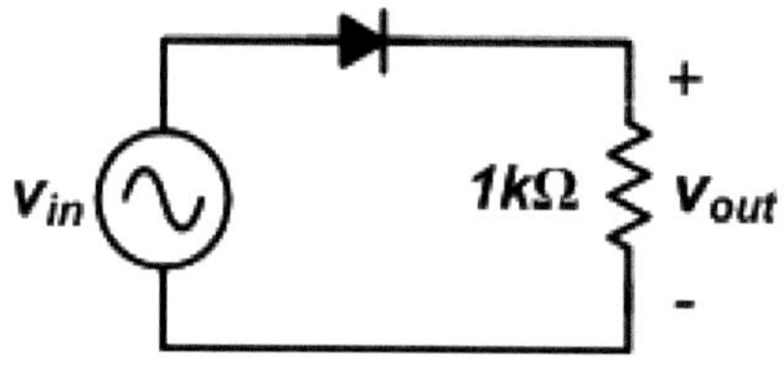

| **그림 3.7** | 다이오드 반파정류 회로

이 회로에 대한 정확한 해석은 simulation 결과를 참고해 볼 수도 있지만, simulation하지 않고 다이오드를 적당한 모델로 대체하여 근사적 해석을 한 후 simulation 결과와 얼마나 차이가 있는지 비교해보는 것이 중요하다. 이 때 ideal diode 모델과 constant voltage 모델 중 선택이 필요한데 두 모델의 차이는 다이오드에 전류가 흐를 때 다이오드에서의 전압강하를 무시할 것이지 혹은 $V_{D,on}$만큼 고려해 줄 것인지의 차이이다. 일반적으로 교류전압의 peak 값이 높으면(예를 들어 수십 V) $V_{D,on}$을 고려한 결과와 고려하지 않은 결과는 큰 차이가 없을 것이고, 교류전압의 peak가 낮으면(예를 들어 수 V) $V_{D,on}$을 고려하는 것이 실제의 동작과 비교할 때 오차가 작을 것이다.

2.4 다이오드-capacitor 회로

다이오드와 capacitor가 함께 있는 회로의 경우에는 교류전압원(v_{in})의 시간변화율(dv_{in}/dt)이 양(+)일 때와 음(-)일 때를 나누어서 다이오드의 도통 상태와 불통 상태를 따져서 회로를 해석하는 것이 쉬운 방법이다. 그림 3.8(a)에서 부하 저항(R_L)은 값이 충분히 커서 무시(open 상태)하기로 하고, 다이오드는 ideal 모델로 간주하자. V_B는 교류전압원의 peak 값(V_p)보다 낮다고 하자. 그림 3.8(b)에 표시한 시구간 ①에서 회로의 capacitor C의 전류방향은 시계방향으로 다이오드의 전류방향과 일치한다. 그러나 배터리 V_B때문에 시구간 ①의 시작점부터 바로 도통이 되지는 않으며, 따라서 C에 전류가 흐를 수 없으며, 다이오드 애노드 전위는 v_{in}의 변화량과 동일한 양만큼 변한다(상승). 다이오드 애노드 전위가 상승하다가 V_B를 넘어서는 순간 다이오드는 도통이 되고 애노드 전위는 시구간 ①이 종료될 때까지 V_B로 고정이 되고, C에는 전류가 흐르면서 충전이 된다. 이 충전 전압은 시구간 ①의 종료시점에 이르면 $V_p - V_B$가 된다. 시구간 ②에 진입하면 C의 전류방향은 반시계방향으로 다이오드의 전류방향과 상충되므로 다이오드는 불통상태가 된다. 따라서 다이오드 애노드 전위는 v_{in}의 변화량과 동일한 양만큼 변한다(하강). 시구간 ②의 종료시점에 이르면 다이오드 애노드 전위는 $V_B - 2V_p$가 된다. 시구간 ③에 진입하면 C의 전류방향은 시계방향으로 다이오드의 전류방향과 일치하지만 애노드 전위가 캐소드 전위보다 낮아 도통이 되지 않는다. 대신 다이오드 애노드 전위는 v_{in}의 변화량과 동일한 양만큼 변한다(상승). 시구간 ③의 종료시점까지도 다이오드는 도통이 되지 않으며, 종료시점에 이르면 애노드 전위는 V_B가 된다. 시구간 ④에 진입하면 이 때의 동작은 시구간 ②와 동일하다. 따라서, 시구간 ②와 ③의 동작이 주기적으로 반복된다. 결국 이 회로의 애노드 전위는 입력 정현파를 $V_p - V_B$만큼 아래로 shift시킨 파형이 된다. 각자 부하 저항(R_L)의 값을 여러 가지로 변화시켜 simulation해보고 부하 저항(R_L)의 효과를 분석하기 바란다.

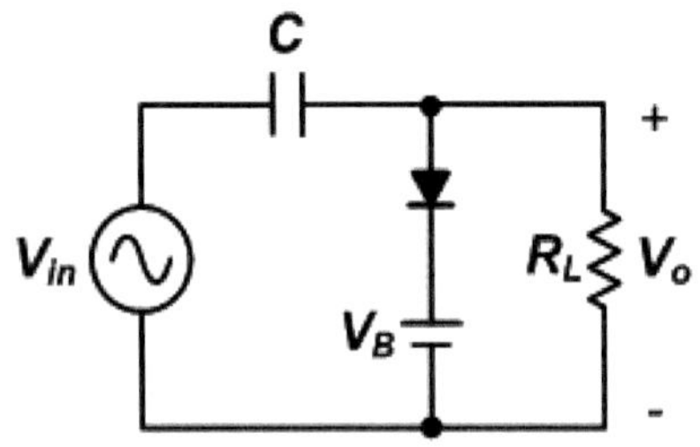

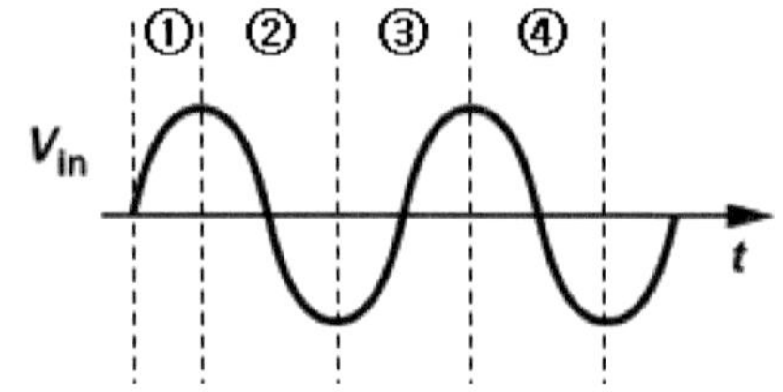

| 그림 3.8 | 다이오드 클램퍼 회로

3 사용 계기 및 부품

- DC power supply, 디지털 멀티미터, 오실로스코프, 함수발생기
- 다이오드 : 1N4001 2개, 1N5817G 1개
- 저항 : 100Ω 1개, 200Ω 1개, 1kΩ 3개, 10kΩ 3개, 1MΩ 1개(2kΩ 대신 1kΩ 활용)
- capacitor : 2.2μF 3개
- 브레드 보드, 전선 및 리드선

4 실험 방법

4.1 다이오드의 전기적 특성 확인 실험

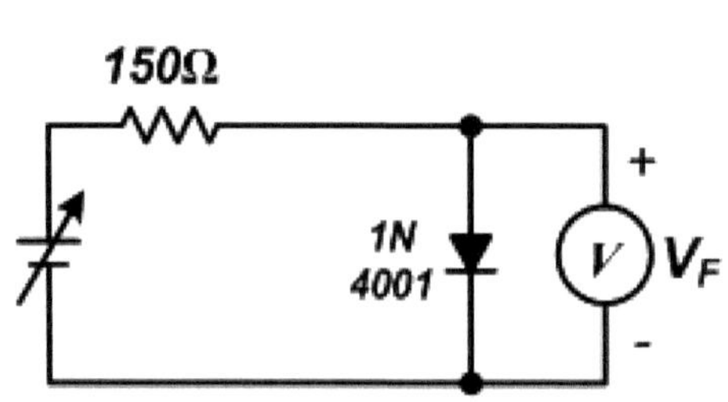

| 그림 3.9 | 다이오드 순방향 전기적 특성 확인용 회로

(1) 그림 3.9의 회로는 다이오드의 순방향 전기적 특성을 확인하기 위한 회로이다. 그림의 회로를 결선하고 멀티미터를 이용하여 다이오드 양단 전압(V_F)을 측정하면

서 파워써플라이의 전압을 조절한다. 표 3.1에 주어진 V_F값에 최대한 가깝도록 조절한 상태에서 멀티미터로 측정한 V_F값을 기록한다. 이 때 다이오드를 통해 흐르는 전류는 직접 측정하지 않고, 대신 1kΩ 저항 양단 전압을 측정하여 계산을 통해 간접적으로 알아내도록 한다. 이런 식으로 표 3.1의 빈 칸을 모두 채운다.

(2) V_F 측정값을 x축으로, 전류 계산값을 y축으로 정해서 그래프를 그려 본다.

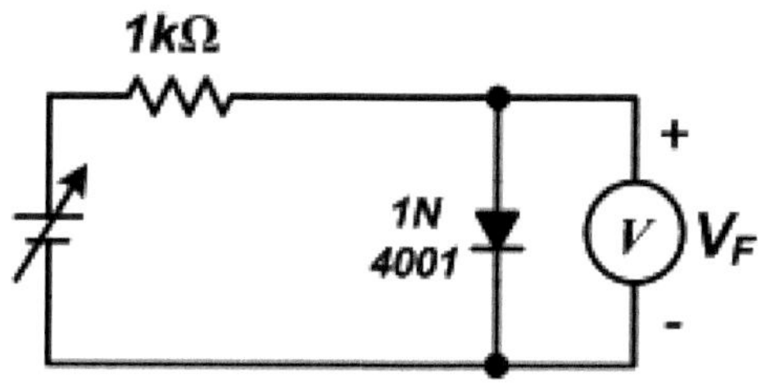

| 그림 3.9 | 다이오드 순방향 전기적 특성 확인용 회로

| 표 3.1 | 다이오드의 순방향 특성 확인 실험 결과

측정 순서	V_F (V)	V_F 측정값 (V)	$V_{1k\Omega}$ 측정값 (V)	전류 계산값 (A)
	0	0	0	0
1	0.2			
2	0.4			
3	0.5			
4	0.55			
5	0.6			
6	0.62			
7	0.64			
8	0.66			
9	0.68			
10	0.7			

회로 시뮬레이션

아래는 위 실험에 대한 회로 시뮬레이션 예시이다. 이를 참고하여 각자 위 실험에 대한 회로 시뮬레이션을 미리 수행하여 실험 결과와 비교할 수 있도록 준비한다.

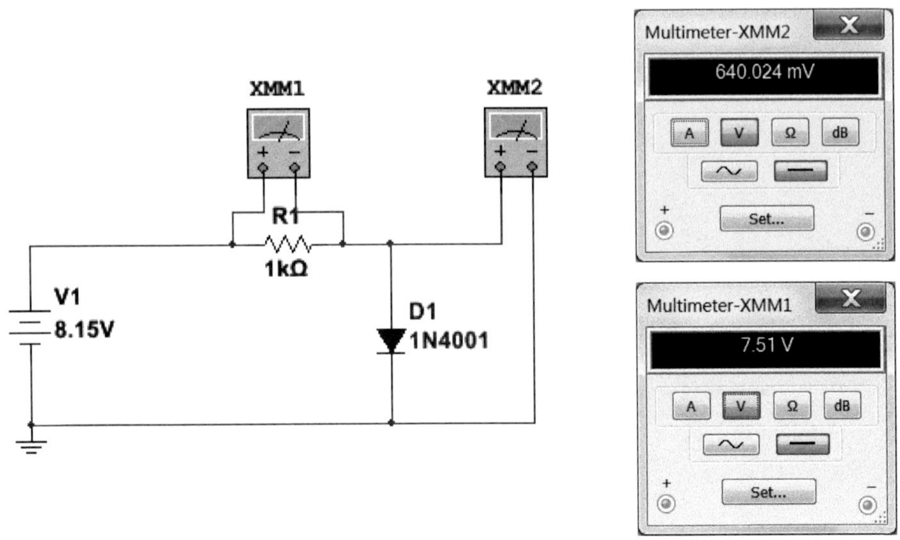

| **그림 3.10** | 다이오드 순방향 특성 확인 시뮬레이션 회로도 및 결과 (표 3.1의 조건들 중 VF=0.64V가 되도록 하려면 파워써플라이의 출력이 8.15V여야 함을 알 수 있음)

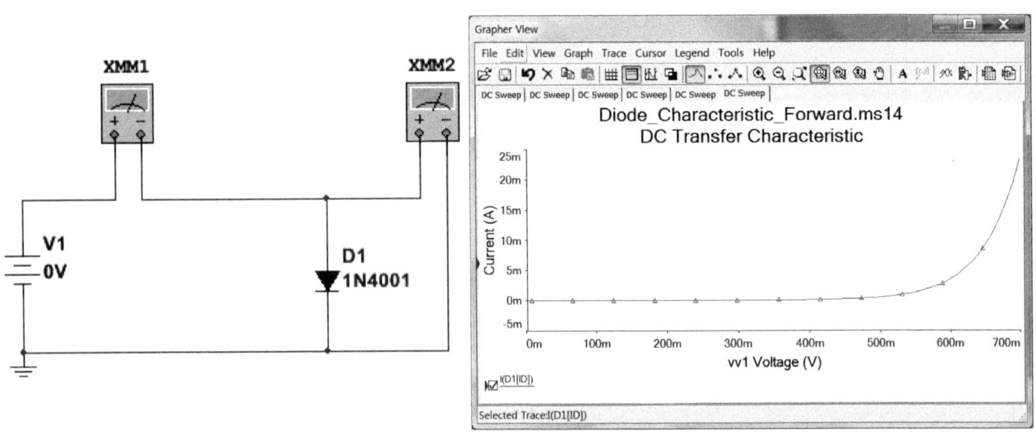

| **그림 3.11** | 또 다른 다이오드 순방향 특성 확인 시뮬레이션 (실제 실험에서는 파워써플라이의 출력을 조절함으로써 표 3.1의 V_F 조건을 정밀하게 맞추기가 어렵기 때문에 그림 3.10의 회로도로 실험하는 것임. 한편 그림 3.11의 회로도로 실험하다가 파워써플라이의 출력을 실수로 1V 이상 올리게 되면 다이오드에 과전류가 흘러 타버리게 됨. 그러나 그림 3.10의 회로도에서는 다이오드가 과열되기 어려움)

(3) 앞서 실험한 회로에 사용된 1N4001 다이오드 대신에 1N5817G 쇼트키 다이오드를 회로에 연결하고 V_F값은 아래 표 3.2에 맞추면서 실험을 하도록 한다. 표 3.2의 빈 칸을 모두 채운다.

| 표 3.2 | 쇼트키 다이오드의 순방향 특성 확인 실험 결과

측정 순서	V_F (V)	V_F 측정값 (V)	$V_{1k\Omega}$ 측정값 (V)	전류 계산값 (A)
	0	0	0	0
1	0.04			
2	0.08			
3	0.12			
4	0.16			
5	0.18			
6	0.2			
7	0.22			
8	0.23			
9	0.24			
10	0.25			

(4) V_F 측정값을 x축으로, 전류 계산값을 y축으로 정해서 그래프를 그려 본다. 앞서 그린 다이오드의 그래프와의 차이를 분석한다.

(5) 아래 그림 3.12의 회로는 1N4001 다이오드의 역방향 전기적 특성을 확인하기 위한 회로이다. 그림의 회로를 결선하고 멀티미터를 이용하여 다이오드 양단 전압(V_R)을 측정하면서 파워써플라이의 전압을 조절한다. 표 3.3에 주어진 V_R값에 최대한 가깝도록 조절한 상태에서 멀티미터로 측정한 V_R값을 기록한다. 이 때 다이오드

를 통해 흐르는 전류는 직접 측정하지 않고, 대신 1MΩ 저항 양단 전압을 측정하여 계산을 통해 간접적으로 알아내도록 한다. 이런 식으로 표 3.3의 빈 칸을 모두 채운다.

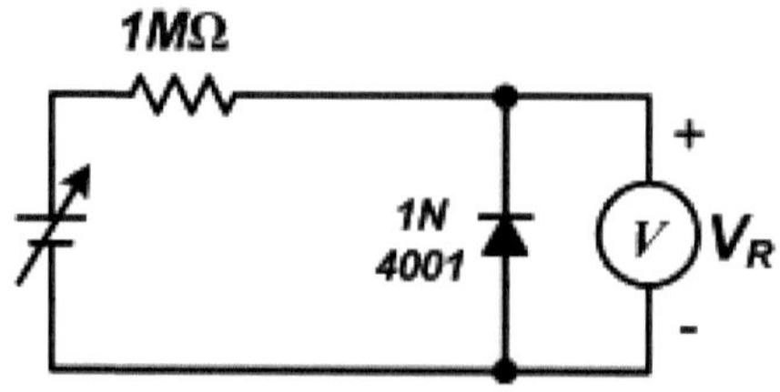

| 그림 3.12 | 다이오드 역방향 전기적 특성 확인용 회로

(6) V_R 측정값을 x축으로, 전류 계산값을 y축으로 정해서 그래프를 그려 본다.

| 표 3.3 | 다이오드의 역방향 특성 확인 실험 결과

측정 순서	V_R (V)	V_R 측정값 (V)	$V_{1M\Omega}$ 측정값 (V)	전류 계산값 (A)
	0	0	0	0
1	0.02			
2	0.05			
3	0.1			
4	0.2			
5	0.5			
6	1			
7	2			
8	5			
9	10			
10	15			

(6) 앞서 실험한 회로에 사용된 1N4001 다이오드 대신에 1N5817G 쇼트키 다이오드를 회로에 연결하고 표 3.4의 빈 칸을 모두 채운다.

| 표 3.4 | 쇼트키 다이오드의 역방향 특성 확인 실험 결과

측정 순서	V_R (V)	V_R 측정값 (V)	$V_{1M\Omega}$ 측정값 (V)	전류 계산값 (A)
	0	0	0	0
1	0.02			
2	0.05			
3	0.1			
4	0.2			
5	0.5			
6	1			
7	2			
8	5			
9	10			
10	15			

(7) V_R 측정값을 x축으로, 전류 계산값을 y축으로 정해서 그래프를 그려 본다. 앞서 그린 다이오드의 그래프와의 차이를 분석한다.

회로 시뮬레이션

아래는 위 실험에 대한 회로 시뮬레이션 예시이다. 이를 참고하여 각자 위 실험에 대한 회로 시뮬레이션을 미리 수행하여 실험 결과와 비교할 수 있도록 준비한다.

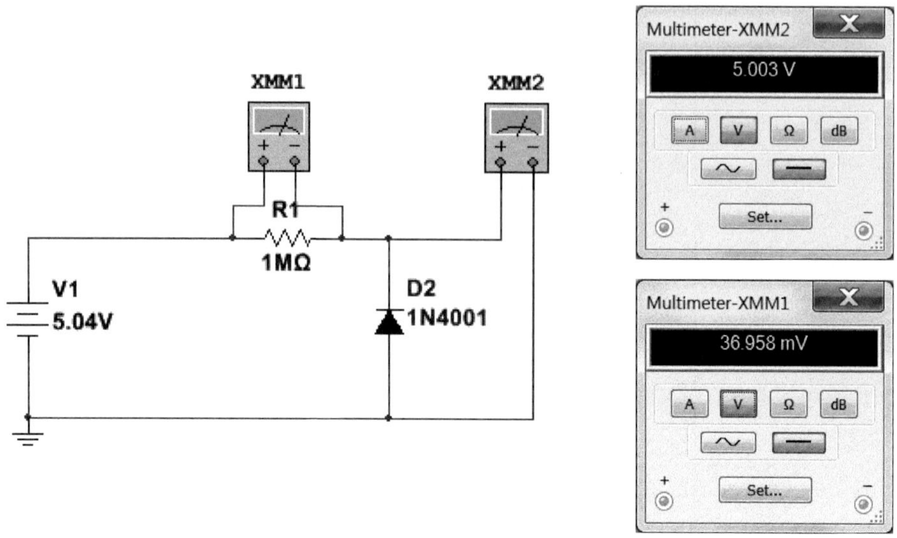

| 그림 3.13 | 다이오드 역방향 특성 확인 시뮬레이션 회로도 및 결과 (표 3.2의 조건들 중 V_R=5V가 되도록 하려면 파워써플라이의 출력이 5.04V여야 함을 알 수 있음)

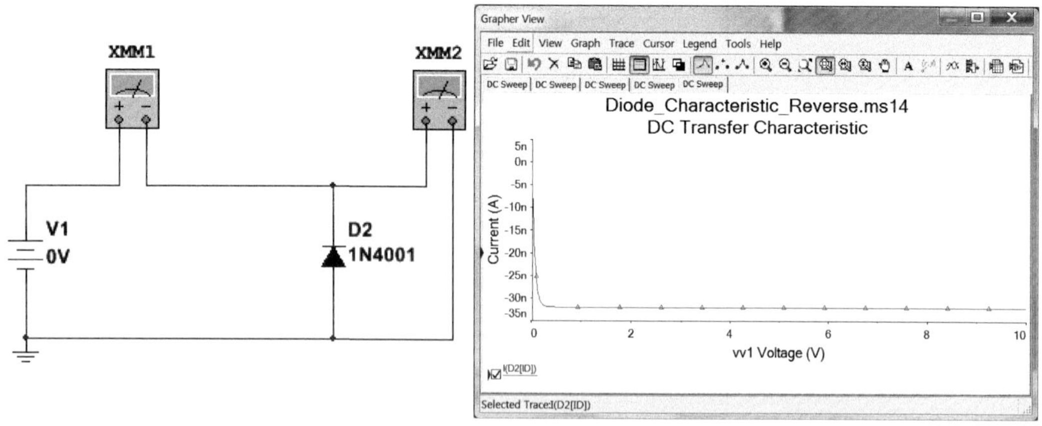

| 그림 3.14 | 또 다른 다이오드 역방향 특성 확인 시뮬레이션

4.2 다이오드를 포함하는 회로의 실험

(1) 아래 그림 3.15의 회로를 결선한다. 파워써플라이의 출력전압을 v_{in}으로 활용한다. v_{in}을 −3V부터 +3V까지 0.5V step으로 변화시키면서 v_{out}을 관찰한다.

(2) v_{in}과 v_{out} 그래프($v_{in}-v_{out}$ 그래프)를 그려보고 기울기가 달라지는 지점이 있으면 그 부근에서는 파워써플라이 출력전압을 0.25V step으로 추가실험을 한 후 $v_{in}-v_{out}$ 그래프에 반영하도록 한다.

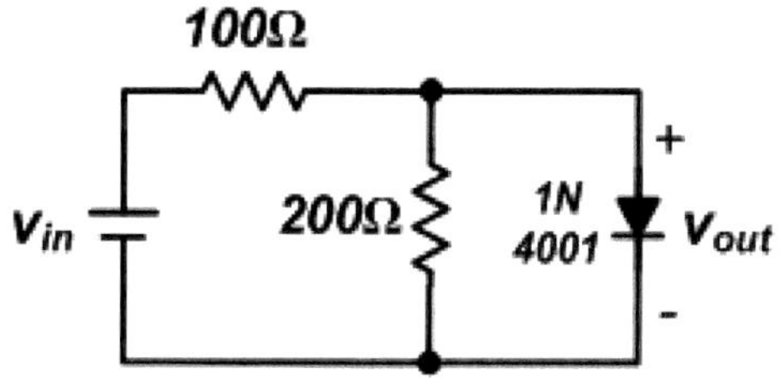

| 그림 3.15 | 실험용 다이오드 회로(I)

회로 시뮬레이션

아래는 위 실험에 대한 회로 시뮬레이션 예시이다. 이를 참고하여 각자 위 실험에 대한 회로 시뮬레이션을 미리 수행하여 실험 결과와 비교할 수 있도록 준비한다.

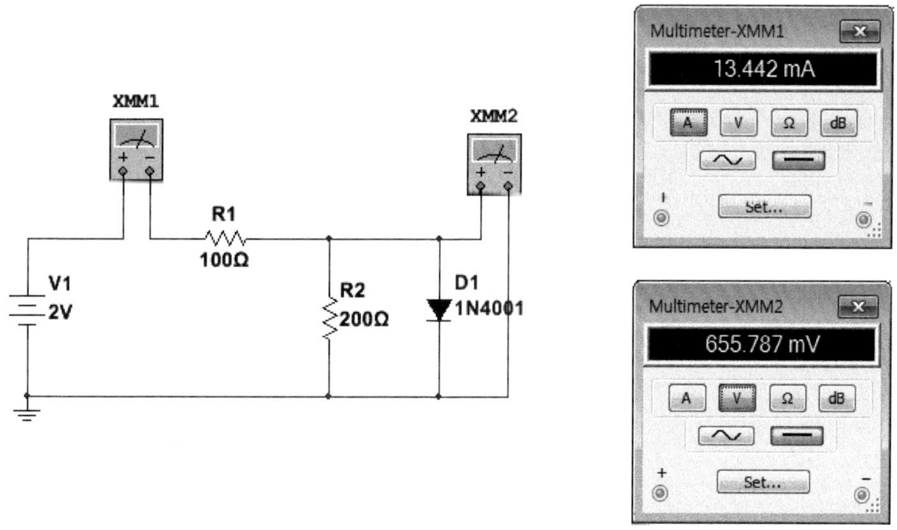

| 그림 3.16 | 다이오드를 포함하는 회로의 시뮬레이션 회로도 및 결과

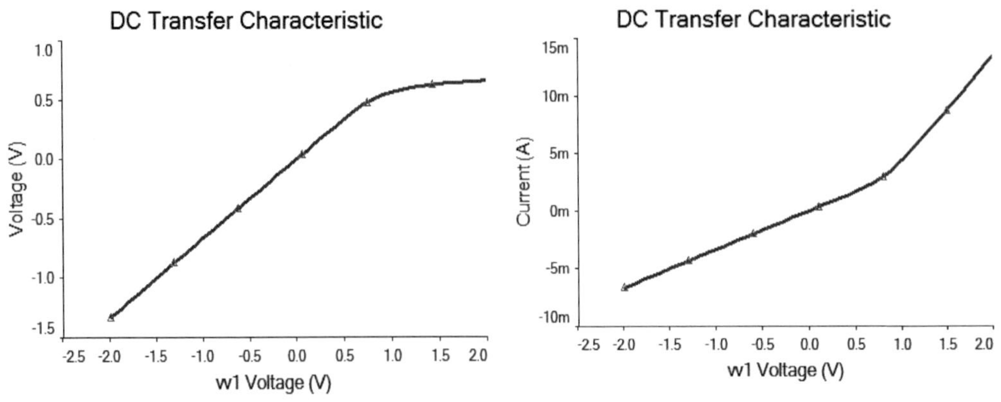

(a) 파워써플라이 전압 vs. v_{out} (b) 파워써플라이 전압 vs. 전류

| 그림 3.17 | 다이오드를 포함하는 회로의 시뮬레이션 결과

(3) 아래 그림 3.18의 회로는 단계 (1)의 회로에 비해 다이오드의 종류만 다르다. 아래 그림 3.18의 회로를 결선한다. v_{in}을 −3V부터 +3V까지 0.5V step으로 변화시키면서 v_{out}을 관찰한다.

(4) v_{in}과 v_{out} 그래프($v_{in}-v_{out}$ 그래프)를 그려보고 기울기가 달라지는 지점이 있으면 그 부근에서는 파워써플라이 출력전압을 0.25V step으로 추가실험을 한 후 $v_{in}-v_{out}$ 그래프에 반영하도록 한다.

(5) 단계 (2)와 단계 (4)의 결과의 차이점을 분석한다.

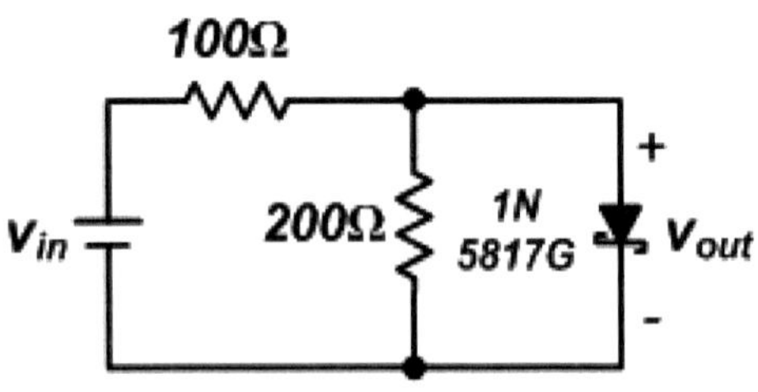

| 그림 3.18 | 실험용 다이오드 회로(II)

회로 시뮬레이션

아래는 위 실험에 대한 회로 시뮬레이션 예시이다. 이를 참고하여 각자 위 실험에 대한 회로 시뮬레이션을 미리 수행하여 실험 결과와 비교할 수 있도록 준비한다.

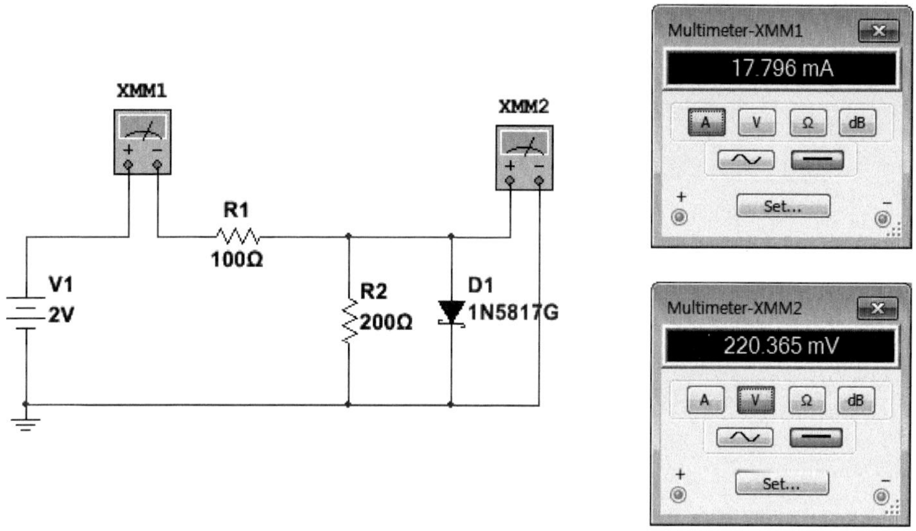

| 그림 3.19 | 다이오드를 포함하는 회로의 시뮬레이션 회로도 및 결과 (Schottky)

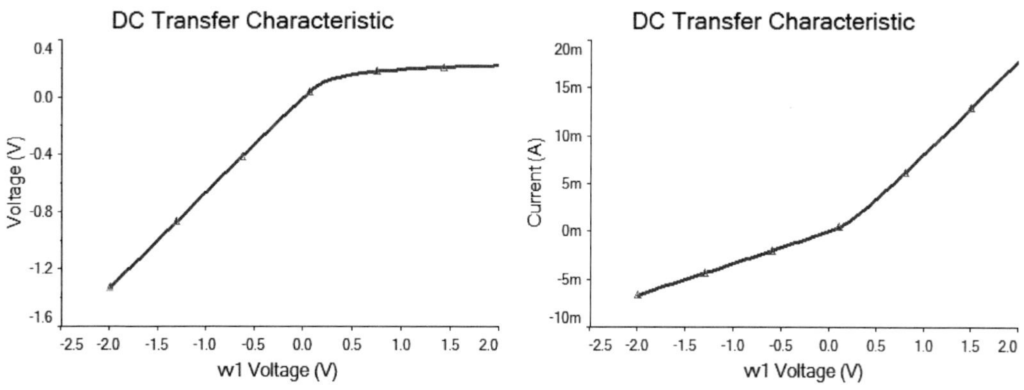

(a) 파워써플라이 전압 vs. V_{out}

(b) 파워써플라이 전압 vs. 전류

| 그림 3.20 | 다이오드를 포함하는 회로의 시뮬레이션 결과 (Schottky)

4.3 두 개의 다이오드를 포함하는 회로의 실험

(1) 아래 그림 3.21의 회로를 결선한다. 파워써플라이의 출력전압을 v_{in}으로 활용한다. v_{in}을 −3V부터 +5V까지 0.5V step으로 변화시키면서 v_{out}을 관찰한다.

(2) v_{in}과 v_{out} 그래프($v_{in}-v_{out}$ 그래프)를 그려보고 기울기가 달라지는 지점이 있으면 그 부근에서는 파워써플라이 출력전압을 0.25V step으로 추가실험을 한 후 $v_{in}-v_{out}$ 그래프에 반영하도록 한다.

(3) Ideal diode 모델 및 constant voltage 모델로 예측한 그래프와 결과를 비교해 본다.

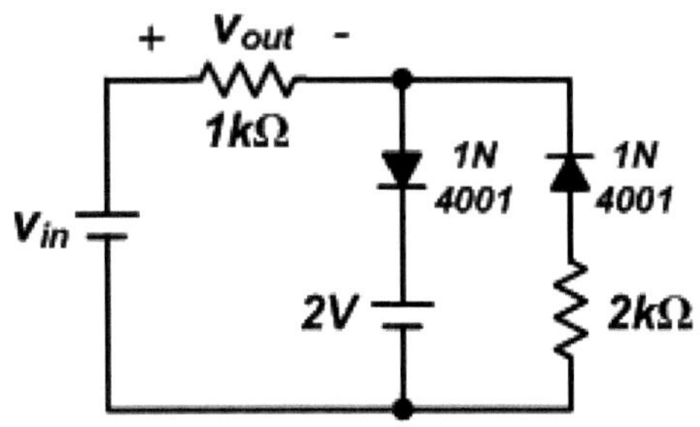

| 그림 3.21 | 실험용 다이오드 회로(III)

회로 시뮬레이션

아래는 위 실험에 대한 회로 시뮬레이션 예시이다. 이를 참고하여 각자 위 실험에 대한 회로 시뮬레이션을 미리 수행하여 실험 결과와 비교할 수 있도록 준비한다.

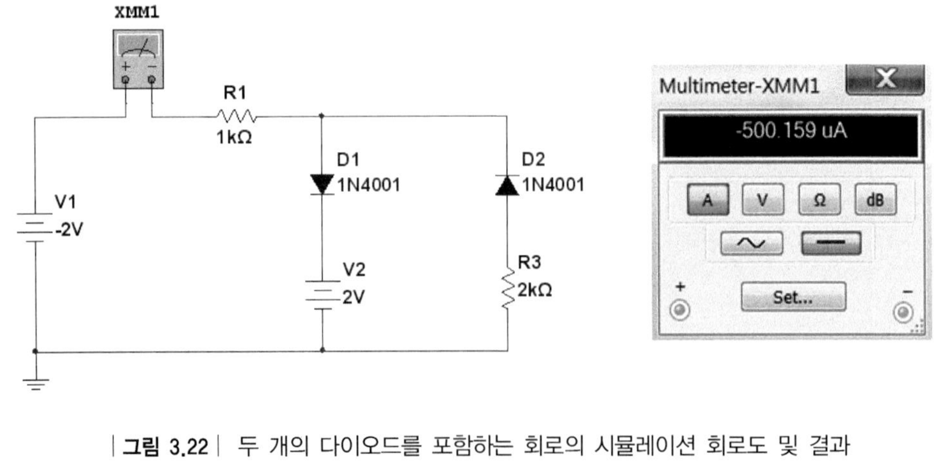

| 그림 3.22 | 두 개의 다이오드를 포함하는 회로의 시뮬레이션 회로도 및 결과

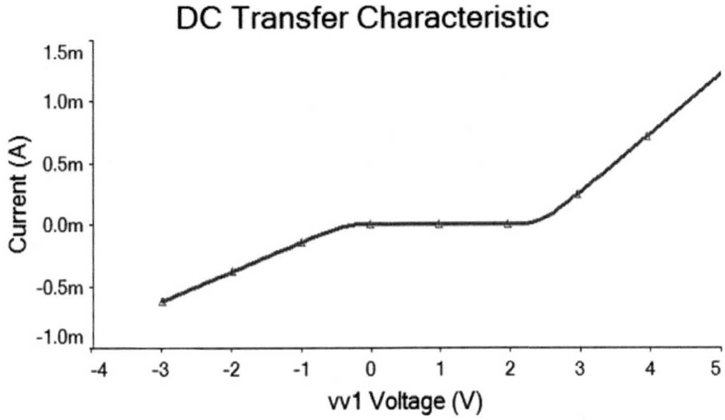

파워써플라이 전압 vs. 전류(R1)

| 그림 3.23 | 두 개의 다이오드를 포함하는 회로의 시뮬레이션 결과

4.4 반파정류기 실험

(1) 그림 3.24의 회로를 결선하고 오실로스코프를 이용하여 입력 파형과 부하에서 관찰되는 파형을 비교한다.

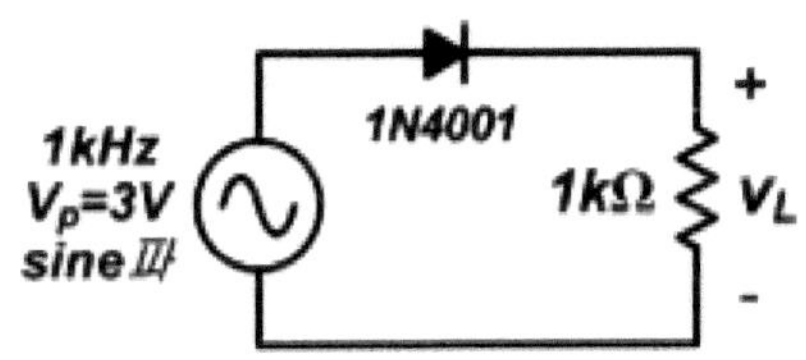

| 그림 3.24 | 다이오드 반파정류기

회로 시뮬레이션

아래는 위 실험에 대한 회로 시뮬레이션 예시이다. 이를 참고하여 각자 위 실험에 대한 회로 시뮬레이션을 미리 수행하여 실험 결과와 비교할 수 있도록 준비한다.

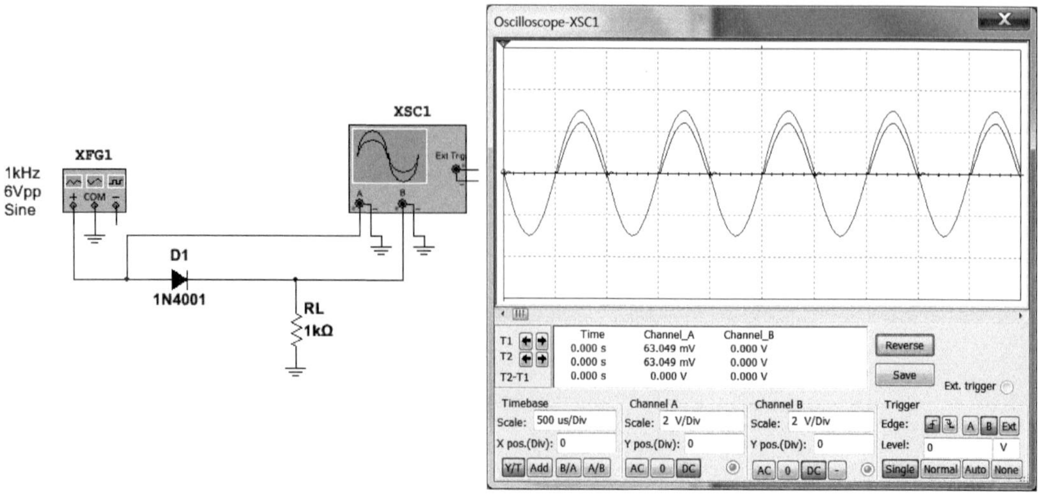

| 그림 3.25 | 반파정류기 시뮬레이션 회로도 및 결과

(2) 그림 3.26의 회로를 결선하고 오실로스코프를 이용하여 입력 파형과 부하에 관찰되는 파형을 비교한다.

(3) 단계 (2)를 기준으로 부하에 인가되는 전압의 ripple이 심해질 수 있도록 조건을 변경해 본다. (부하저항 변경 2가지 수행, capacitance 변경 2가지 수행)

(4) 단계 (2)를 기준으로 부하에 인가되는 전압의 ripple이 줄어들 수 있도록 조건을 변경해 본다. (부하저항 변경 1가지 수행, capacitance 변경 1가지 수행)

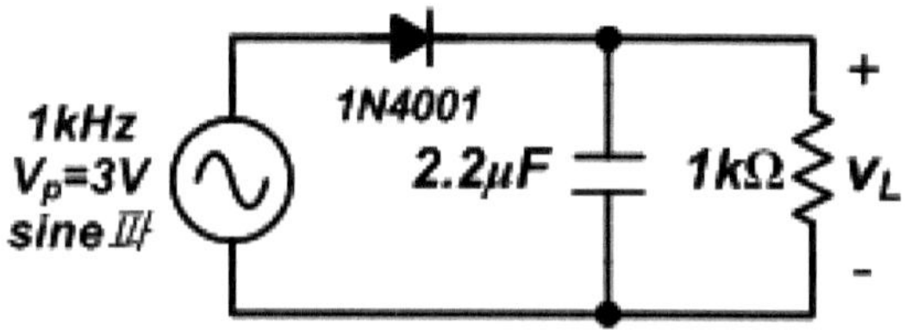

| 그림 3.26 | 평활 커패시터가 추가된 다이오드 반파정류기

회로 시뮬레이션

아래는 위 실험에 대한 회로 시뮬레이션 예시이다. 이를 참고하여 각자 위 실험에 대한 회로 시뮬레이션을 미리 수행하여 실험 결과와 비교할 수 있도록 준비한다.

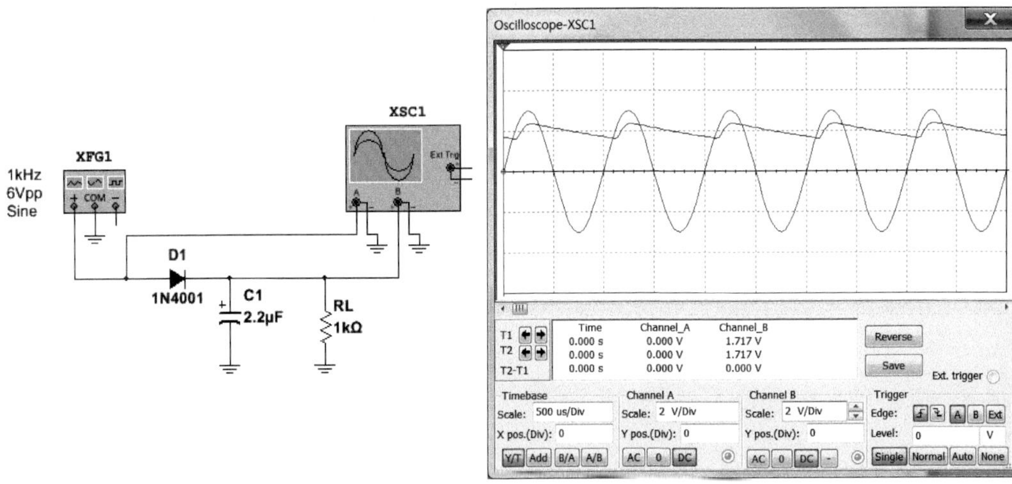

| 그림 3.27 | 반파정류기 시뮬레이션 회로도 및 결과 평활 커패시터 추가(부하저항 1kΩ)

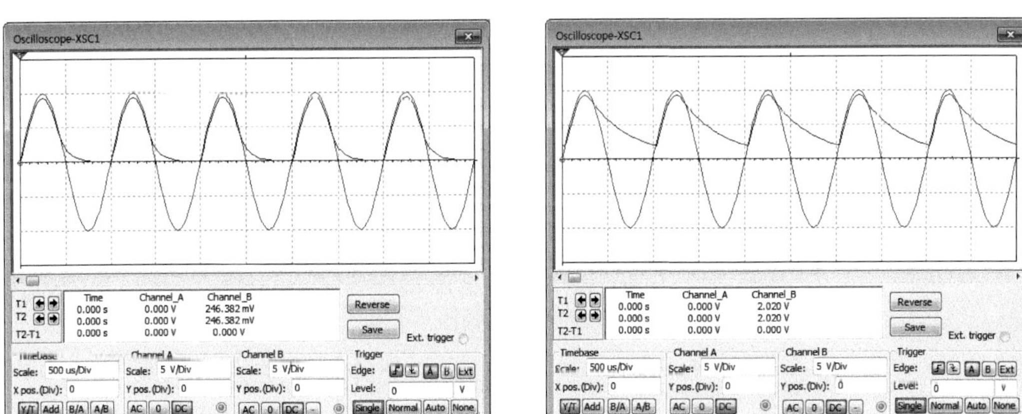

(a) 0.1uF

(b) 0.47uF

| 그림 3.28 | 반파정류기 시뮬레이션 회로도 및 결과 평활화 커패시터 추가(부하저항 1kΩ)

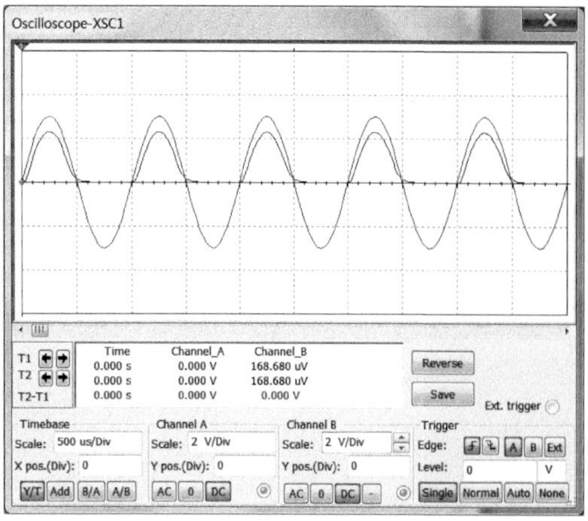

(a) 0.47uF

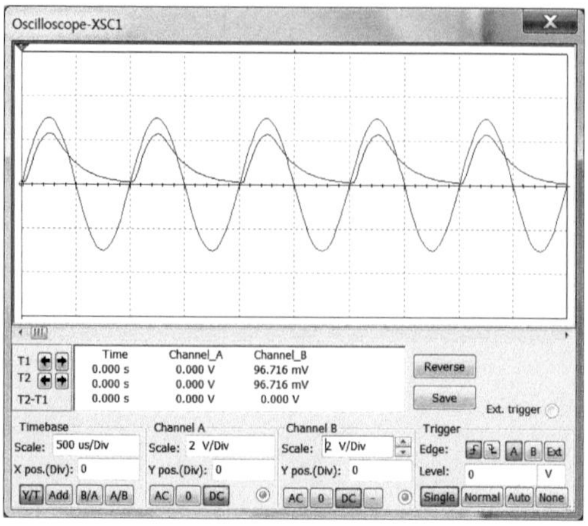

(b) 2.2uF

| **그림 3.29** | 반파정류기 시뮬레이션 회로도 및 결과 평활화 커패시터 추가(부하저항 100Ω)

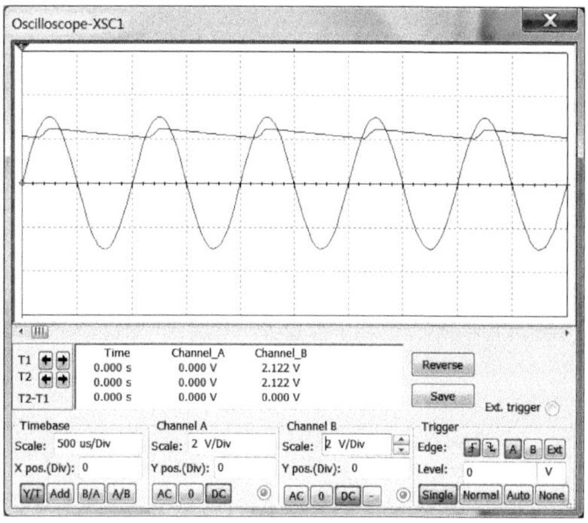

(a) 0.47uF

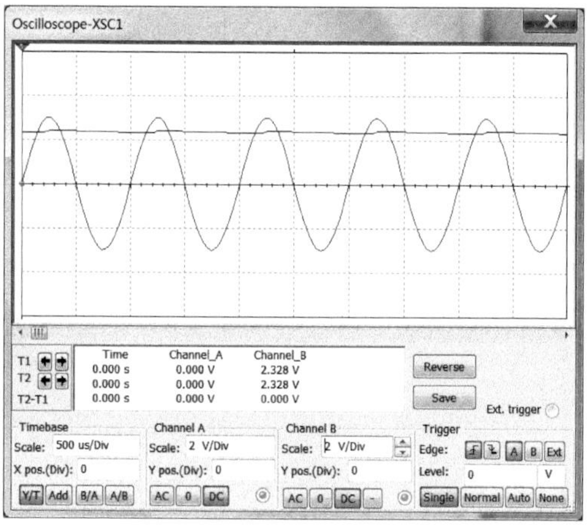

(b) 2.2uF

| **그림 3.30** | 반파정류기 시뮬레이션 회로도 및 결과 평활화 커패시터 추가(부하저항 10kΩ)

4.5 다이오드 클램퍼 회로 실험

(1) 그림 3.31의 회로를 결선하고 오실로스코프를 이용하여 입력 파형과 부하에서 관찰되는 파형을 비교한다.

(2) 단계 (1)을 기준으로 부하에 인가되는 전압의 왜곡이 심해질 수 있도록 조건을 변경해 본다. (부하 저항 변경 2가지 수행)

(3) 단계 (1)의 회로로 되돌린 후 다이오드와 연결된 DC 전원의 전압을 변경해 본다.

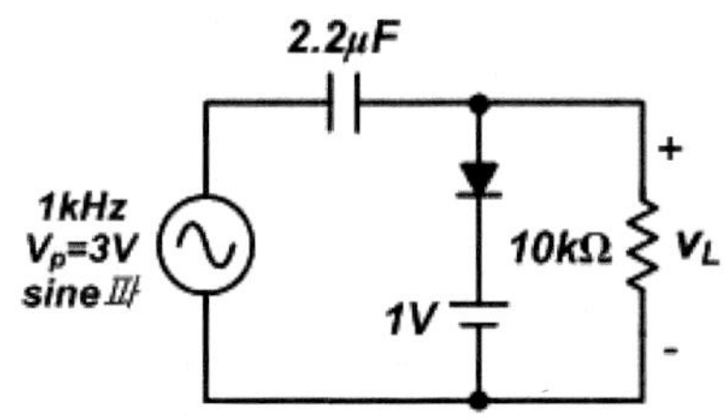

| **그림 3.31** | 다이오드 클램퍼 회로(I)

회로 시뮬레이션

아래는 위 실험에 대한 회로 시뮬레이션 예시이다. 이를 참고하여 각자 위 실험에 대한 회로 시뮬레이션을 미리 수행하여 실험 결과와 비교할 수 있도록 준비한다.

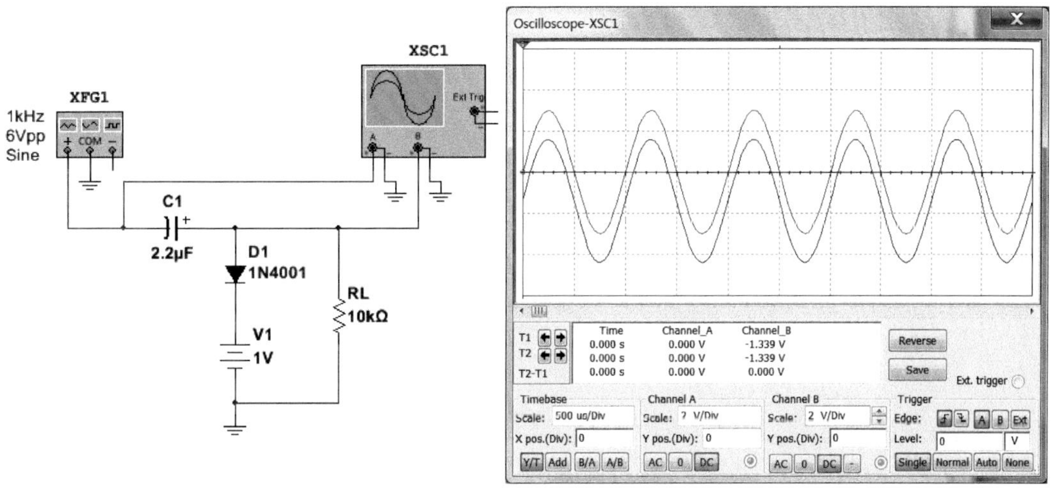

| **그림 3.32** | 다이오드 클램퍼 시뮬레이션 회로도 및 결과(부하저항 10kΩ)

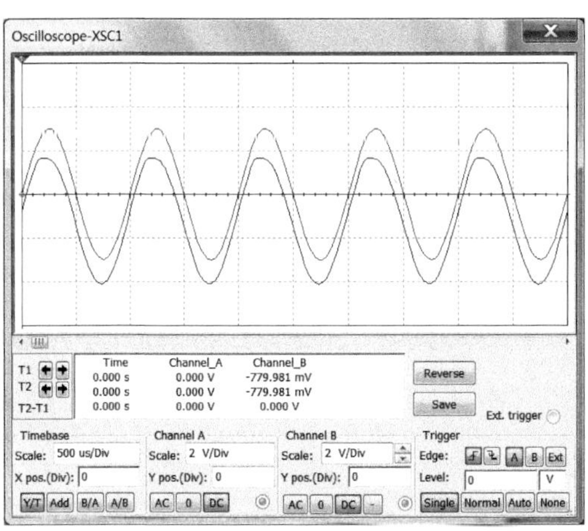

(a) 부하저항 1kΩ

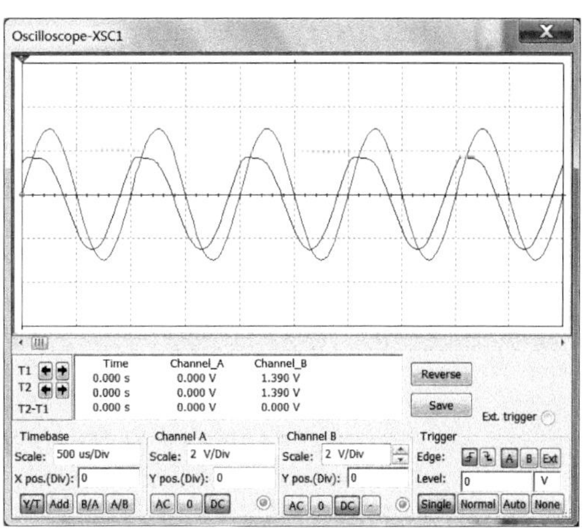

(b) 부하저항 100Ω

| **그림 3.33** | 다이오드 클램퍼 시뮬레이션 결과(Forward)

(4) 그림 3.34의 회로는 단계 (1)의 회로에 비해 다이오드의 연결방향만 다르다. 아래 그림의 회로를 결선하고 오실로스코프를 이용하여 입력 파형과 부하에서 관찰되는 파형을 비교한다.

(5) 단계 (4)를 기준으로 부하에 인가되는 전압의 왜곡이 심해질 수 있도록 조건을 변경해 본다. (부하 저항 변경 2가지 수행)

(6) 단계 (4)의 회로로 되돌린 후 다이오드와 연결된 DC 전원의 전압을 변경해 본다.

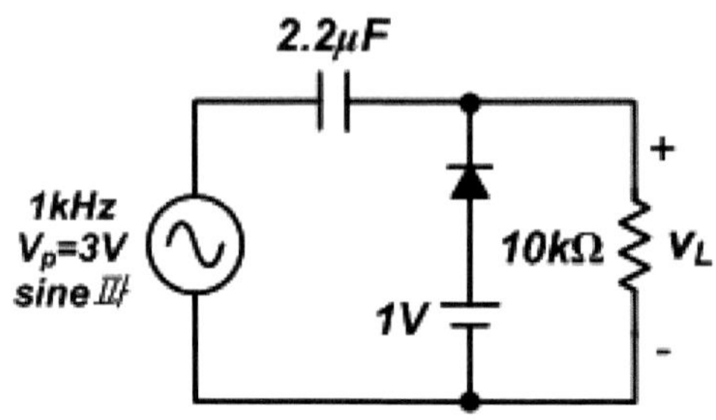

| 그림 3.34 | 다이오드 클램퍼 회로(II)

회로 시뮬레이션

아래는 위 실험에 대한 회로 시뮬레이션 예시이다. 이를 참고하여 각자 위 실험에 대한 회로 시뮬레이션을 미리 수행하여 실험 결과와 비교할 수 있도록 준비한다.

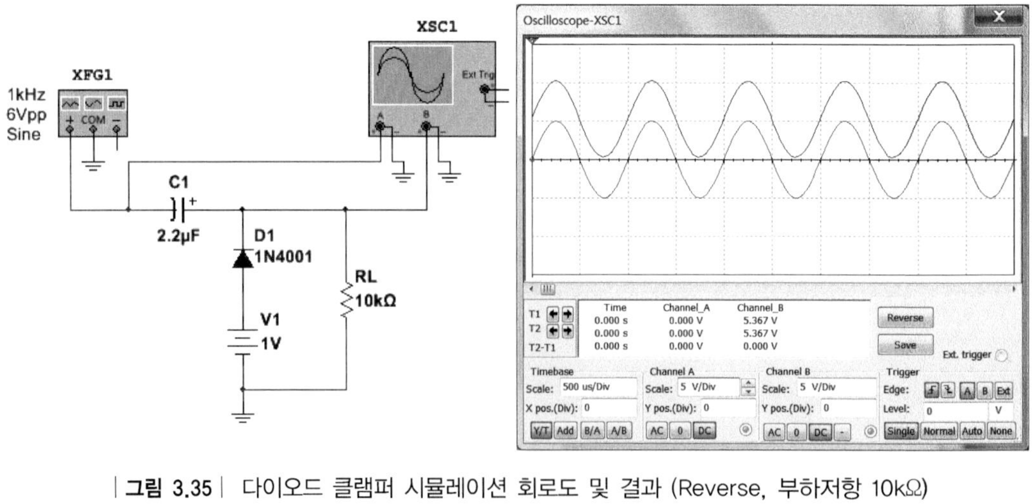

| 그림 3.35 | 다이오드 클램퍼 시뮬레이션 회로도 및 결과 (Reverse, 부하저항 10kΩ)

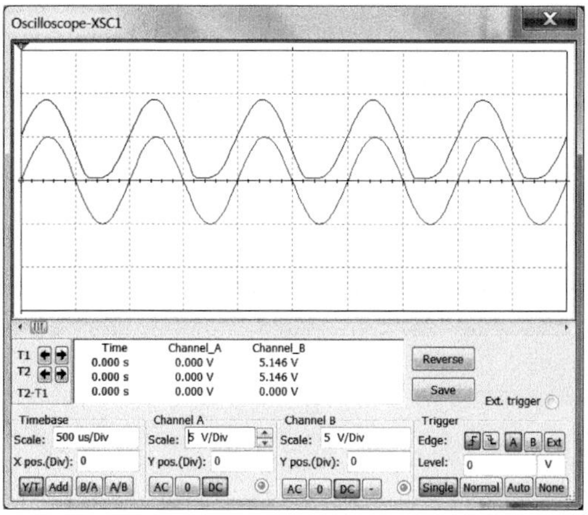

(a) 부하저항 1kΩ

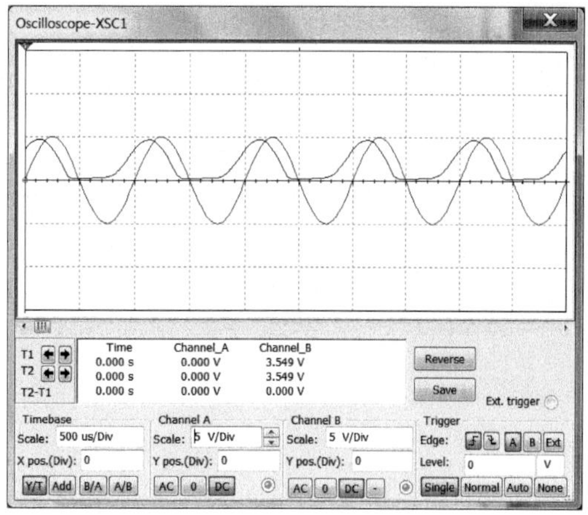

(b) 부하저항 100Ω

| **그림 3.36** | 다이오드 클램퍼 시뮬레이션 결과 (Reverse)

CHAPTER

04 다이오드의 소신호 특성

1 실험 목적

(1) 다이오드와 같은 비선형 소자의 근사적 해석에 사용되는 소신호 모델의 개념을 이해하고 실험을 통해 얻어진 결과치와 소신호 해석의 결과치와의 차이를 비교한다.

(2) 제너 다이오드의 특성과 이를 사용한 정전압 회로의 동작을 이해하고 실험으로 확인한다.

2 이론적 배경

2.1 다이오드의 exponential 모델

다이오드의 전압(V_D)과 전류(I_D)의 관계는 일반적으로 아래와 같이 모델링된다.

$$I_D = I_S[\exp(V_D/V_T) - 1] \tag{4.1}$$

순방향 바이어스만 고려할 경우, 위의 관계식을 아래의 관계식으로 수정하면 식이 간단해질 수 있는데 이를 exponential 모델이라고 한다. V_D가 0V 근처의 아주 작은 값만 아니라면, 위의 관계식과 아래의 관계식 간의 오차는 무시할 수 있을 정도로 미미하다.

$$I_D = I_S \exp(V_D/V_T) \tag{4.2}$$

2.2 소신호 모델과 소신호 해석

다이오드의 양단에 순방향 DC 전압(예를 들어 V_{D1})을 인가하면 exponential 모델을 바탕으로 순방향 DC 전류($I_{D1} = I_S \exp(V_{D1}/V_T)$)가 정해진다. 이는 그림 4.1과 같이 exponential 그래프 상의 한 점 (V_{D1} , I_{D1})에 해당되는데, 이를 동작점이라고 한다. 이 동작점에서 다이오드의 전압이 ΔV_D만큼 증가할 때 새롭게 정해진 전류(I_{D2})는 아래와 같다.

$$I_{D2} = I_S \exp((V_{D1} + \Delta V_D)/V_T) \tag{4.3}$$

I_{D2}와 I_{D1}의 차이를 구해보면 아래와 같다.

$$\begin{aligned} I_{D2} - I_{D1} &= I_S \exp((V_{D1} + \Delta V_D)/V_T) - I_S \exp(V_{D1}/V_T) \\ &= I_{D1}(\exp(\Delta V_D/V_T) - 1) \end{aligned} \tag{4.4}$$

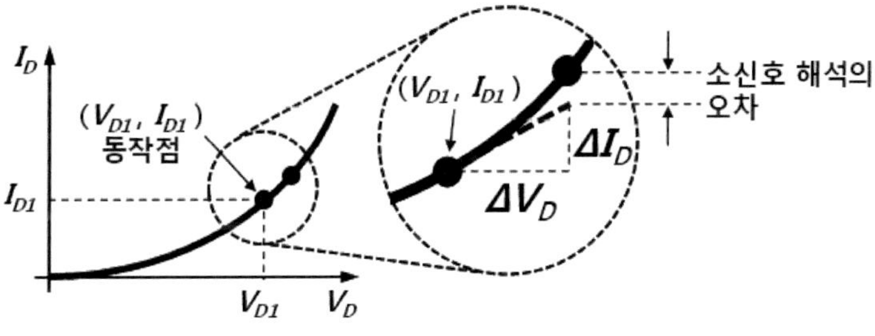

| 그림 4.1 | 다이오드의 전압-전류 특성 그래프와 DC 동작점

위와 같이 전압의 변동량(ΔV_D)이 주어지면 전류의 변동량($I_{D2} - I_{D1}$)을 exponential 모델을 사용하여 수식적으로 구해낼 수 있으나, 결과식에 지수함수항이 남아있어서 그리 유용하지 않다. 만약 전압 변동량(ΔV_D)이 아주 작다면 전류의 변동량에 대한 근사치를 위 그림의 확대 그림과 같이 동작점에서의 접선을 활용하여 구할 수 있을 것이다. 한편 그 접선의 기울기는 미분을 통해 I_{D1}/V_T가 됨을 쉽게 알 수 있다. 따라서 동작점에서 접선을 이용한 근사적인 방법에 의한 전류의 변동량(ΔI_D)은 아래와 같다.

$$\Delta I_D = \text{접선의 기울기} \times \Delta V_D = (I_{D1}/V_T) \times \Delta V_D \tag{4.5}$$

위의 결과에서 전류 변동량(ΔI_D)은 상수 즉, 기울기 I_{D1}/V_T를 매개로 전압 변동량(ΔV_D)과 선형적 관계임을 알 수 있다(그래프에서는 동작점을 새로운 좌표계의 원점으로 간주함). 이는 다이오드에 인가되고 있는 DC 전압을 무시하고 전압의 변동량만 인가된다고 볼 때, 기울기의 역수인 V_T/I_{D1}만큼의 저항값을 갖는 저항의 특성과 같다고 할 수 있다. 따라서 동작점을 먼저 구한 후 변동량을 구할 때에는 다이오드를 저항으로 간주해도 된다는 의미가 된다. 이러한 개념은 다이오드가 포함된 복잡한 회로의 변동량 해석에도 응용이 가능하다. 즉 복잡한 회로에 대해 DC 해석(ideal 모델, constant voltage 모델, 또는 exponential 모델(iteration 사용) 중에서 선택)을 먼저 완료하면, 회로에 포함된 동작점이 결정되므로 이 후 회로의 전압 및 전류의 변동량에 대한 해석은 다이오드를 저항으로 대체하여 선형회로로 고쳐서 해석할 수 있게 된다(이 때 이전 DC 해석에 사용되었던 DC 전원은 모두 비활성화 시켜야 함). 이와 같은 해석 방법을 소신호 해석이라고 하고, 다이오드를 접선 기울기의 역수만큼의 저항으로 대체하는 것을 다이오드의 소신호 모델이라고 한다. 아래 그림 4.2의 회로는 소신호 해석을 활용할 수 있는 예시이다.

비선형 소자를 포함하는 회로에 대한 소신호 해석은 전압 및 전류의 변동량을 구하는데 사용될 뿐만 아니라 DC 전원과 AC 전원이 혼합된 회로의 해석에도 아주 유용하게 사용된다. 즉 AC 전원의 효과를 변동량 유발 요인으로 간주하는 것이다. 그렇다면 먼저 DC 전원만 남겨서 DC 해석을 수행하여 비선형 소자의 동작점을 알아낸 후, 비선형 소자들을 모두 소신호 모델(선형소자)로 대체하고 AC 전원만 남겨서 회로를 해석하면 회로 내 전압이나 전류의 AC 성분들을 구할 수 있게 된다. 한편 소신호 해석은 비선형 소자에 인가되는 전압의 변동량이 작을수록 오차가 줄어든다는 사실을 상기하면, AC 전원의 peak 값이 클수록 소신호 해석 결과의 오차(실제와 비교해서)가 커질 것이라는 것을 예상할 수 있다.

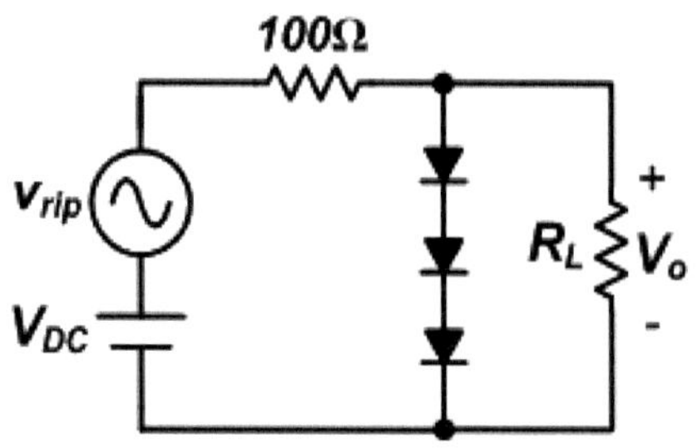

| 그림 4.2 | 부하저항(R_L)에 일정 전압을 인가하기 위한 다이오드 회로

2.3 전파정류기

다이오드를 1개만 사용한다면 반파정류기를 구현할 수 있는데, 복수개의 다이오드를 사용하여 전파정류기를 구현할 수 있다. 위상차가 정확히 180도인 두 개의 정현파 입력을 사용할 수 있다면 다이오드 2개를 사용하여 전파정류기를 구현할 수 있다. 1개의 정현파 입력으로 전파정류기를 구현하는 방법으로 아래 그림 4.3과 같이 다이오드 4개를 사용한 브릿지 정류회로가 있다. 입력 정현파가 positive cycle일 때는 D_1과 D_3가 순방향 바이어스로 도통상태가 되어 부하의 오른쪽 단자에서 왼쪽 단자로 전류를 흘리게 된다. 이 때 D_2와 D_4는 역방향 바이어스로 불통상태에 있게 된다. 입력 정현파가 negative cycle일 때는 D_2와 D_4가 순방향 바이어스로 도통상태가 되어 부하의 오른쪽 단자에서 왼쪽 단자로 전류를 흘리게 된다. 이 때 D_1과 D_3는 역방향 바이어스로 불통상태에 있게 된다.

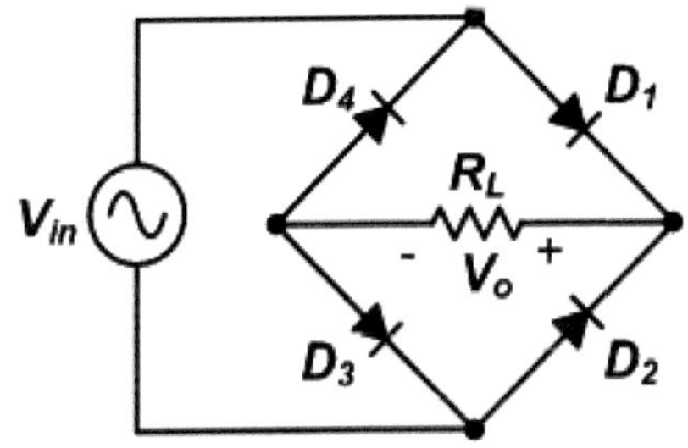

| 그림 4.3 | 다이오드 전파정류 회로

2.4 제너 다이오드

제너 다이오드는 낮은 역방향 바이어스가 인가된 상태에서는 전류를 거의 흘리지 않다가, 제너 전압이라 부르는 일정 수준의 역방향 전압에 도달하면 전류를 아주 잘 흐르게 하는 상태로 급변하는 소자이다. 이 제너 전압에 도달했을 때 전류를 잘 흘리는 성질은 순방향 바이어스가 인가되었을 때보다도 더 우수한 특징이 있다. 제너 전압에서 전류를 잘 흘리는 성질은 그림 4.4(b)의 제너 다이오드의 특성 그래프에서도 확인이 가능하다. 다이오드의 전압-전류 그래프에서 접선의 기울기의 역수가 소신호 모델에서의 저항값이라고 했는데, 제너 다이오드는 순방향에서의 소신호 저항값보다 제너 전압이 인가된 상태의 소신호 저항값이 훨씬 작다고 할 수 있다. 이런 매우 작은 소신호 저항값이 부하의 전압 변동을 줄여주는 역할을 하게 된다.

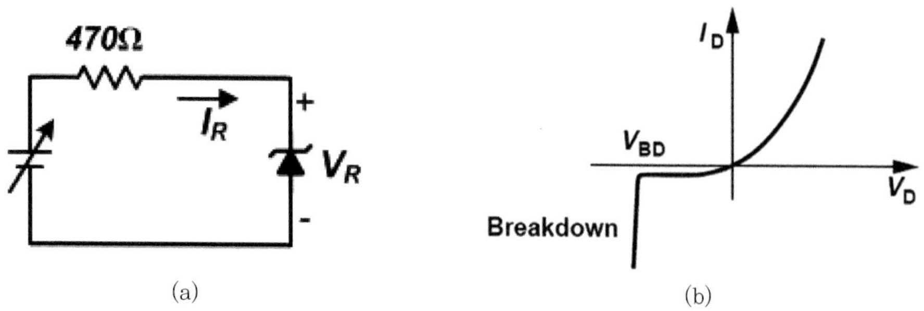

| 그림 4.4 | (a) 제너 다이오드 역방향 전기적 특성 확인용 회로, (b) 특성 그래프

2.5 레귤레이터 회로

정류회로의 출력을 커패시터와 부하의 병렬연결에 인가하면 ripple이 존재하는 파형이 부하 양단에 인가된다. 이 ripple의 크기는 커패시터의 용량, 부하의 크기, 정류회로에 인가되고 있는 교류파형의 주파수 등이 영향을 미친다. AC 전원을 DC 전원으로 변화시키는 회로 즉, 어댑터는 이 ripple이 작아야 하며 특히 부하의 크기가 변하더라도 ripple의 변동이 거의 없어야 한다. 이러한 목적으로 어댑터에는 정류회로 외에 레귤레이터 회로가 포함된다. 가장 간단한 레귤레이터 회로는 제너 다이오드 1개를 활용하여 구현될 수 있다. 아래 그림 4.5의 회로는 레귤레이터 회로가 적용된 정류회로의 예시이다.

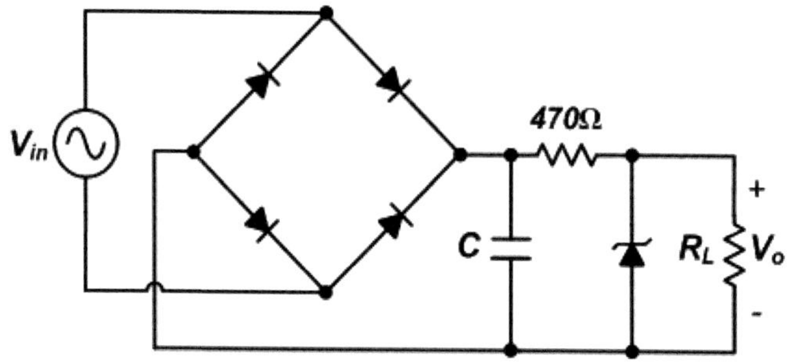

| 그림 4.5 | 레귤레이터 회로가 적용된 정류회로

3 사용 계기 및 부품

- DC power supply, 디지털 멀티미터, 오실로스코프, 함수발생기
- 다이오드 : 1N4001 4개, 1N4733A 1개
- 저항 : 100Ω 1개, 150Ω 1개, 470Ω 1개, 1kΩ 3개
- 커패시터 : 2.2μF 3개
- 브레드 보드, 전선 및 리드선

4 실험 방법

4.1 다이오드 회로의 전압 및 전류 변동량 관찰 실험

(1) 그림 4.6(a)의 회로를 결선하고 먼저 표시된 지점의 선류를 측정한 후 V_D를 측정한다.

(2) 단계 (1)의 측정값으로부터 다이오드의 small signal 저항을 예측한다.

(3) 그림 4.6(b)와 같이 ripple을 대신할 수 있도록 함수발생기를 이용하여 회로에 표시된 sine파를 파워써플라이와 직렬로 연결한다. V_D에서 관찰될 ripple의 크기를 예측한다. 오실로스코프로 V_D를 관찰하여 ripple의 크기를 측정한 후 예측값과 비교한다. (주의) 통상 함수발생기의 BNC 출력단자의 테두리부는 접지되어 있으므로, 회로 연결 시 함수발생기와 파워써플라이의 위치를 서로 맞바꾸어야 올바른 파형이 오실로스코프에서 관찰될 것임(오실로스코프의 BNC 출력단자의 테두리부도 접지되어 있기 때문임)

(4) 그림 4.7(c)와 같이 부하저항을 연결한다. 부하저항에 인가될 전압 V_L을 예측하고, 단계 (1)에서 측정한 V_D값과 얼마나 차이가 나는지 확인한다. V_L을 측정한 후 예측값과 비교한다.

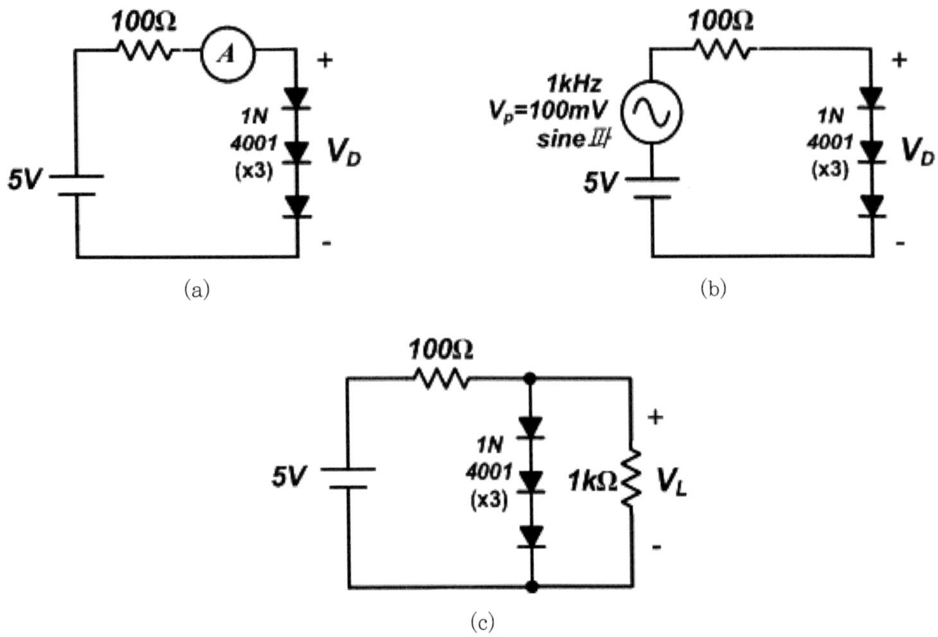

| **그림 4.6** | (a) DC 동작점 확인용 회로, (b) 다이오드 small signal 저항 확인용 회로, (c) 부하저항 효과 확인용 회로

회로 시뮬레이션

아래는 위 실험에 대한 회로 시뮬레이션 예시이다. 이를 참고하여 각자 위 실험에 대한 회로 시뮬레이션을 미리 수행하여 실험 결과와 비교할 수 있도록 준비한다.

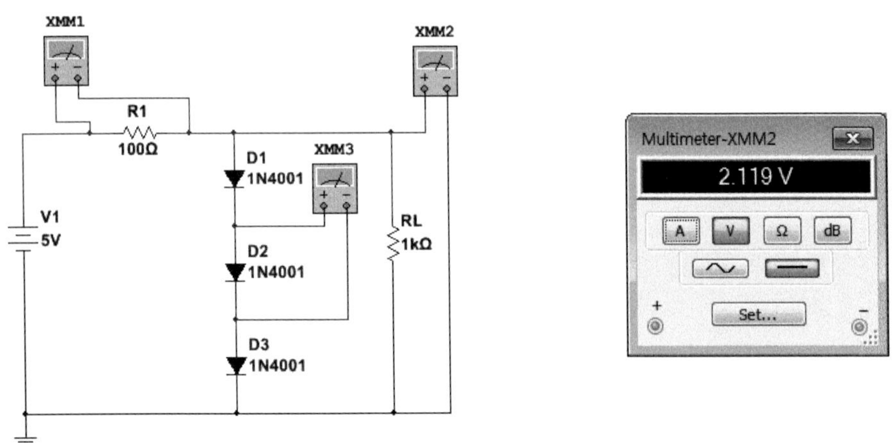

| **그림 4.7** | 다이오드 동작점의 전압 및 전류 변동량 관찰 시뮬레이션 회로도 및 결과

4.2 전파 정류기

(1) 그림 4.8의 회로를 결선하고 오실로스코프를 이용하여 입력 파형과 부하에서 관찰되는 파형을 비교한다.

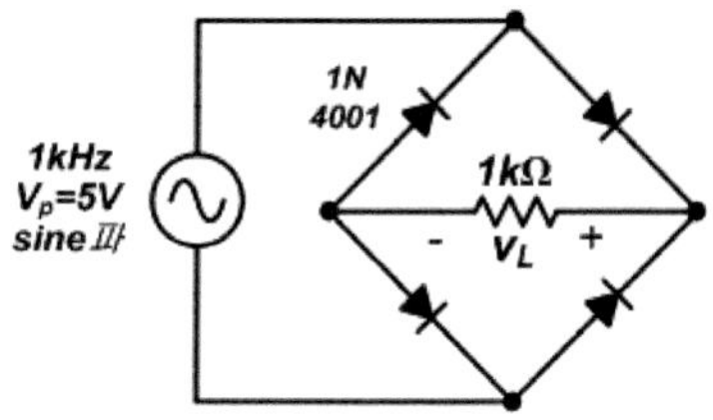

| 그림 4.8 | 다이오드 전파정류기

회로 시뮬레이션

그림 4.9는 위 실험에 대한 회로 시뮬레이션 예시이다. 이를 참고하여 각자 위 실험에 대한 회로 시뮬레이션을 미리 수행하여 실험 결과와 비교할 수 있도록 준비한다.

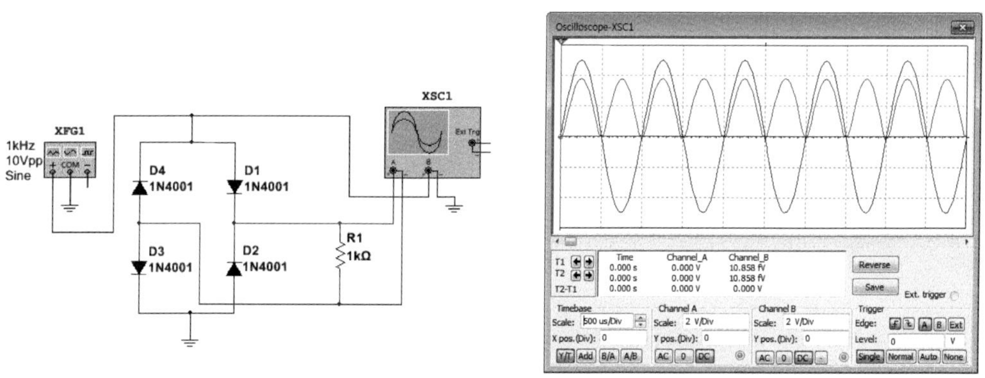

| 그림 4.9 | 전파정류기 시뮬레이션 회로도와 시뮬레이션 결과

(2) 아래 그림 4.10의 회로를 결선하고 오실로스코프를 이용하여 입력 파형과 부하에서 관찰되는 파형을 비교한다.

(3) 단계 (2)를 기준으로 부하에 인가되는 전압의 ripple이 심해질 수 있도록 조건을 변경해 본다. (부하저항 변경 2가지 수행, capacitance 변경 2가지 수행)

(4) 단계 (2)를 기준으로 부하에 인가되는 전압의 ripple이 줄어들 수 있도록 조건을 변경해 본다. (부하저항 변경 1가지 수행, capacitancc 변경 1가지 수행)

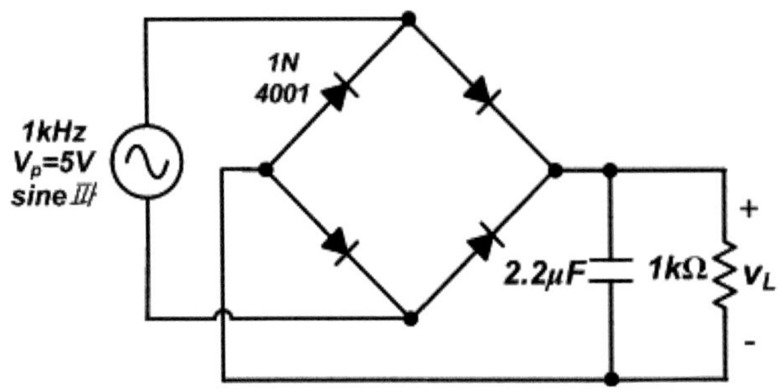

| **그림 4.10** | 평활 커패시터가 추가된 다이오드 전파정류기

회로 시뮬레이션

아래는 위 실험에 대한 회로 시뮬레이션 예시이다. 이를 참고하여 각자 위 실험에 대한 회로 시뮬레이션을 미리 수행하여 실험 결과와 비교할 수 있도록 준비한다.

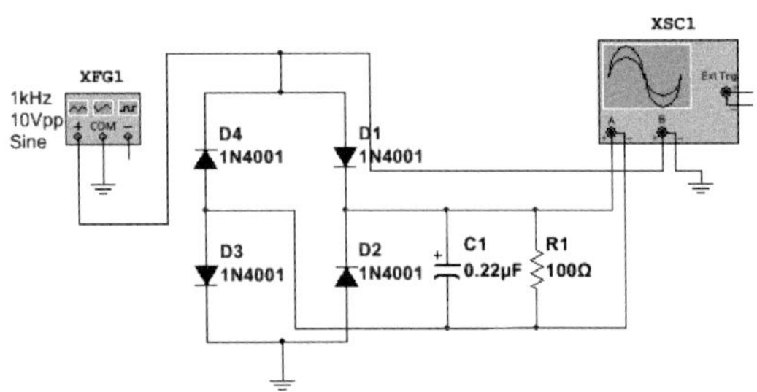

| **그림 4.11** | 전파정류기 시뮬레이션 회로도 (평활화 커패시터 추가)

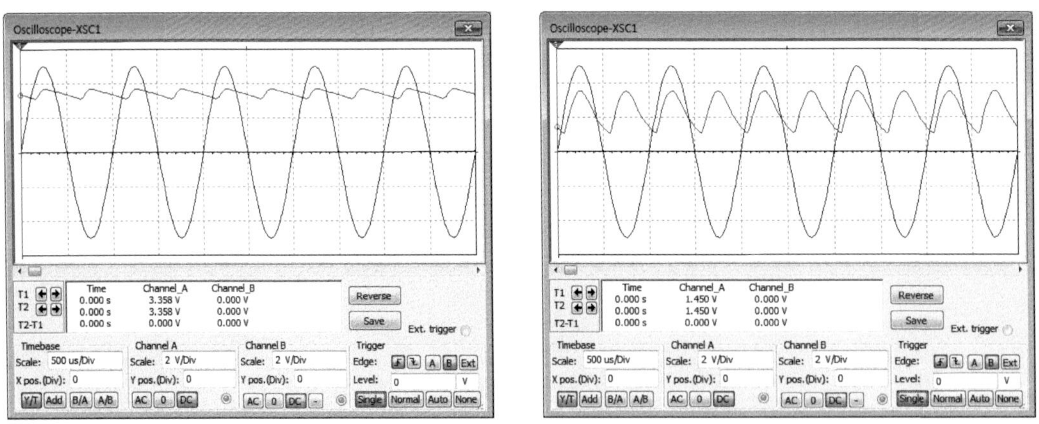

(a) 부하저항 1kΩ (b) 부하저항 100Ω

| **그림 4.12** | 전파정류기 시뮬레이션 결과 (평활화 커패시터 2.2uF)

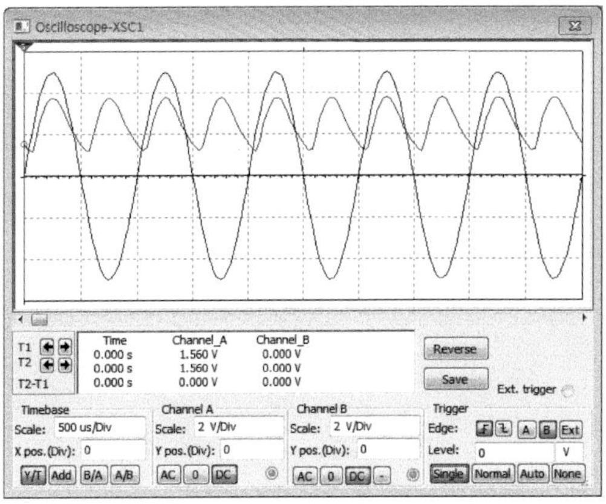

(a) 부하저항 1kΩ

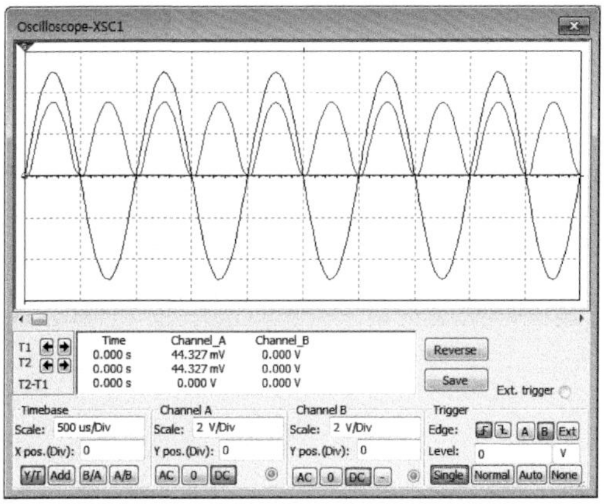

(b) 부하저항 100Ω

| **그림 4.13** | 전파정류기 시뮬레이션 결과 (평활화 커패시터 0.22uF)

4.3 제너 다이오드

(1) 그림 4.14의 회로는 제너 다이오드의 순방향 전기적 특성을 확인하기 위한 회로이다. 아래 회로를 결선하고 멀티미터를 이용하여 다이오드 양단 전압(V_F)을 측정하면서 파워써플라이의 전압을 조절한다. 표 4.1에 주어진 V_F값에 최대한 가깝도록 조절한 상태에서 멀티미터로 측정한 V_F값을 기록한다(측정순서 3번까지는 1mV 단위, 4번부터는 0.1mV 단위). 이 때 다이오드를 통해 흐르는 전류는 직접 측정하지 않고, 대신 150Ω 저항 양단 전압을 측정(측정순서 3번까지는 0.1mV 단위, 4번부터는 1mV 단위)하여 계산을 통해 간접적으로 알아내도록 한다.

(2) V_F 측정값을 x축으로, 전류 계산값을 y축으로 정해서 그래프를 그려 본다.

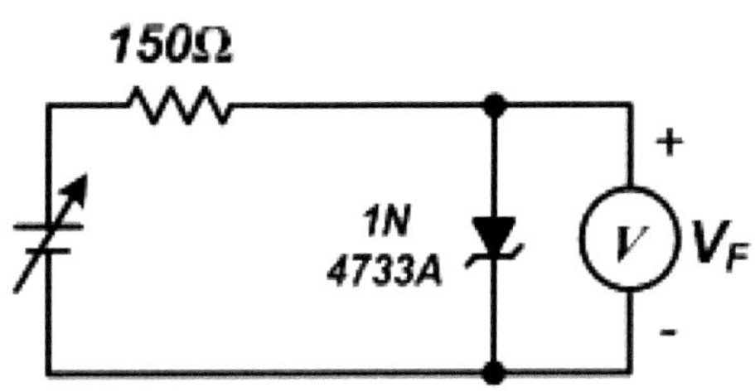

| **그림 4.14** | 제너 다이오드 순방향 전기적 특성 확인용 회로

| **표 4.1** | 제너 다이오드 순방향 전기적 특성 확인 실험 결과

측정 순서	V_F (V)	V_F 측정값 (mV)	$V_{150\Omega}$ 측정값 (mV)	전류 계산값 (A)
	0	0	0	0
1	0.2			
2	0.4			
3	0.45			
4	0.5			
5	0.52			
6	0.54			
7	0.56			
8	0.58			
9	0.60			
10	0.62			

회로 시뮬레이션

그림 4.15는 위 실험에 대한 회로 시뮬레이션 예시이다. 이를 참고하여 각자 위 실험에 대한 회로 시뮬레이션을 미리 수행하여 실험 결과와 비교할 수 있도록 준비한다.

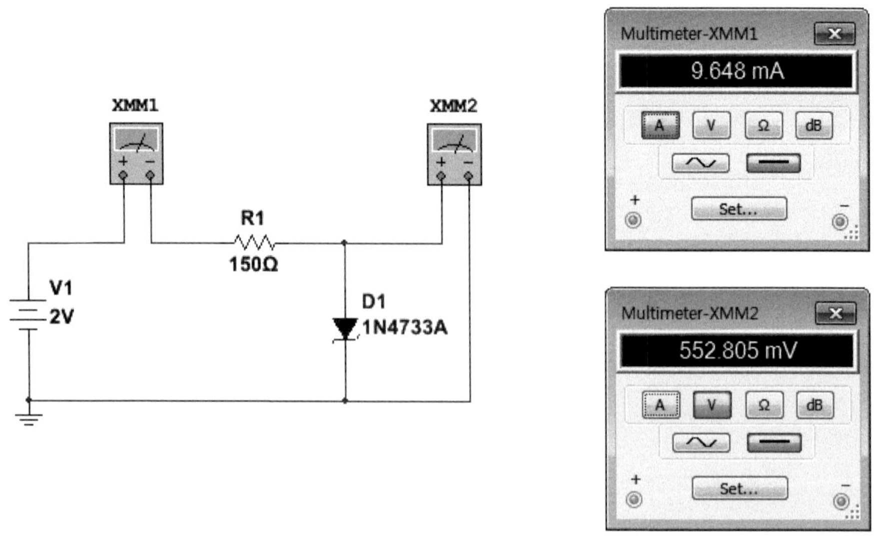

| **그림 4.15** | 제너 다이오드 순방향 특성 확인 시뮬레이션 회로도 및 결과 (Forward Bias)

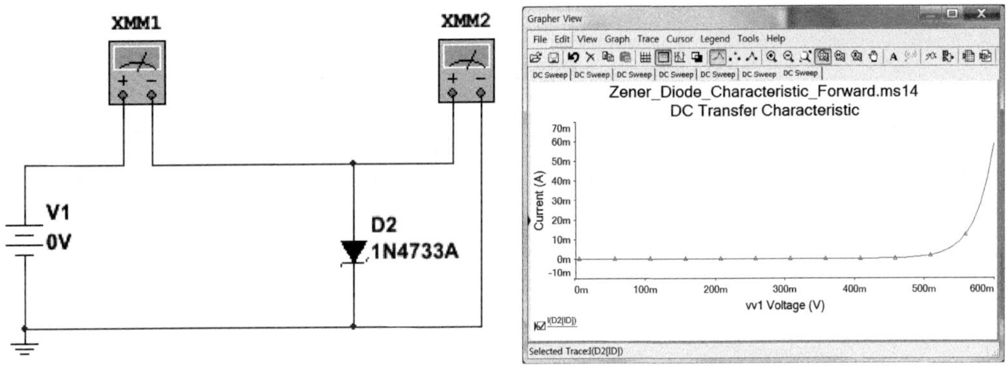

(a) 파워써플라이 전압 vs. 다이오드 양단 전압 (b) 파워써플라이 전압 vs. 전류

| **그림 4.16** | 또 다른 제너 다이오드 순방향 특성 확인 시뮬레이션: Forward 전압에 따른 결과

(3) 아래 그림 4.17의 회로는 제너 다이오드의 역방향 전기적 특성을 확인하기 위한 회로이다. 아래 회로를 결선하고 멀티미터를 이용하여 제너 다이오드 양단 전압(V_R)을 측정하면서 파워써플라이의 전압을 조절한다. 아래 표에 주어진 V_R값에 최대한 가깝도록 조절한 상태에서 멀티미터로 측정한 V_R값을 기록한다(측정순서 3번까지는 1mV 단위, 4번부터는 0.1mV 단위). 이 때 다이오드를 통해 흐르는 전류는 직접 측정하지 않고, 대신 150Ω 저항 양단 전압을 측정(측정순서 6번까지는 0.1mV 단위, 7번부터는 1mV 단위)하여 계산을 통해 간접적으로 알아내도록 한다.

(4) V_R 측정값과 전류 계산값을 단계 (2)에서 그린 그래프에 추가한다.

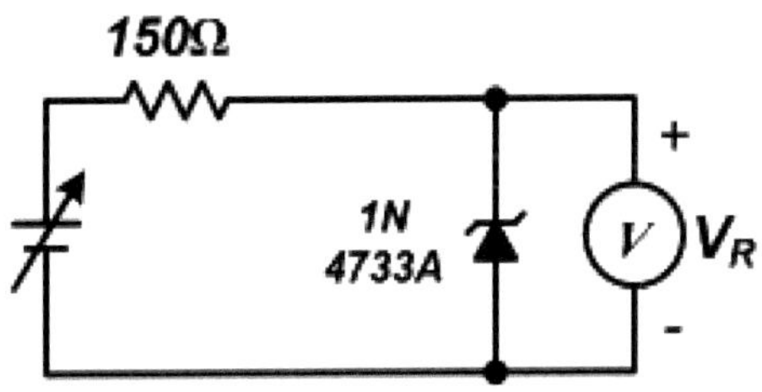

| **그림 4.17** | 제너 다이오드 역방향 전기적 특성 확인용 회로

| 표 4.2 | 제너 다이오드 역방향 전기적 특성 확인 실험 결과

측정 순서	V_R (V)	V_R 측정값 (V)	$V_{150\Omega}$ 측정값 (V)	전류 계산값 (A)
	0	0	0	0
1	3.0			
2	4.5			
3	4.8			
4	4.9			
5	4.95			
6	5.0			
7	5.02			
8	5.04			
9	5.06			
10	5.08			

회로 시뮬레이션

아래는 위 실험에 대한 회로 시뮬레이션 예시이다. 이를 참고하여 각자 위 실험에 대한 회로 시뮬레이션을 미리 수행하여 실험 결과와 비교할 수 있도록 준비한다.

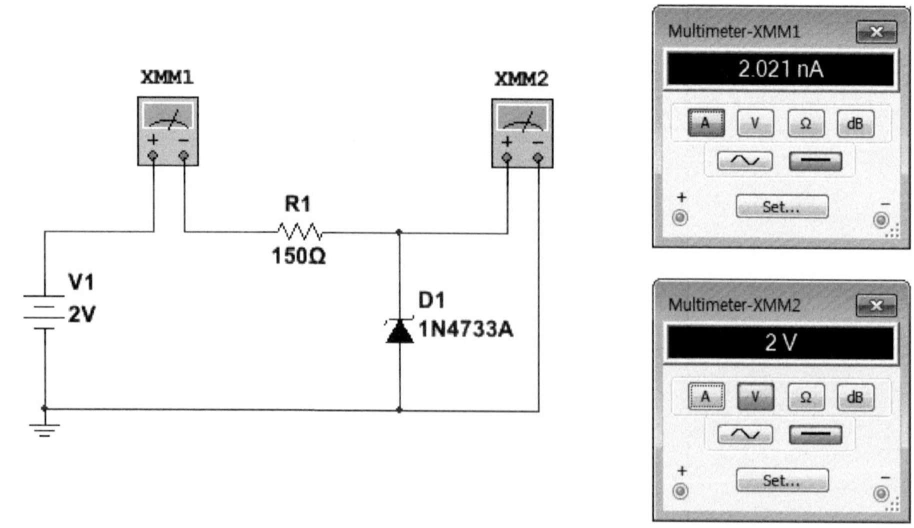

| 그림 4.18 | 제너 다이오드 역방향 특성 확인 시뮬레이션 회로도 및 결과 (Reverse Bias)

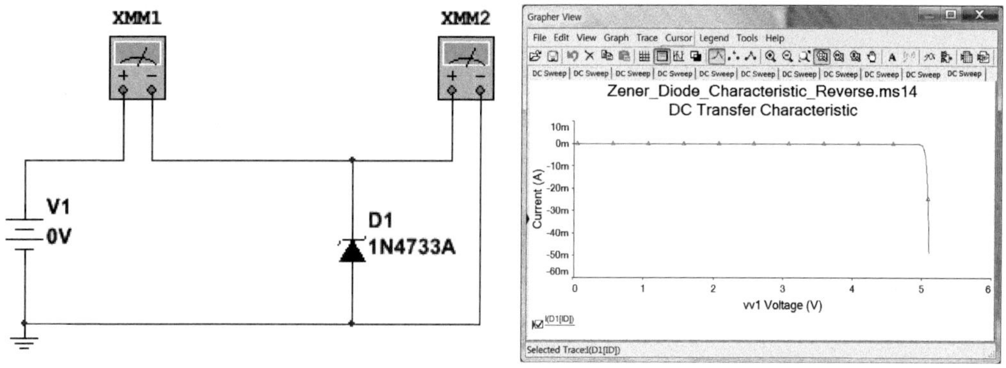

(a) 파워써플라이 전압 vs. 다이오드 양단 전압 (b) 파워써플라이 전압 vs. 전류

| **그림 4.19** | 또 다른 제너 다이오드 역방향 특성 확인 시뮬레이션: Reverse 전압에 따른 결과

4.4 레귤레이터

(1) 그림 4.20의 회로를 결선하고 오실로스코프를 이용하여 입력 파형과 부하에서 관찰되는 파형을 비교한다.

(2) 단계 (1)을 기준으로 부하에 인가되는 전압의 ripple이 심해질 수 있도록 조건을 변경해 본다. (부하저항 변경 2가지, capacitance 변경 2가지, frequency 변경 2가지 수행)

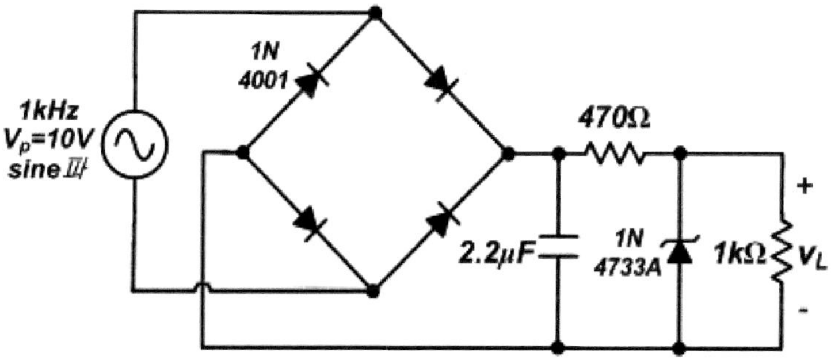

| **그림 4.20** | 레귤레이터 회로가 적용된 정류회로

회로 시뮬레이션

아래는 위 실험에 대한 회로 시뮬레이션 예시이다. 이를 참고하여 각자 위 실험에 대한 회로 시뮬레이션을 미리 수행하여 실험 결과와 비교할 수 있도록 준비한다.

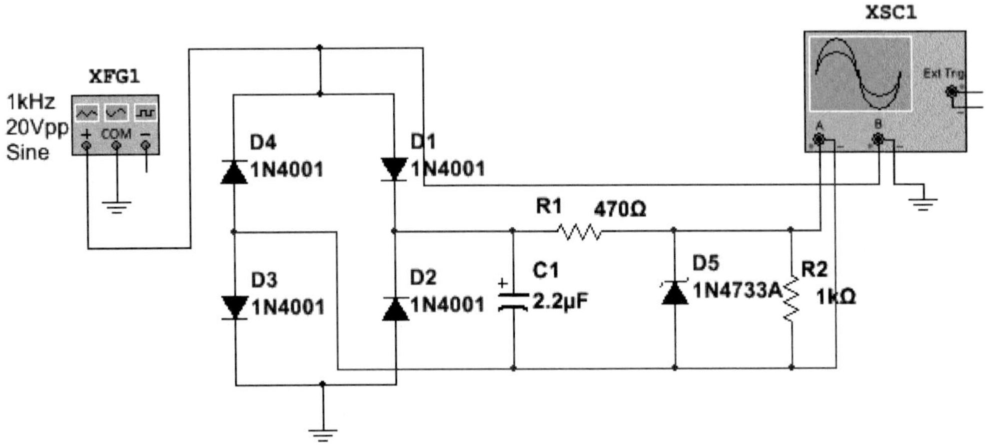

| 그림 4.21 | 레귤레이터 시뮬레이션 회로도

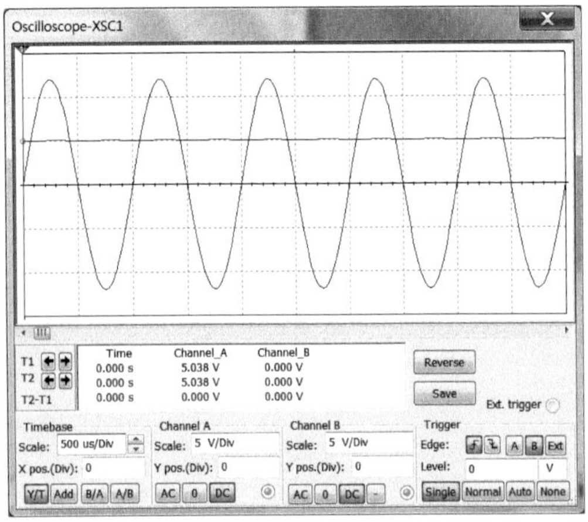

(a) 입력주파수 1kHz

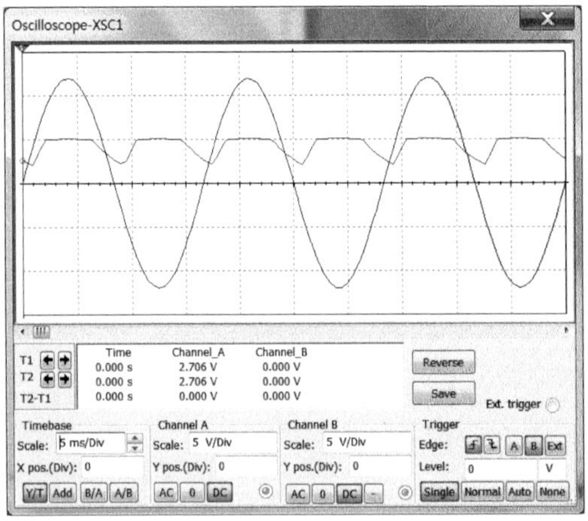

(b) 입력주파수 60Hz

| 그림 4.22 | 레귤레이터 시뮬레이션 결과 (부하저항 1kΩ, 커패시터 2.2μF)

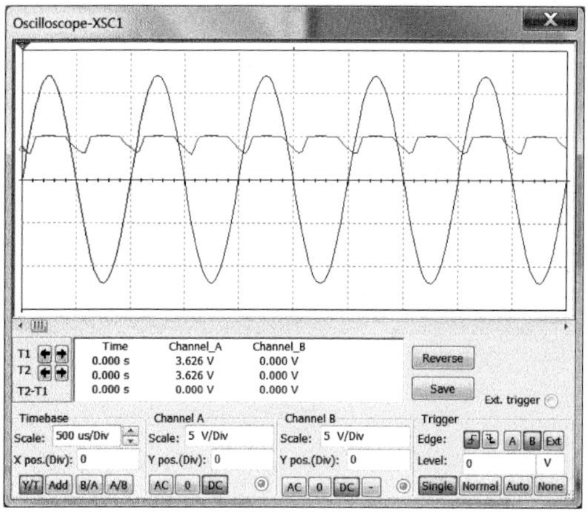

(a) 입력주파수 1kHz

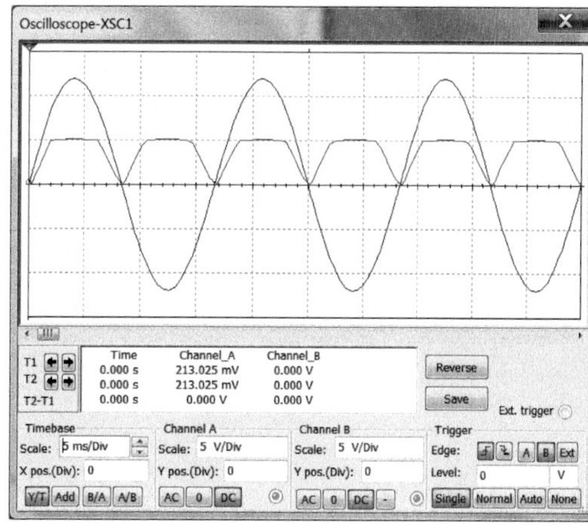

(b) 입력주파수 60Hz

| **그림 4.23** | 레귤레이터 시뮬레이션 결과 (부하저항 1kΩ, 커패시터 0.22μF)

CHAPTER

05 Op-amp 응용 실험

1 실험 목적

(1) Op-amp 자체의 주파수 특성과 미분기, 적분기 등의 회로의 동작을 이해하고 실험으로 확인한다.

(2) 필터 회로, 정류 회로 등에 Op-amp를 함께 사용하여 성능을 향상시킨 회로들의 동작을 이해하고 실험으로 확인한다.

2 이론적 배경

2.1 Op-amp의 주파수 특성

실제 op-amp 소자는 교류 입력신호의 주파수가 높아질수록 open loop gain(A_{OL})의 값이 감소하는 특성을 갖고 있다. 앞서 op-amp가 10,000~200,000 정도의 A_{OL} 값을 갖는다고 했는데, 이는 DC 또는 저주파의 입력신호에 대해 나타내는 값이다. DC 및 저주파 입력신호에 대해서는 주파수가 다르더라도 거의 일정한 A_{OL}을 나타내다가 open loop cut-off frequency(f_{OL}) 이상부터는 주파수가 10배 증가함에 따라 A_{OL}이 1/10씩 현저히 감소하는 특성을 나타낸다. Gain의 감소를 발생시키지 않는 입력신호의 주파수의 범위를 대역폭(bandwidth)이라고 한다. 따라서 0Hz(=DC)에서 f_{OL}까지의 주파수가 op-amp 자체의 대역폭이라 할 수 있다. 주파수에 따른 A_{OL}의 변동은 negative feedback이 적용된 회로에도 영향을 주어 closed loop gain(A_{CL})의 값에도 영향을 준다. A_{CL}도 A_{OL}처럼 교류 입력신호의 주파수가 증가하면 감소하는데, A_{CL}이 현저히 감소하기 시작하는 주파수, 즉 closed loop cut-off frequency(f_{CL})는 아래 수식을 만족하도록 정해진다.

$$A_{CL}f_{CL} = const.(= A_{OL}f_{OL}) \tag{5.1}$$

(5.1) 수식은 A_{CL}이 A_{OL}에 비해 낮은 정도만큼 f_{CL}은 f_{OL}에 비해 높아짐을 의미한다. Negative feedback이 적용된 회로들의 A_{CL}은 A_{OL}에 비해 대략 수 천배 이상 낮으므로 이러한 회로들의 대역폭은 op-amp 자체의 대역폭에 비해 수 천배 이상 높다고 할 수 있다.

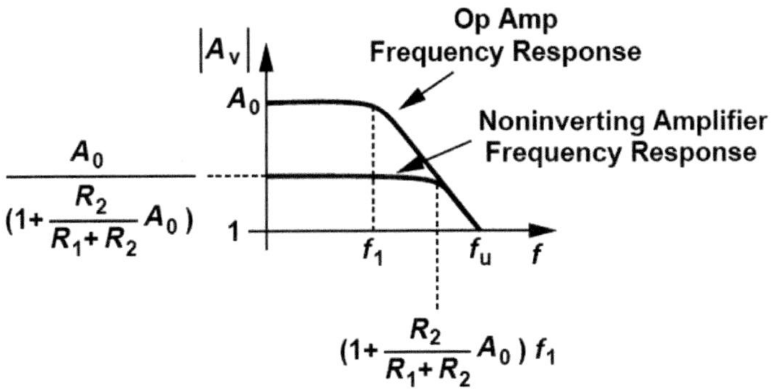

| 그림 5.1 | Op-amp의 입력신호의 주파수에 따른 gain 특성

2.2 적분기와 미분기

그림 5.2처럼 op-amp를 이용한 반전증폭기에서 필요로 하는 두 개의 저항 중에서 피드백 경로에 있는 저항을 capacitor로 대체하면 적분기가 된다.

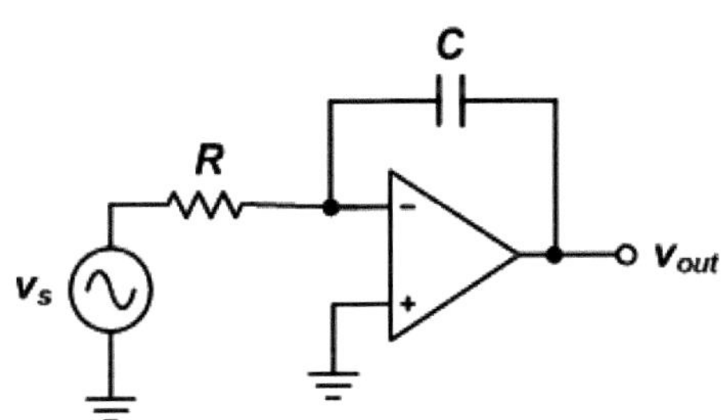

| 그림 5.2 | Op-amp 적분기

이 회로에 대한 해석에도 virtual short 개념은 적용되며 이를 이용하여 v_{out}을 구해보면 아래 수식과 같이 유도된다. 따라서 적분기라는 명칭으로 부른다.

$$v_{out}(t) = -\frac{1}{C}\int_0^t i(t)dt + v_{out}(0) = -\frac{1}{RC}\int_0^t v_s(t)dt + v_{out}(0) \tag{5.2}$$

한편 그림 5.3처럼 op-amp를 이용한 적분기에서 저항과 capacitor의 위치를 바꾸면 미분기가 된다.

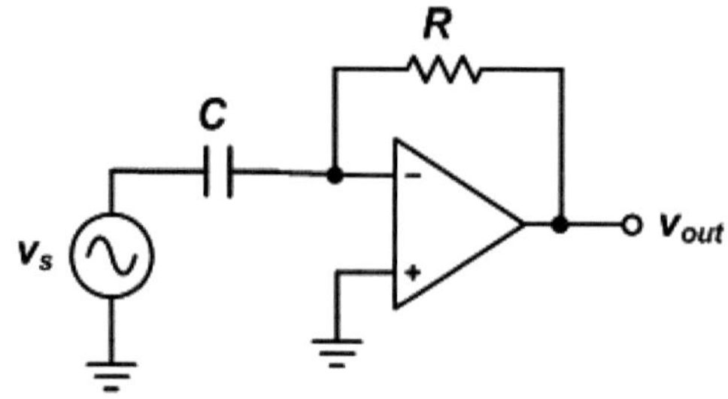

| 그림 5.3 | Op-amp 미분기

이 회로에 대한 해석에도 virtual short 개념은 적용되며 이를 이용하여 v_{out}을 구해보면 아래 수식과 같이 유도된다. 따라서 미분기라는 명칭으로 부른다.

$$v_{out}(t) = -Ri(t) = -RC\frac{dv_s(t)}{dt} \tag{5.3}$$

적분기와 미분기에 대해 v_s가 시간에 대해 변하지 않는 DC로 주어질 때의 v_{out}을 예상해보자. 미분기는 상수에 대한 미분이므로 0V를 출력할 것이고, 적분기는 상수에 대한 적분이므로 일정 시간 경과 후 v_{out}이 $+V_{CC}$ 또는 $-V_{CC}$로 포화될 것을 예상할 수 있다. 적분기의 경우는 v_s가 DC 0V인 경우에도 입력 오프셋 전압이 존재하면 이것이 적분되어 v_{out}을 포화시킬 수 있다. 아무리 오프셋 전압 소거를 잘 해주더라도 v_{out}의 포화를 막기는 어렵다. 따라서 미분기의 경우는 입력 파형에 DC 성분이 있든 없든 출력 파형은 항상 0V를 중심으로 오르내리는 파형이 관찰되는 반면, 적분기의 경우는 입력 파형에 아무리 DC 성분을 잘 제거해 주더라도 출력 파형이 $+V_{CC}$ 근처에서 오르내리는 파형이 관찰된다(또는 $-V_{CC}$ 근처일 수도 있다). 적분기에서 나타나는 이러한 현상은 DC 성분에 대해서는 capacitor의 임피던스가 무한대이므로 DC 성분에 대해서는 negative feedback이 단절된 결과 때문이라고 해석할 수 있다. 따라서 이러한 현상을 효과적으로 억제할 수 있는 방법은 그림 5.4와 같이 적분기의 capacitor와 병렬로 저항을 연결해 주어 DC 성분에 대해 negative feedback 작용을 할 수 있도록 도와주는 것이다. 저항이 capacitor의 impedance보다는 훨씬 커야 적분기의 성능이 유지될 수 있다. 만약 저항이 capacitor의 impedance와 비슷하거나 작아지게 되면 적분기로서의 출력 파형을 벗어나 반전증폭기의 출력 파형을 닮아가게 된다.

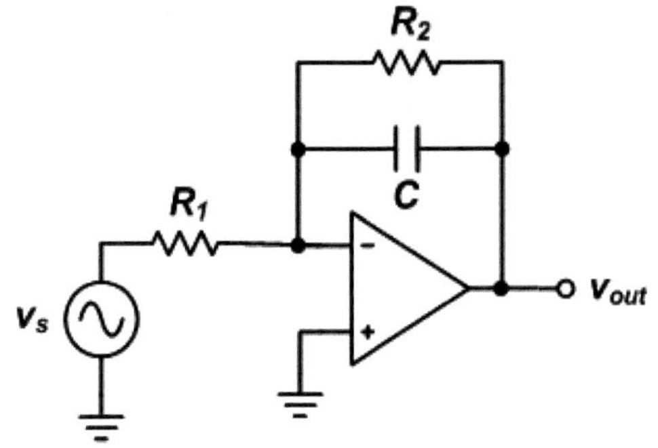

| 그림 5.4 | DC 성분의 시간 누적을 방지하는 op-amp 적분기

2.3 능동 필터 회로

적분기와 미분기 회로에 입력으로 정현파가 인가되면 이들 회로의 closed loop gain은 입력 주파수에 따라 달라지며, 출력은 마치 필터 회로를 거친 출력처럼 간주될 수 있다. 이처럼 수동 소자(R과 C)와 더불어 op-amp를 사용하여 저역통과, 고역통과, 혹은 대역통과 기능을 구현한 회로를 능동 필터(active filter)라고 한다. RLC 수동 필터에 비해 능동 필터는 부피가 큰 인덕터를 사용하지 않고도 고차 필터 구현이 가능한 장점이 있고, 출력의 첨두치를 입력의 첨두치보다 크게 할 수 있으며, 무엇보다 필터의 출력단에 부하가 연결되더라도 부하의 임피던스에 따라 cut-off frequency가 변동하지 않는 장점이 있다. 이는 op-amp의 낮은 출력 임피던스 특성에 기인한다.

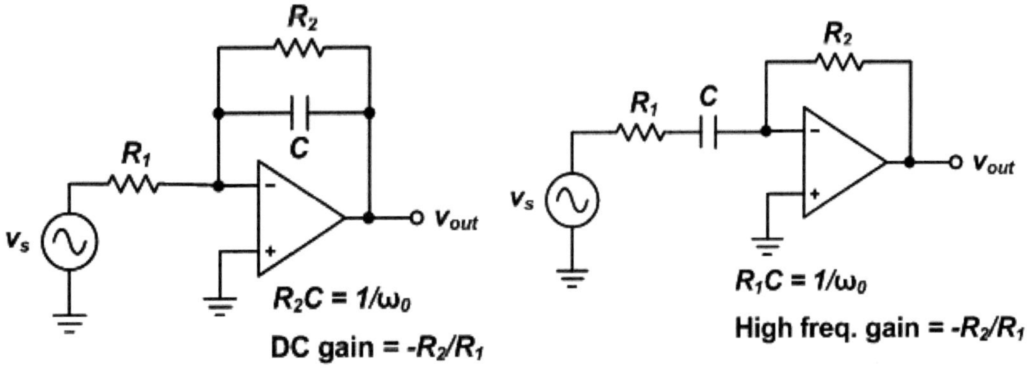

(a) (b)

| 그림 5.5 | (a) 저역통과 능동 필터, (b) 고역통과 능동 필터

2.4 능동 다이오드 회로

다이오드만 사용한 정류회로에서 출력의 peak 값은 입력 정현파의 peak 값보다 0.7~0.8V 정도 낮아지게 된다. 이는 입력 정현파가 순방향 전압이더라도 0.7~0.8V 이상 되어야 다이오드가 완전히 도통되기 때문이다. 그림 5.6과 같이 op-amp와 다이오드를 함께 사용하여 출력의 peak 값이 0.7~0.8V 정도 낮아지는 것을 피할 수 있다. 이 회로의 출력은 op-amp의 출력 핀의 위치가 아니라, virtual short 지점(v_{in2})이다.

이 회로에서 다이오드가 도통되는 조건에서는 virtual short에 의해 입력 신호와 출력 신호는 같아지게 되며, 다이오드가 불통되는 조건에서는 출력 신호는 0V가 된다. 입력 정현파가 0V보다 높아지는 순간 다이오드가 잠시 불통상태에 있게 되나, 이 경우 op-amp는 feedback이 안된 증폭기로 동작하여 다이오드의 애노드 전위가 순식간에 0.7~0.8V 정도로 상승하여 다이오드를 도통시키게 된다. 따라서 입력 정현파의 positive cycle 전 구간이 모두 다이오드가 도통되는 조건에 해당된다. 따라서 출력 신호는 입력 정현파의 positive cycle과 동일해 진다. 반면 입력 정현파가 0V보다 낮아지게 되면 다이오드는 불통상태에 있게 되고 op-amp의 출력 핀의 신호는 $-V_{CC}$로 포화된다. 따라서 입력 정현파의 negative cycle 전 구간이 다이오드가 불통되는 조건에 해당되고 되고, 이 때 출력 신호는 0V가 유지된다. 이러한 동작에 의해 출력 단자에서 관찰되는 신호는 이상적인 반파정류기의 출력 신호와 유사해 진다.

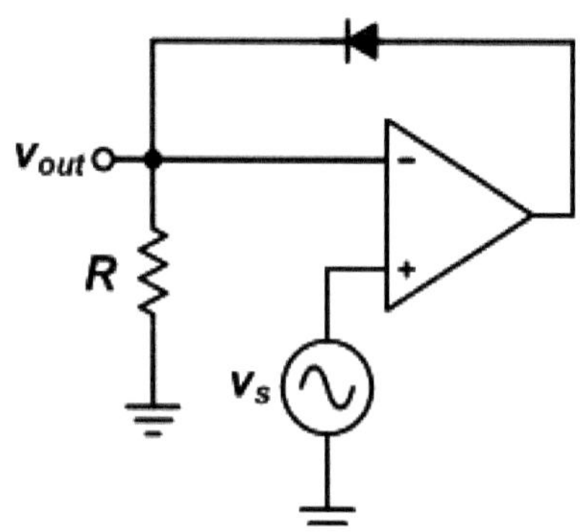

| 그림 5.6 | 능동 다이오드 정류기

2.5 Op-amp 발진기

대부분의 회로들은 AC 입력신호를 인가하면 회로마다 정해진 AC 출력신호를 나타내는 것이 일반적이지만, 외부에서 입력신호를 인가하지 않고 전원만 인가한 회로에서 AC 출력신호를 얻어낼 수 있는 회로를 발진기라고 한다. Op-amp를 사용하여 구형파 발진을 하는 회로를 구현할 수 있다. 그림 5.7의 회로는 기본적으로 슈미트 트리거 회로인데 v_{in2}에 외부 입력신호가 연결되어 있지 않고, op-amp 출력이 저항을 거쳐 연결되어 있고, ground와 capacitor를 사이에 두고 연결되어 있다. 따라서 positive feedback과 negative feedback이 공존하는 회로라고도 할 수 있다.

그러나 negative feedback 작용에 의해 v_{in2}의 전위가 v_{in1}의 전위와 같아지기 위해 변동을 하려면 항상 v_{in2}에 연결된 커패시터에 충/방전되기 위한 시간이 소요된다. 따라서 항상 positive feedback이 negative feedback보다 빨리 일어나기 때문에 negative feedback의 효력이 나타나지 않는다.

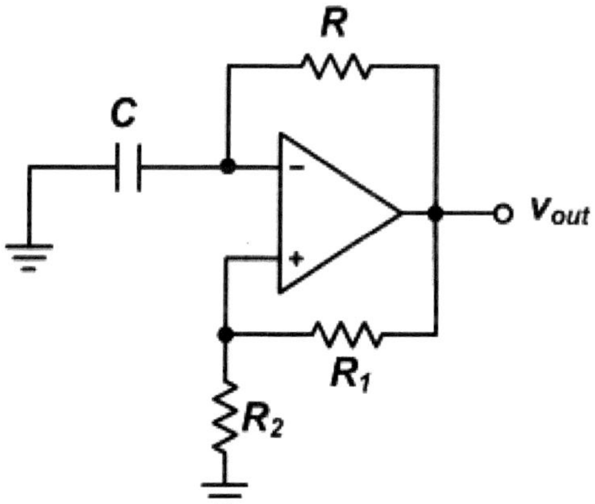

| 그림 5.7 | Op-amp 발진기

이 회로의 동작을 해석하기 위해 출력이 우선 $+V_{CC}$로 포화되었고 v_{in2}의 전압은 0V로 가정한다. 제일 먼저 발생하는 현상은 슈미트 트리거 쪽 전압분배기에 의해 비교기의 기준전압이 $+0.5V_{CC}$로 정해진다. 그리고, v_{in2}의 전위가 포화된 출력 핀의 전위보다 낮기 때문에 저항을 통해 전류가 흘러 들어오고 이 전류는 커패시터를 충전시켜 시간경과에 따라 v_{in2}의 전위가 서서히 상승한다. v_{in2}의 전위 상승은 비교기의 동작을 무시하면 $+V_{CC}$에 도달할 때까지 진행되어야 한다. 그러나 비교기에 정해진 기준전압

$+0.5V_{CC}$를 지나치는 순간 op-amp의 차동입력이 아주 작은 음의 값을 갖게 된다. 따라서 슈미트 트리거의 동작에 의해 출력은 포화전압이 $+V_{CC}$로부터 $-V_{CC}$로 바뀌어 버린다.

이어지는 시구간에서 발생하는 현상은 비교기의 기준전압이 $-0.5V_{CC}$로 정해진다. 그리고, v_{in2}의 전위가 포화된 출력 핀의 전위보다 높기 때문에 저항을 통해 전류가 빠져나가고 이 전류는 커패시터를 방전시켜 시간경과에 따라 v_{in2}의 전위가 서서히 하강한다. v_{in2}의 전위 하강은 비교기의 동작을 무시하면 $-V_{CC}$에 도달할 때까지 진행되어야 한다. 그러나 비교기에 정해진 기준전압 $-0.5V_{CC}$를 지나치는 순간 op-amp의 차동입력이 아주 작은 양의 값을 갖게 된다. 따라서 슈미트 트리거의 동작에 의해 출력은 포화전압이 $-V_{CC}$로부터 $+V_{CC}$로 바뀌어 버린다.

이 후 일어나는 현상은 v_{in2}의 전위가 0V에서가 아니라 $-0.5V_{CC}$에서 시작하는 차이만 있을 뿐이지 맨 처음 시구간에서 일어났던 현상과 동일한 현상(1)이 일어난다. 그 후에는 두 번째 시구간에서 발행했던 현상(2)가 일어난다. 결국 현상(1)과 현상(2)가 일정 주기를 갖고 지속적으로 교대로 나타나게 된다. 따라서 출력 핀에서는 $+V_{CC}$와 $-V_{CC}$를 주기적으로 오르내리는 구형파가 관찰된다.

3 사용 계기 및 부품

- DC power supply, 디지털 멀티미터, 오실로스코프, 함수발생기
- Op-amp : LM741 1개
- 다이오드 : 1N4001 1개
- 저항 : 1kΩ 1개, 10kΩ 6개, 100kΩ 1개
- capacitor : 0.0022μF 2개, 0.22μF 1개
- 브레드 보드, 전선 및 리드선

4 실험 방법

4.1 Op-amp 적분기와 미분기

(1) 그림 5.8의 적분기 회로를 결선하고 오실로스코프를 이용하여 입력 파형과 출력 파형을 측정하고 비교한다.

(2) 100kΩ 저항을 연결하지 않은 상태에서 오실로스코프를 이용하여 입력 파형과 출력 파형을 측정하고 비교한다. 단계 (1)에서의 결과와 비교 분석한다.

(3) 그림 5.8의 적분기 회로에서 입력으로 sine파 대신에 10kHz, V_p=1V, 구형파를 인가하여 입력 파형과 출력 파형을 측정하고 비교한다.

(4) 100kΩ 저항을 연결하지 않은 상태에서 오실로스코프를 이용하여 입력 파형과 출력 파형을 측정하고 비교한다. 단계 (3)에서의 결과와 비교 분석한다.

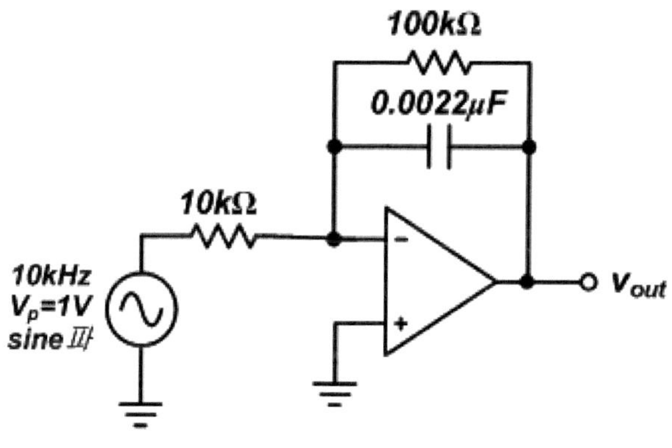

| 그림 5.8 | Op-amp 적분기

회로 시뮬레이션

아래는 위 실험에 대한 회로 시뮬레이션 예시이다. 이를 참고하여 각자 위 실험에 대한 회로 시뮬레이션을 미리 수행하여 실험 결과와 비교할 수 있도록 준비한다.

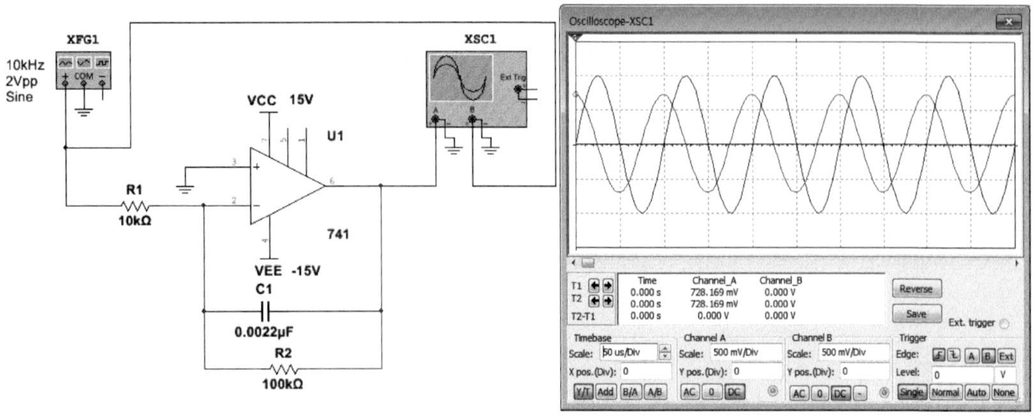

| **그림 5.9** | Op-amp 적분기 시뮬레이션 회로도 및 결과

(5) 그림 5.10의 미분기 회로를 결선하고 오실로스코프를 이용하여 입력 파형과 출력 파형을 측정하고 비교한다.

(6) 그림 5.10의 미분기 회로에서 입력으로 sine파 대신에 10kHz, V_p=1V, 구형파를 인가하여 입력 파형과 출력 파형을 측정하고 비교한다.

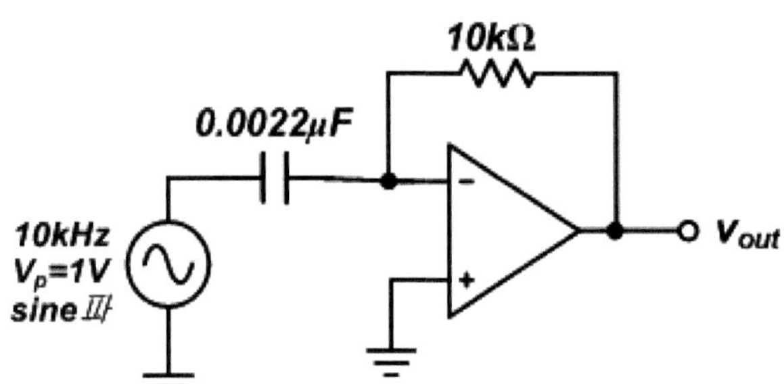

| **그림 5.10** | Op-amp 미분기

회로 시뮬레이션

아래는 위 실험에 대한 회로 시뮬레이션 예시이다. 이를 참고하여 각자 위 실험에 대한 회로 시뮬레이션을 미리 수행하여 실험 결과와 비교할 수 있도록 준비한다.

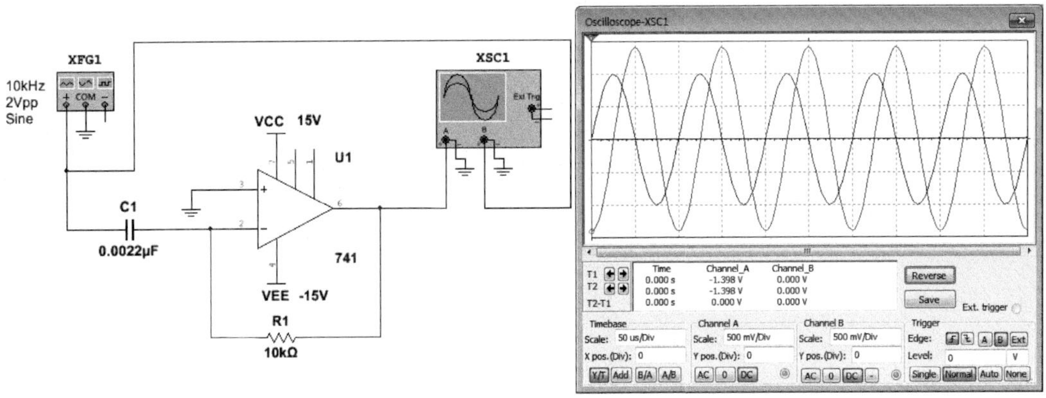

| **그림 5.11.** Op-amp 미분기 시뮬레이션 회로도 및 결과

4.2 Op-amp 능동 필터 회로

(1) 그림 5.12의 저역통과 능동필터 회로를 결선하고 오실로스코프를 이용하여 입력 파형과 출력 파형을 측정하고 비교한다.

(2) 단계 (1)에서 입력 파형의 frequency를 변경하면서 출력파형의 변화를 관칠힌다. (cut-off frequency보다 낮은 frequency로 2point 이상, cut-off frequency보다 높은 frequency로 2point 이상 관찰할 것)

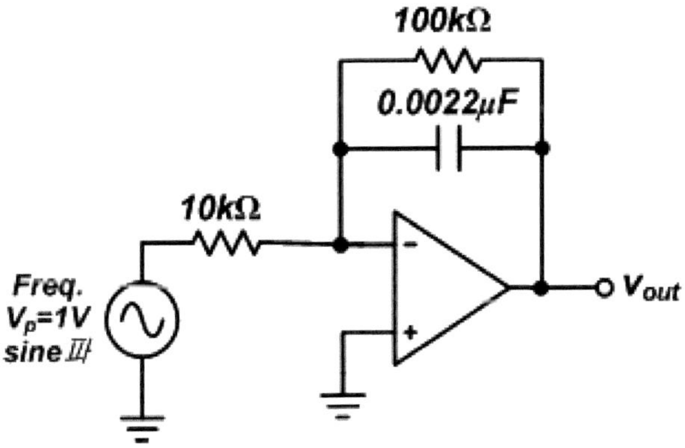

| **그림 5.12** | Op-amp 저역통과 능동필터

회로 시뮬레이션

아래는 위 실험에 대한 회로 시뮬레이션 예시이다. 이를 참고히여 각자 위 실험에 대한 회로 시뮬레이션을 미리 수행하여 실험 결과와 비교할 수 있도록 준비한다.

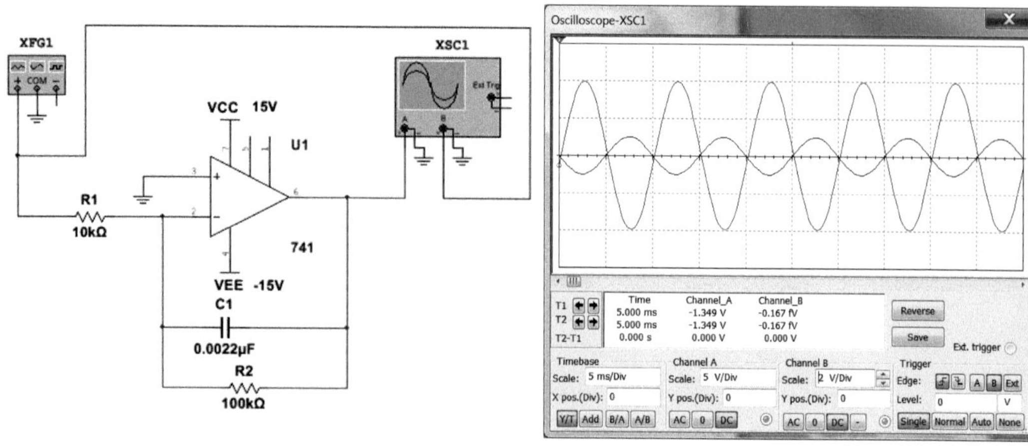

| 그림 5.13 | Op-amp 저역통과 능동필터 시뮬레이션 회로도 및 결과 (입력주파수 100Hz)

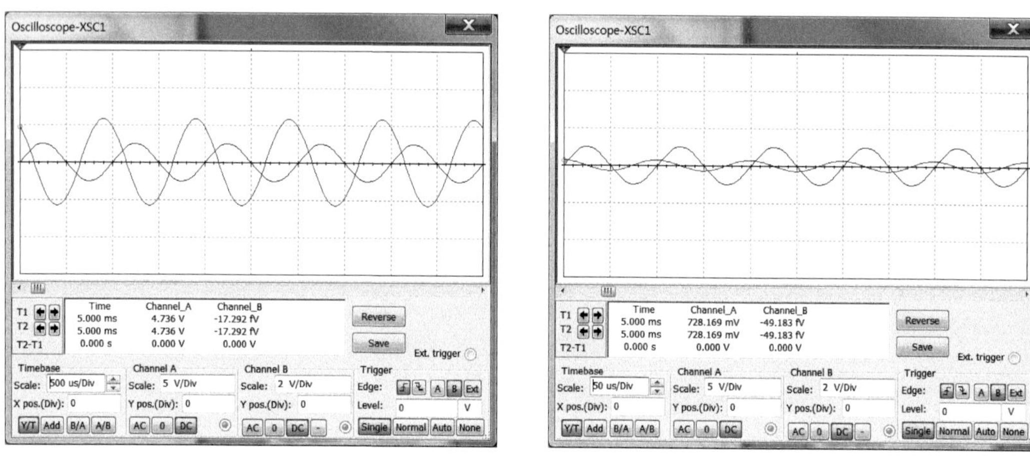

(a) 입력주파수 1kHz

(b) 입력주파수 10kHz

| 그림 5.14 | Op-amp 저역통과 능동필터 시뮬레이션 결과

(3) 아래 그림 5.15의 고역통과 능동필터 회로를 결선하고 오실로스코프를 이용하여 입력 파형과 출력 파형을 측정하고 비교한다.

(4) 단계 (3)에서 입력 파형의 frequency를 변경하면서 출력파형의 변화를 관찰한다. (cut-off frequency보다 낮은 frequency로 2point 이상, cut-off frequency보다 높은 frequency로 2point 이상 관찰할 것)

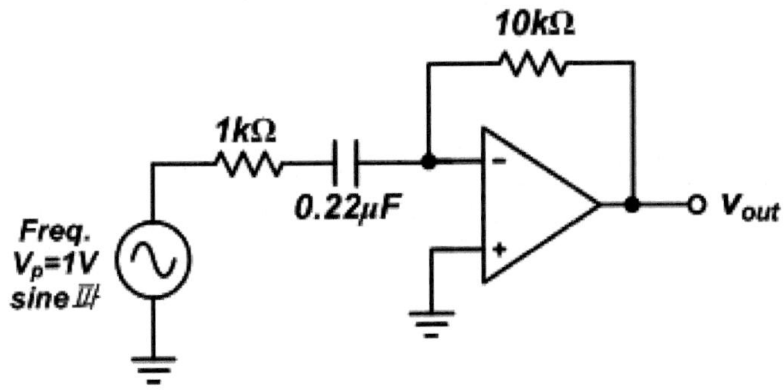

| 그림 5.15 | Op-amp 고역통과 능동필터

회로 시뮬레이션

아래는 위 실험에 대한 회로 시뮬레이션 예시이다. 이를 참고하여 각자 위 실험에 대한 회로 시뮬레이션을 미리 수행하여 실험 결과와 비교할 수 있도록 준비한다.

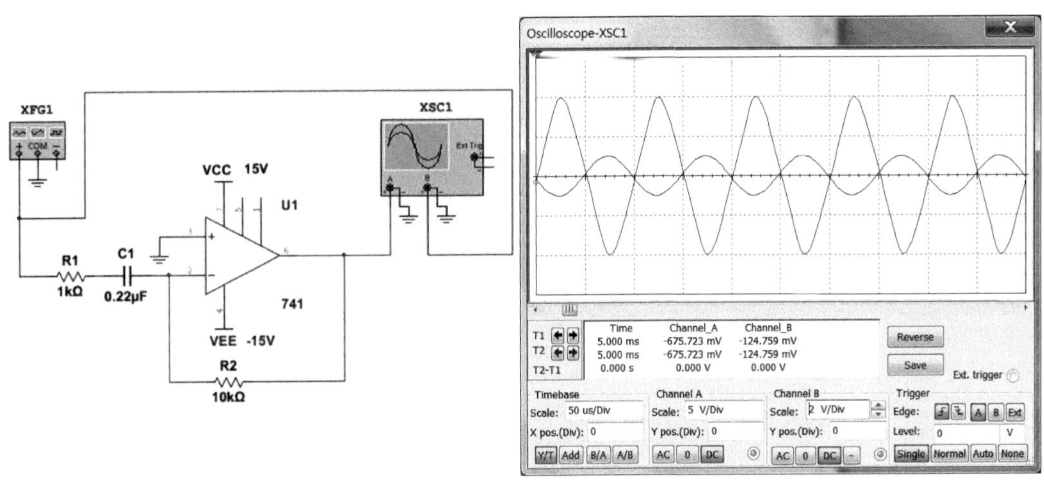

| 그림 5.16 | Op-amp 고역통과 능동필터 시뮬레이션 회로도 및 결과 (입력주파수 10kHz)

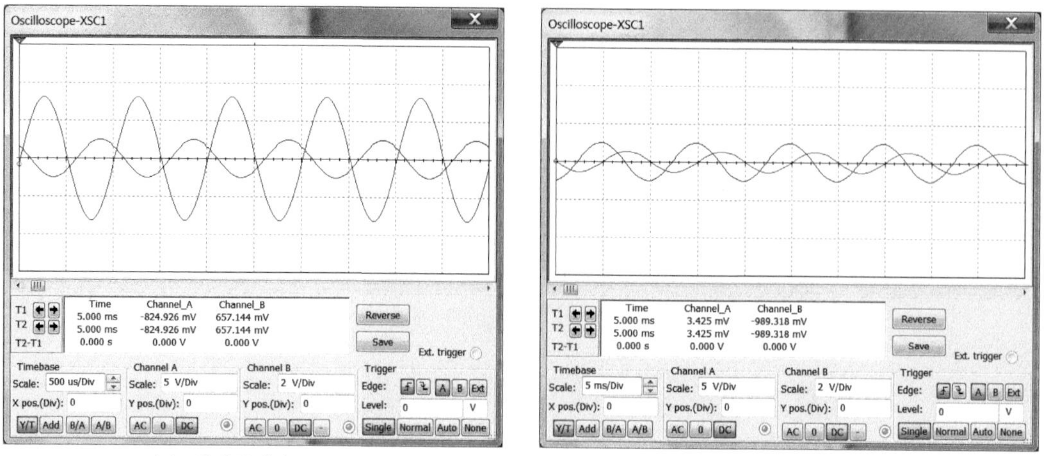

(a) 입력주파수 1kHz　　(b) 입력주파수 100Hz

| **그림 5.17** | Op-amp 고역통과 능동필터 시뮬레이션 결과

4.3 Op-amp 능동 다이오드 회로

(1) 아래 그림 5.18의 능동 다이오드 정류회로를 결선하고 오실로스코프를 이용하여 입력 파형과 출력 파형을 측정하고 비교한다.

(2) 단계 (1)에서 입력 파형의 amplitude를 변경하면서 출력파형의 변화를 관찰한다. (amplitude 변경 4가지 수행)

(3) Op-amp를 사용하지 않은 일반 반파정류회로를 결선하고, 단계 (2)에서 실험했던 4가지 amplitude의 입력 파형에 대해 출력 파형을 측정하고, 단계 (2)의 결과와 비교한다.

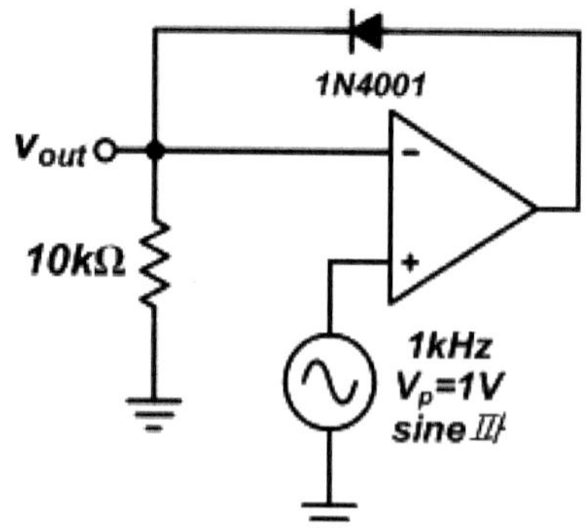

| **그림 5.18** | Op-amp 능동 다이오드 정류회로

회로 시뮬레이션

아래는 위 실험에 대한 회로 시뮬레이션 예시이다. 이를 참고하여 각자 위 실험에 대한 회로 시뮬레이션을 미리 수행하여 실험 결과와 비교할 수 있도록 준비한다.

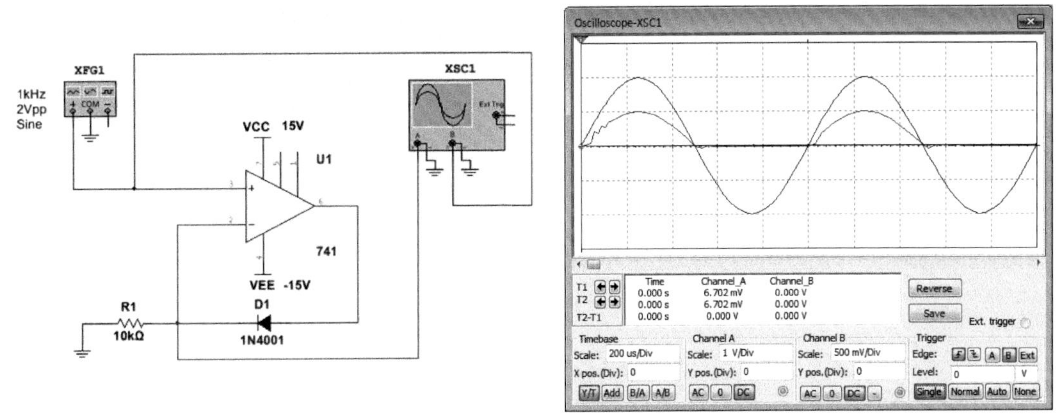

| 그림 5.19 | Op-amp 능동 다이오드 회로의 시뮬레이션 회로도 및 결과

4.4 OP-amp 발진기

(1) 그림 5.20의 op-amp를 이용한 발진회로를 결선하고 오실로스코프를 이용하여 출력 파형을 관찰한다.

(2) 단계 (1)로부터 출력 파형의 frequency를 증가시킬 수 있도록 조건을 변경해 본다.

(3) 단계 (1)로부터 출력 파형의 frequency를 감소시킬 수 있도록 조건을 변경해 본다.

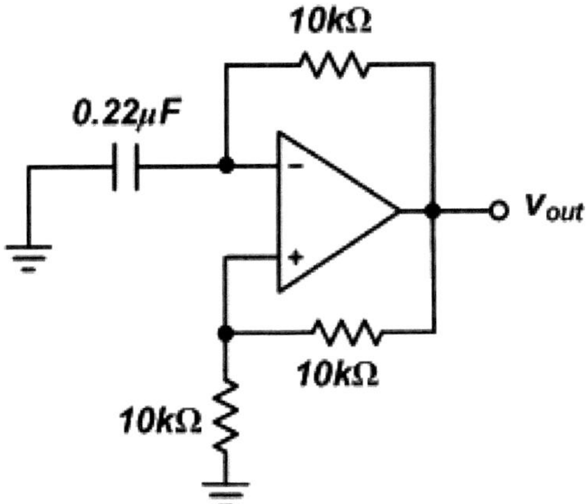

| 그림 5.20 | Op-amp 발진기

회로 시뮬레이션

아래는 위 실험에 대한 회로 시뮬레이션 예시이다. 이를 참고하여 각자 위 실험에 대한 회로 시뮬레이션을 미리 수행하여 실험 결과와 비교할 수 있도록 준비한다.

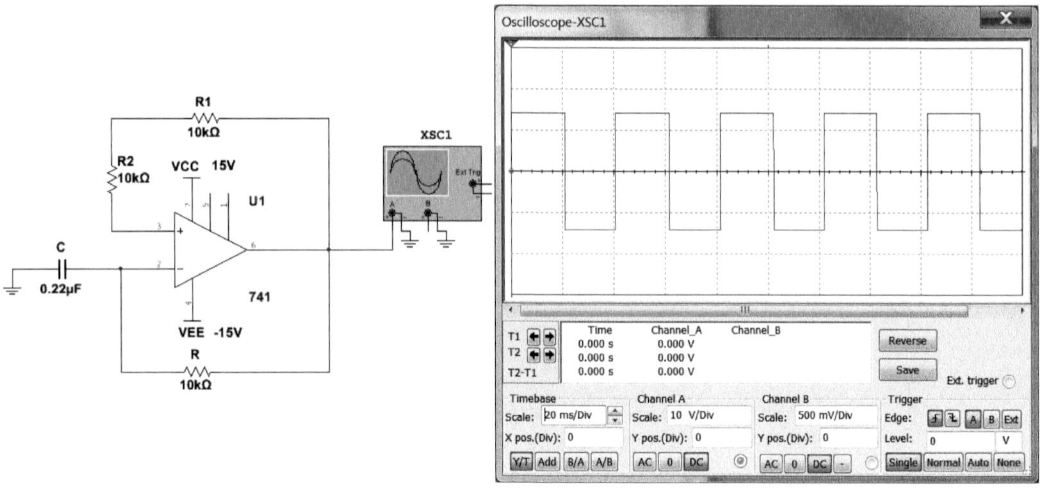

| 그림 5.21 | Op-amp 발진기 시뮬레이션 회로도 및 결과

CHAPTER

06 BJT의 특성 및 바이어스 회로

1 실험 목적

(1) BJT의 동작원리를 이해하고, I-V특성을 이해한다.

(2) BJT의 동작을 위한 바이어스 회로의 특성을 이해하고 설계한다.

2 이론적 배경

2.1 BJT의 동작원리

BJT(Bipolar Junction Transistor)는 3종류의 반도체로 구성되어 있다: 에미터 영역(n-type), 베이스 영역(p-type), 컬렉터 영역(n-type). 그림 6.1(a)와 같이 구성된 트랜지스터를 npn 트랜지스터라고 한다. 또 다른 트랜지스터는 npn 트랜지스터와 반도체의 type이 정반대로 구성되며, p-type의 에미터 영역, n-type의 base 영역, p-type의 컬렉터 영역으로 구성되어 있는 pnp 트랜지스터라고 한다.

트랜지스터는 에미터와 베이스 영역의 경계인 EBJ(Emitter Base Junction)와 베이스와 컬렉터의 경계인 CBJ(Collector Base Junction) 두 가지 pn 접합으로 이루어져 있다. 각 pn 접합의 동작 조건(forward, reverse)에 따라서 표 6.1과 같이 3가지 동작 mode로 나누어 진다. 증폭기로 트랜지스터가 사용이 될 때는 active mode를, 스위칭(on/off)을 하는 동작으로 사용될 때는 cut-off와 saturation mode를 사용하게 된다.

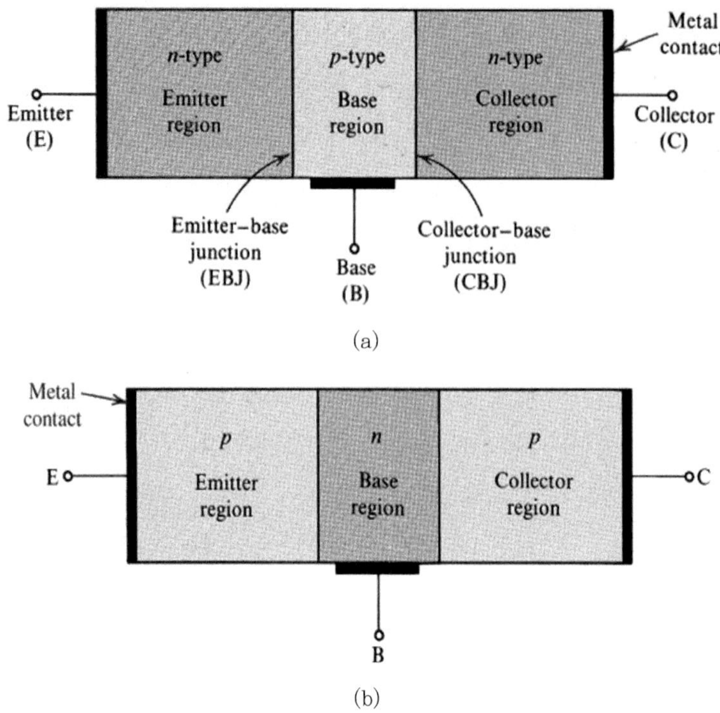

| 그림 6.1 | (a) npn BJT의 단순화된 단면도. (b) pnp BJT의 단순화된 단면도

| 표 6.1 | BJT 동작 mode 구분

Mode	EBJ	CBJ
Cutoff	Reverse	Reverse
Active	Forward	Reverse
Saturation	Forward	Forward

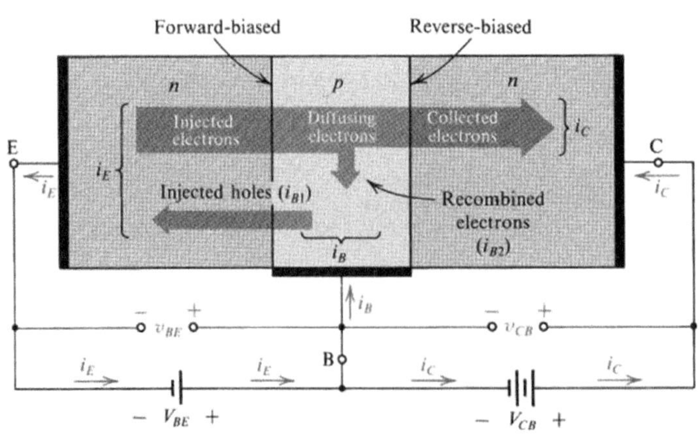

| 그림 6.2 | Active mode에서 동작하는 npn BJT의 전류의 흐름

그림 6.2에서와 같이, active mode의 동작을 위해서 2개의 전원이 필요하고, EBJ의 pn 접합을 forward bias에 있도록 하기 위해서 에미터에 비해서 베이스 단자전압이 높도록 설정한다. 마찬가지로 CBJ의 pn 접합을 reverse bias에 있도록 하기 위해서 베이스에 비해서 컬렉터 단자전압이 높도록 설정한다. Forward bias된 EBJ를 통해서 전자(electron)는 에미터에서 베이스로, 홀(hole)은 베이스에서 에미터로 이동한다. 일반적으로 에미터 영역의 단위부피당 불순물의 개수를 많이 하고, 베이스영역의 단위부피당 불순물의 개수를 적게 함으로써, 전자가 이동하는 개수는 큰 반면에, 홀이 이동하는 개수는 상대적으로 적어서 무시될 수 있을 정도이다. 그러므로, 전자의 이동이 전류의 흐름에 대부분 기여한다고 생각할 수 있다.

EBJ를 통해서 이동하는 전자의 개수가 베이스 영역의 EBJ 근처에 점점 쌓이게 되고, 베이스영역의 CBJ근처는 상대적으로 적은 전자의 개수를 가지게 되어 농도의 차이가 발생하게 된다. 농도차이에 의해서 전자의 확산(diffusion)이 이루어지게 된다. 전자는 베이스영역의 EBJ에서 CBJ로 이동하게 되는데, 그 과정에서 p-type인 base영역에서 다수자유전하(majority carrier)인 홀과 결합되어 없어지고 남은 전하가 CBJ에 도달하게 된다.

전자의 확산에 의해서 베이스와 컬렉터의 경계 근처까지 도달한 전자는 reverse bias되어 있는 CBJ의 전기장에 의해서 컬렉터로 끌려간다. CBJ의 depletion 영역내의 전압차이에 의해서 베이스와 컬렉터의 경계 근처까지 도달한 전자를 컬렉터로 빠르게 이동시키는 역할을 한다. 컬렉터까지 도달한 전자를 전류로 표현하면 아래와 같은 식으로 표현할 수 있다.

$$I_C = \frac{A_E q D_n n_i^2}{N_B W_B}\left(\exp\frac{V_{BE}}{V_T} - 1\right) = I_S\left(\exp\frac{V_{BE}}{V_T} - 1\right) \tag{6.1}$$

베이스 doping 농도(N_B)가 적을수록, 베이스의 폭(W_B)가 적을수록, 에미터 면적일 클수록 collector 전류(I_C)가 커진다는 것을 알 수 있다. 그림 6.3과 같이 베이스 전류에 기여하는 두 가지의 전류흐름이 있는데, 한가지는 베이스에서 에미터로 넘어가는 홀에 의해서, 또 다른 한가지는 에미터에서 넘어온 전자가 베이스에서 홀과 결합함에 의해서 만들어진다. 이 베이스 전류(I_B)와 컬렉터까지 없어지지 않고 도달한 전자에 의한 컬렉터 전류(I_C)의 상관관계를 아래와 같이 표현할 수 있다.

$$I_C = \beta I_B \tag{6.2}$$

각 단자의 전류들 사이의 관계를 다시표현하면, 아래와 같이 표현할 수 있다.

$$I_C + I_B = I_E \tag{6.3}$$

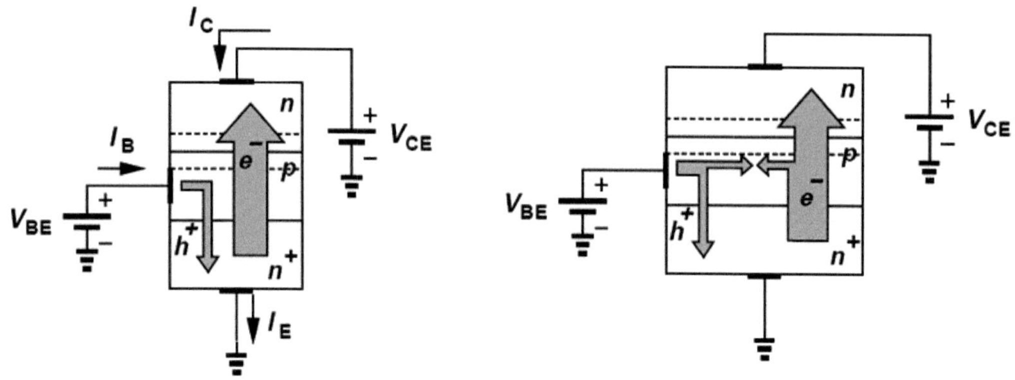

| 그림 6.3 | 베이스 전류를 구성하고 있는 두 가지 성분: (a) 전하의 흐름에 의한 베이스 전류, (b) 베이스영역에서의 전자 및 hole에 의한 베이스 전류.

2.2 BJT의 I–V 특성 곡선

식 (6.1)에서와 같이 베이스와 에미터 단자 사이의 전압인 V_{BE}전압에 따른 컬렉터 전류는 exponential한 관계가 있으며 그림 6.4(a)와 같은 결과로 나타난다. V_{BE}전압이 특정전압 이상이 되면 컬렉터 전류가 흐르기 시작하는데, 전류가 흐르기 시작할 때 베이스와 에미터의 PN 다이오드가 켜지는 시점이다. 그림 6.4(b)에서 V_{CE}에 따른 컬렉터 전류(I_C)는 V_{BE}를 고정시킨 상태로 V_{CE}를 점점 크게 하면, CBJ의 역방향전압이 커지게 하지만 전류의 흐름을 좌우하지는 못하므로, 전류의 변화가 없는 상태로 나타난다. 그런데, 실제는 컬렉터 전압을 계속 키우게 되면 CBJ의 depletion 영역이 넓어지게 되므로, 베이스의 실제 넓이(width)가 줄어드는 효과로 나타나서 컬렉터 전류가 커지는 결과로 나타난다. 그림 6.5와 같이 V_{CE}에 따라서 전류가 약간씩 증가하게 된다. 이런 현상을 Early effect라고 한다.

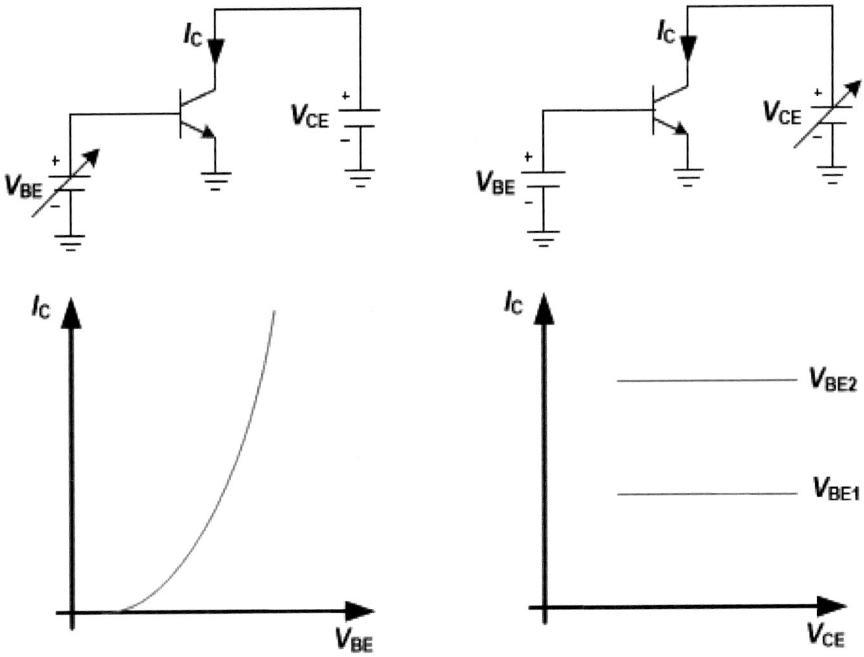

| **그림 6.4** | (a) V_{BE}에 따른 collector 전류(I_C), (b) V_{CE}에 따른 collector 전류(I_C)

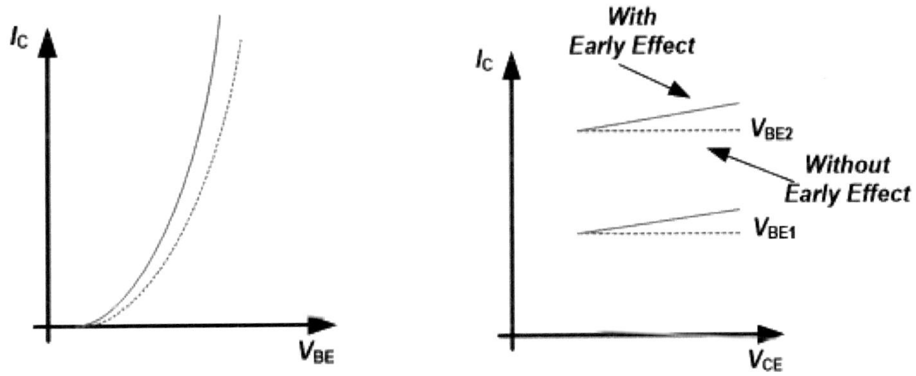

| **그림 6.5** | (a) V_{BE}에 따른 collector 전류(I_C), (b) V_{CE}에 따른 collector 전류(I_C)

저항과 전원전압으로 구현된 회로에 의해서 BJT의 단자전압과 단자로 흐르는 전류가 결정되는데, 이렇게 결정된 전압과 전류를 그래프에서 찾으면 한점으로 표시되는데, 그 점을 bias라고 한다.

특정 bias가 BJT에 가해진 상태에서 소신호가 중첩되도록 외부회로를 연결하면 증폭기로 동작하게 된다. 그때, bias와 소신호가 중첩된 전압과 전류는 exponential한 관계로 표현되는데, bias에 비해서 소신호는 매우 적은 변화이므로 linear한 관계로 간략화해서 해석할 수 있다. 즉, 컬렉터 전류(I_C)는 V_{BE} 전압에 대해서 exponential 관계를 가지지만, 특정한 전압주변의 좁은 영역에서는 linear한 관계로 해석을 해도 무방해서 다음과 같은 식으로 표현할 수 있다.

$$g_m = \left(\frac{\partial I_C}{\partial V_{BE}} \right)_{bias} \tag{6.4}$$

$$r_\pi = \left(\frac{\partial I_B}{\partial V_{BE}} \right)_{bias}^{-1} \tag{6.5}$$

$$r_o = \left(\frac{\partial I_C}{\partial V_{CE}} \right)_{bias}^{-1} \tag{6.6}$$

위의 세가지 조건을 만족하는 BJT의 소신호 등가회로를 그려보면, 그림 6.6과 같이 표현할 수 있다.

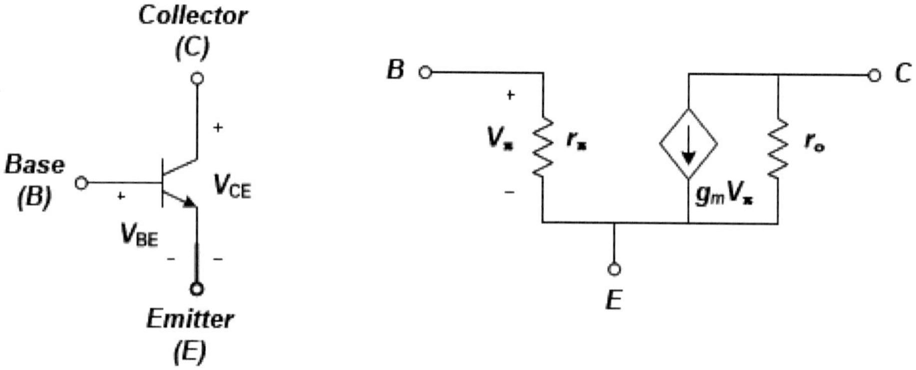

| **그림 6.6** | npn BJT의 symbol 및 소신호 등가회로

2.3 BJT의 DC bias

β와 V_{BE}의 영향을 최소화 할 수 있는 회로는 전압분배기 바이어스 회로이다. 그림 6.7

에서 에미터에 연결된 R_E 저항은 일종의 negative feedback으로 외부환경에 민감한 베이스 전압(V_B)을 상대적으로 둔감해 지도록 한다. 베이스 전류(I_B)를 무시할 만큼 크게, R_1과 R_2로 전류가 흐르도록 한다면 아래와 같은 방법으로 컬렉터 전류에 관한 식을 만들 수 있다. 식 (6.1)과 (6.8)으로부터 두 식을 동시에 만족하는 I_C를 구할 수 있다. 그림 6.7(b)에서 한 점으로 결정된다.

$$V_X = V_{CC}\frac{R_2}{R_1+R_2} = V_{BE} + I_E R_E \cong V_{BE} + I_C R_E \tag{6.7}$$

$$I_C = \frac{1}{R_E}\left(V_{CC}\frac{R_2}{R_1+R_2} - V_{BE}\right) \tag{6.8}$$

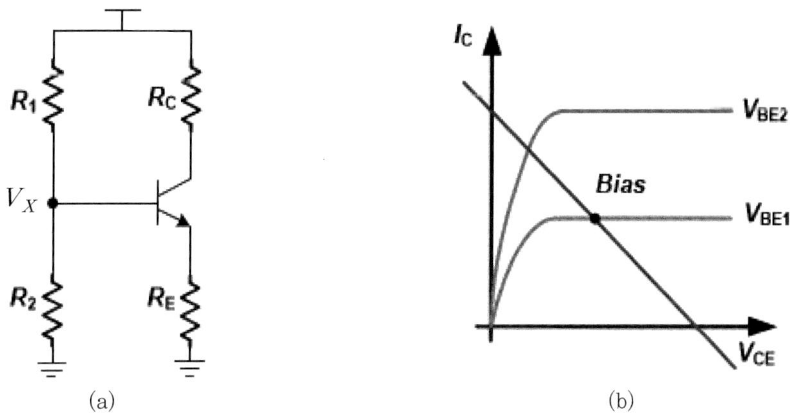

| 그림 6.7 | (a) 저항 분배를 사용하는 bias회로, (b) Bias가 결정되는 지점

2.4 회로 시뮬레이션

(1) BJT 특성 분석 : NPN, PNP

NPN소자와 PNP소자를 사용하여 I-V 특성을 확인할 수 있는 시뮬레이션을 수행한다. 베이스 전류에 따른 특성을 보는 것이 편한데, 그림 6.8(a)에서 멀티심에서 "IV-analysis"를 이용하여 V_{CE}에 따른 컬렉터 전류를 구할 수 있다. 베이스 전류는 2~ 18μA 범위에서 4μA씩 증가시키면서, V_{CE}는 0 ~ 5.5V범위를 0.1V씩 증가시키면서 시뮬레이션 한다. 식 (6.6)를 참고하여 그림 6.5(b)에서 컬렉터 진류를 컬렉터전압으로 미분하면 r_o의 그래프를 얻을 수 있다.

그림 6.9는 베이스 전압에 따른 컬렉터 전류를 구한 결과를 보여주고 있으며, 시뮬레이션 메뉴 중에서 “DC sweep”을 이용해서 시뮬레이션을 수행한다. 식 (6.4)를 참고하여 그림 6.4(a)를 컬렉터 전류를 베이스 전압으로 미분하면 g_m 그래프를 얻을 수 있다.

그림 6.10은 저항 분배기로 구성된 외부회로와 BJT DC특성을 동시에 만족하는 한 점에서 bias가 결정된다. 즉, 그림 6.8과 그림 6.9에서 여러가지 그래프로 표현되는 BJT 특성 중에서 바이어스 회로에 의해서 한가지 DC전압과 전류가 결정된다. 그림 6.10에서 XVM1 ~ XVM3 멀티미터로, BJT의 단자전압의 시뮬레이션 결과를 얻을 수 있다.

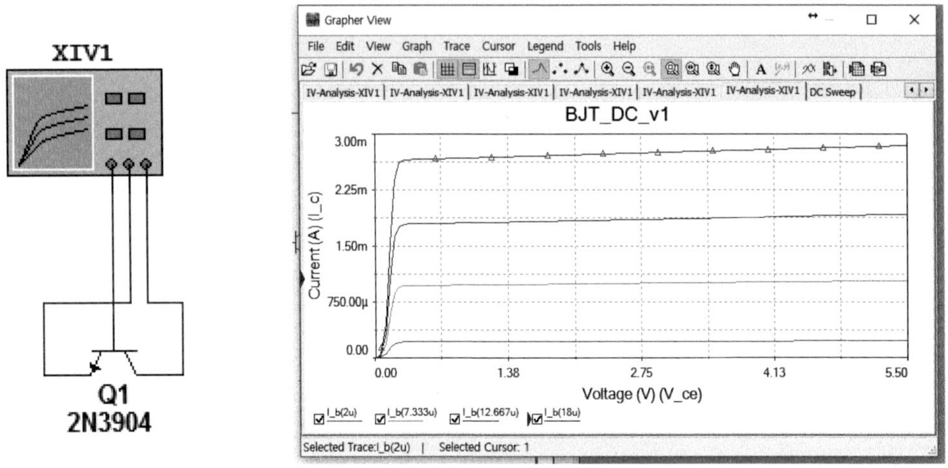

(a) (b)

| **그림 6.8** | (a) 회로도 (b) V_{CE}에 따른 collector 전류(I_C)

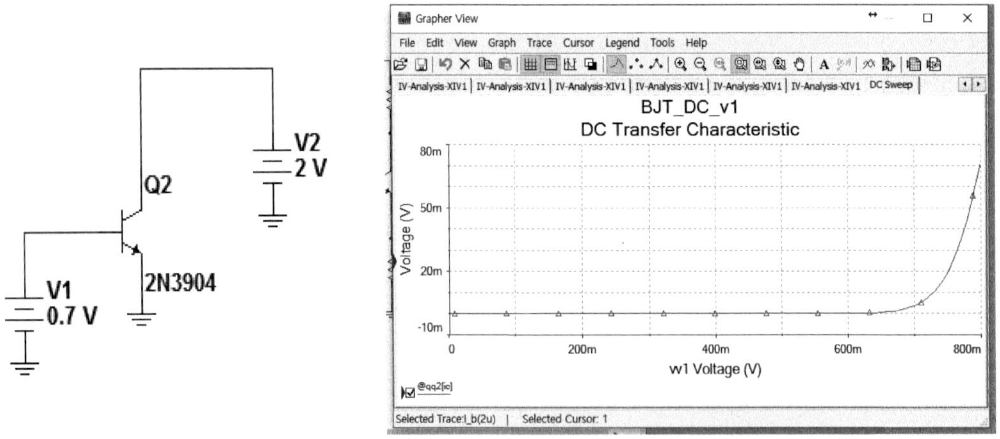

(a) (b)

| **그림 6.9** | (a) 회로도 (b) V_{BE}에 따른 collector 전류(I_C)

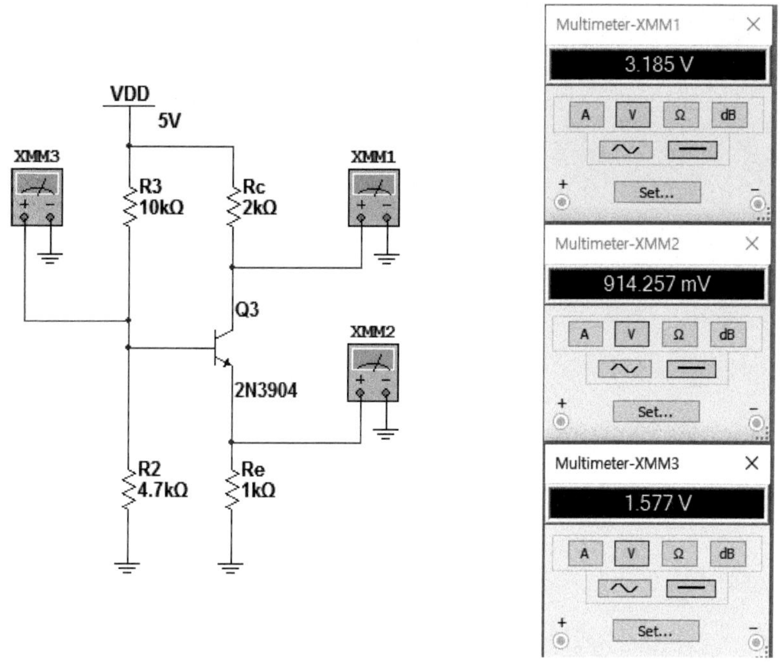

| **그림 6.10** | 저항 분배를 사용하는 bias회로의 시뮬레이션 회로도 및 결과

3 사용 계기 및 부품

- DC power supply, 디지털 멀티미터
- 2N3904(NPN) 1개, 2N3906(PNP) 1개
- 저항: 100Ω 1개, 2kΩ, 1개 4.7kΩ 2개, 10kΩ 1개
- 브레드 보드, 전선 및 리드선

4 실험방법

4.1 BJT DC 특성 실험

V_{CE} 전압에 따른 컬렉터 전류를 측정하기 위하여 그림 6.11과 같이 회로를 연결한다. 이때, 베이스 전류를 2μA가 되도록 설정해 놓은 상태에서 실험하고 표 6.2에 그 결과를 기록한다. 베이스 전류를 2μA가 되도록 설정하는 위해서는 V_{CC}에 2[V]를 가해놓고, V_{BB}에 전압을 zero에서부터 증가시키면서 R_B 양단에 나타나는 전압이 0.2V가 될 때를 찾는다. 나머지 베이스 전류도 동일한 방법으로 실험을 반복한다.

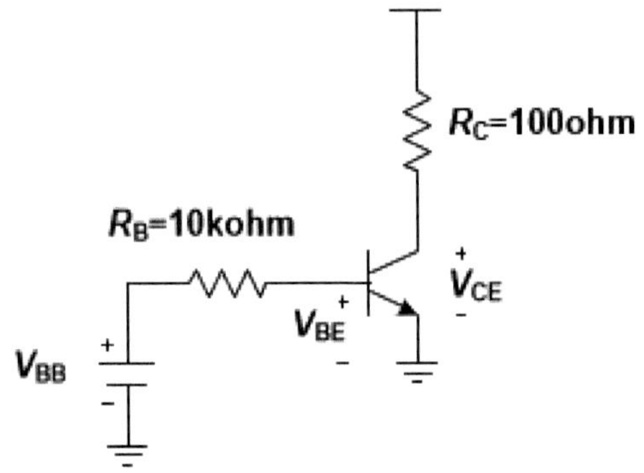

| 그림 6.11 | 실험 회로도

V_{BE} 전압에 따른 컬렉터 전류를 측정하기 위한 회로도도 마찬가지로 그림 6.11과 같이 회로를 연결한다. 이때, V_{CC}에 5[V]를 가해놓은 상태에서 실험을 수행한다. V_{BB}에 전압을 zero에서부터 증가시키면서 V_{BE} 전압 및 컬렉터 전류가 증가하는데, V_{BE} 전압과 그때 컬렉터 전류를 표 6.3에 기록한다. 나머지 베이스 전압도 동일한 방법으로 실험을 반복한다.

그림 6.11은 NPN 트랜지스터의 I-V특성을 실험하기 위한 회로인데, 이 회로도를 참고하여, PNP 트랜지스터를 실험하기 위한 회로도를 고안하고, 실험결과를 표 6.2와 표 6.3에 기록한다.

| 표 6.2 | V_{CE}전압에 따른 측정된 collector 전류(I_C)

$I_B = 2\mu A$		$I_B = 6\mu A$		$I_B = 10\mu A$		$I_B = 14\mu A$		$I_B = 18\mu A$	
V_{CE}[V]	I_C[mA]	V_{CE}[V]	I_C[mA]	V_{CE}[V]	I_C[mA]	V_{CE}[V]	I_C[mA]	V_{CE}[V]	I_C[mA]
0.1		0.1		0.1		0.1		0.1	
0.2		0.2		0.2		0.2		0.2	
0.3		0.3		0.3		0.3		0.3	
0.4		0.4		0.4		0.4		0.4	
0.5		0.5		0.5		0.5		0.5	
0.6		0.6		0.6		0.6		0.6	
0.7		0.7		0.7		0.7		0.7	
0.8		0.8		0.8		0.8		0.8	
0.9		0.9		0.9		0.9		0.9	
1.0		1.0		1.0		1.0		1.0	
1.5		1.5		1.5		1.5		1.5	
2.0		2.0		2.0		2.0		2.0	
2.5		2.5		2.5		2.5		2.5	
3.0		3.0		3.0		3.0		3.0	
3.5		3.5		3.5		3.5		3.5	
4.0		4.0		4.0		4.0		4.0	
4.5		4.5		4.5		4.5		4.5	
5.0		5.0		5.0		5.0		5.0	

| 표 6.3 | V_{BE}전압에 따른 측정된 collector 전류(I_C)

V_{CC}[V]=2.5[V]		V_{CC}[V]= 5[V]	
V_{BE}[V]	I_C[mA]	V_{CE}[V]	I_C[mA]
0.05		0.05	
0.1		0.1	
0.15		0.15	
0.2		0.2	
0.25		0.25	
0.3		0.3	
0.35		0.35	
0.4		0.4	
0.45		0.45	
0.5		0.5	
0.55		0.55	
0.6		0.6	
0.65		0.65	
0.7		0.7	
0.75		0.75	
0.8		0.8	

4.2 BJT의 bias회로 실험

그림 6.12와 같이 회로를 연결하고, 전압과 전류를 측정하여 표 6.4에 기록한다. 실험 4.1의 결과로부터, I_S와 β을 계산하고, 이론적인 결과값을 표 6.4에 기록한다.

그림 6.12는 NPN 트랜지스터의 bias 특성을 실험하기 위한 회로인데, 이 회로도를 참고하여, PNP 트랜지스터를 실험하기 위한 회로도를 고안하고, 실험결과를 표 6.4에 기록한다.

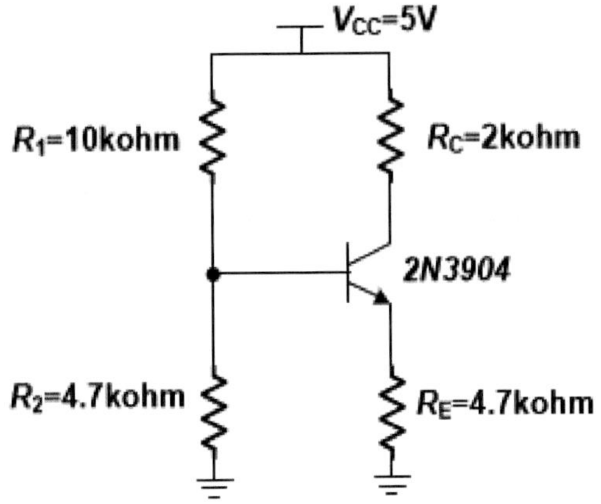

| 그림 6.12 | 실험 회로도

| 표 6.4 | 전압분배기회로의 실험 결과

	측정결과	이론결과
V_B[V]		
V_E[V]		
I_C[mA]		
V_C[V]		
V_{CE}[V]		

4.3 BJT의 특성을 바탕으로 소신호 등가회로 계산

앞의 실험 결과를 바탕으로 컬렉터 전류가 0.5~2mA, V_{CE} > 1.5V 인 조건에서의 소신호 등가회로를 완성하기 위한 파라미터를 계산하여 표 6.5를 채우시오.

그림 6.13은 NPN 트랜지스터의 symbol과 소신호 등가회로인데, PNP 트랜지스터의 symbol 및 소신호 등가회로를 그리고, 파라미터를 계산하여 표 6.4를 채우시오.

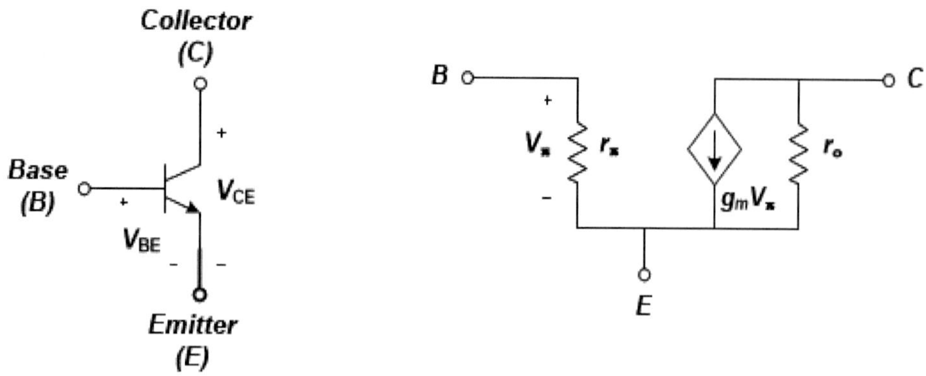

| 그림 6.13 | npn BJT의 symbol 및 소신호 등가회로

| 표 6.5 | V_{BE}전압에 따른 측정된 collector 전류(I_C)

$I_C = 0.5mA$		$I_C = 1mA$		$I_C = 2mA$	
$r_\pi[\Omega]$		$r_\pi[\Omega]$		$r_\pi[\Omega]$	
$g_m[S]$		$g_m[S]$		$g_m[S]$	
$r_o[\Omega]$		$r_o[\Omega]$		$r_o[\Omega]$	

CHAPTER

07 공통에미터 및 축퇴 공통에미터 증폭회로

1 실험 목적

(1) 공통에미터 증폭회로의 동작을 이해하고 실험으로 확인한다.

(2) 축퇴 공통에미터 증폭회로의 동작을 이해하고 실험으로 확인한다.

2 이론적 배경

2.1 공통에미터 증폭회로 (Common Emitter Amplifier)

소신호 등가회로에서 에미터가 접지되어 있기 때문에, 공통에미터 증폭기라고 한다. 공통에미터 증폭회로에서는 베이스와 에미터 전압에 따라서 컬렉터 전류가 종속적으로 변하므로, 입력을 베이스에, 출력을 컬렉터로 정하게 된다. 그림 7.1은 바이어스회로가 포함된 공통에미터 증폭기의 회로도이다.

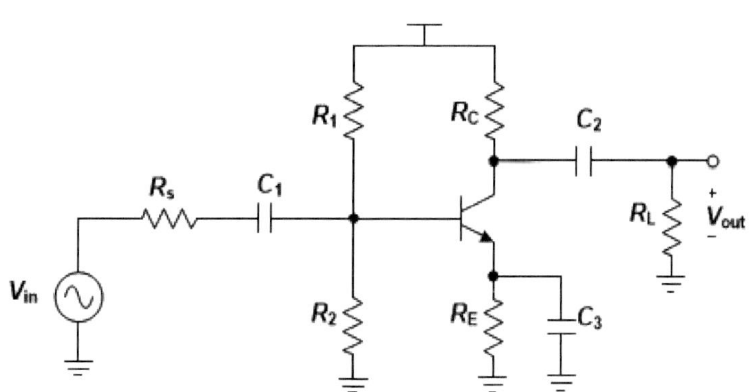

그림 7.1 공통에미터 증폭회로

(1) 직류해석

그림 7.1의 회로에서 직류해석을 위해서는 등가회로를 먼저 구해야 한다. 직류해석을 통해서 BJT의 소신호 등가회로를 얻을 수 있기 때문이다. 직류는 주파수를 zero라고 생각할 수 있으므로, 이에 따라 capacitor의 임피던스가 무한대로 커지게 되어, 그림 7.1의 회로를 그림 7.2(a)의 등가회로로 해석할 수 있다.

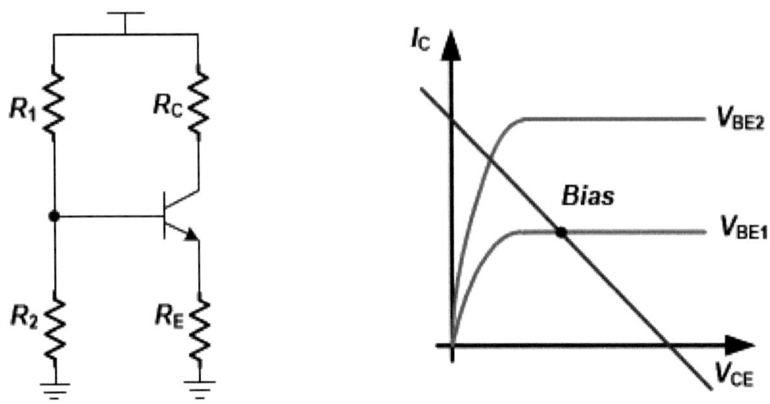

(a) (b)

| 그림 7.2 | (a) 직류해석을 위한 등가회로, (b) Bias가 결정되는 지점

베이스 전류(I_B)를 무시할 만큼 크게 R_1과 R_2로 전류가 흐르도록 한다면, 아래와 같은 방법으로 컬렉터 전류(I_C)에 관한 식을 만들 수 있다. 식 (6.1)과 (7.2)로부터 두 식을 동시에 만족하는 컬렉터 전류를 구할 수 있으며, 그림 7.2(b)에서와 같이 bias가 한 점으로 결정된다.

$$V_X = V_{CC}\frac{R_2}{R_1+R_2} = V_{BE} + I_E R_E \cong V_{BE} + I_C R_E \tag{7.1}$$

$$I_C = \frac{1}{R_E}\left(V_{CC}\frac{R_2}{R_1+R_2} - V_{BE}\right) \tag{7.2}$$

(2) 교류해석

교류해석을 위해서 소신호 등가회로를 얻어야 하는데, 등가회로를 그리기 위한 몇가지 방법을 염두에 두어야 한다. 그림 7.1에서, DC 전원전압은 전류가 바뀌더라도 전압이 바뀌지 않으므로 등가회로의 임피던스는 zero로 놓는다. Capacitor는 DC에 의한 영향을 제거하고 증폭기의 동작에 영향을 주지 않을 만큼 큰 값을 가지도록 설계하기 때문에, 등가회로의 임피던스는 zero로 놓는다. 다시말해서, C_1, C_2, C_3의 임피던스는 zero 임피던스로 놓을 수 있다. 위의 규칙을 적용하여 회로도를 간략화하면, 그림 7.3과 같은 등가회로를 만들 수 있다.

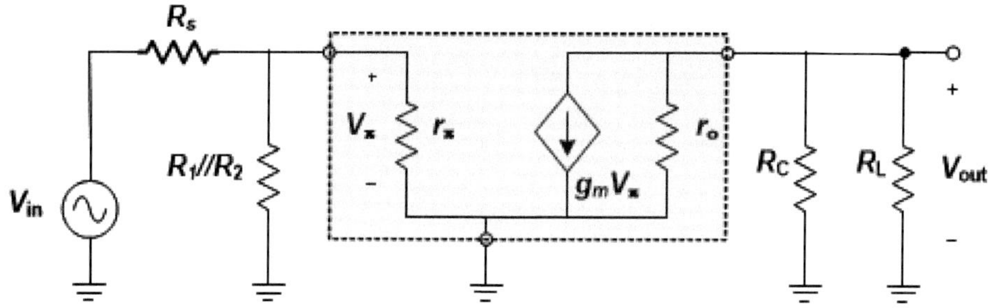

| **그림 7.3** | 교류해석을 위한 등가회로

위의 소신호 등가회로를 해석하여 증폭기의 이득을 구해보자. 소신호 입력전압(v_{in})으로부터 컬렉터의 소신호 출력전압(v_{out})의 비로 전압이득을 구하는데, 식 (7.3)에 정의되어 있다. 식 (7.4)에서, 종속 전류($g_m v_\pi$)로부터 출력전압(v_{out})를 구하고, 식 (7.5)에서, 입력(v_{in})으로부터, 저항값의 분배로 베이스 전압(v_π)을 구한다. 식 (7.4)와 식 (7.5)를 식 (7.6)에 대입하여 전압이득을 구할 수 있다.

$$A_v = \frac{v_{out}}{v_{in}} \tag{7.3}$$

$$v_{out} = -g_m v_\pi (r_o \| R_C \| R_L) \tag{7.4}$$

$$v_\pi = v_{in}\left(\frac{R_1 \| R_2 \| r_\pi}{R_s + R_1 \| R_2 \| r_\pi}\right) \tag{7.5}$$

$$A_v = \frac{v_\pi}{v_{in}}\frac{v_{out}}{v_\pi} = \left(\frac{R_1 \| R_2 \| r_\pi}{R_s + R_1 \| R_2 \| r_\pi}\right)\left[-g_m (r_o \| R_C \| R_L)\right] \tag{7.6}$$

회로의 입력임피던스는 signal source의 일부분인 R_s를 제외하고 회로쪽으로 바라봤을 때, 보이는 등가 임피던스이다. v_T와 i_T를 그림 7.4(a)와 같이 연결하고, 두 전압과 전류사이의 관계식을 구하면 아래와 같은 결과를 얻을 수 있다. 같은 방법으로 출력임피던스는 R_L을 제외하고, v_T와 i_T를 그림 7.4(b)와 같이 연결하고, 전압과 전류사이의 관계식을 구하면 출력임피던스 얻을 수 있다.

$$R_{in} = \frac{v_T}{i_T} = R_1 \| R_2 \| r_\pi \tag{7.7}$$

$$R_{out} = \frac{v_T}{i_T} = r_o \| R_C \tag{7.8}$$

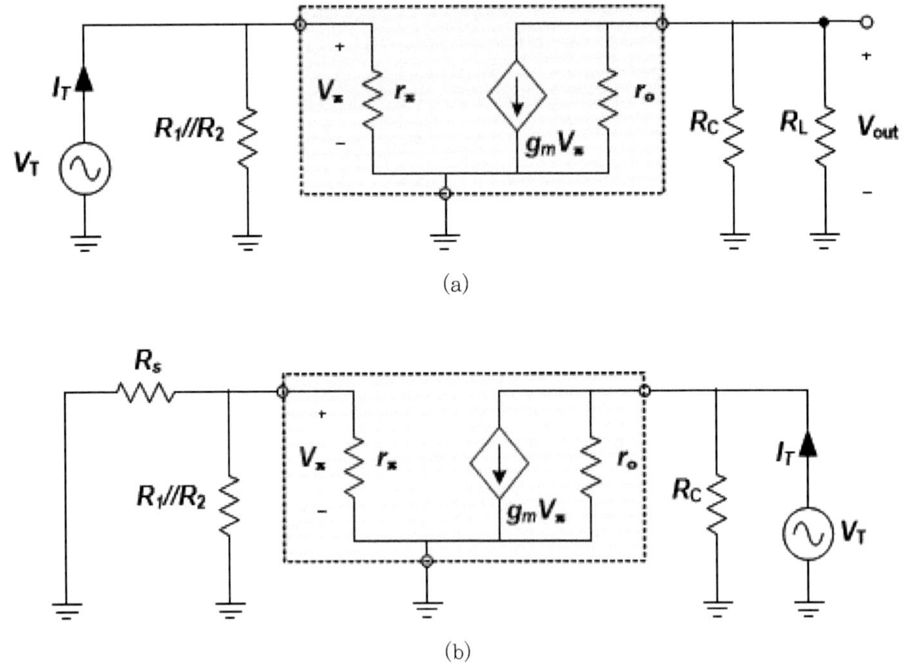

| 그림 7.4 | (a) 입력임피던스를 구하는 회로, (b) 출력임피던스를 구하는 회로

2.2 축퇴 공통에미터 증폭회로 (Degenerated Common Emitter Amplifier)

그림 7.5는 바이어스회로가 포함된 축퇴 공통에미터 증폭기의 회로도를 보여주고 있다. 축퇴 공통에미터 증폭기는 그림 7.1의 공통에미터회로와 차이점은 C_3만 제거되어 있다는 점이다. 그러므로, 그림 7.6의 소신호 등가회로를 보여주고 있는데, 공통에미터회로의 소신호 등가회로에 저항(R_E)하나가 에미터에 추가로 연결되었음을 알 수 있다. 에

미터에 저항이 추가로 연결됨으로써, 이득은 손해를 보지만, 입력임피던스와 출력임피던스가 커지는 결과를 얻게 된다.

(1) 직류해석

그림 7.5회로에서, 직류해석할 때, capacitor들(C_1, C_2)의 임피던스가 무한대이기 때문에, 간략화된 회로를 그리면, 그림 7.2와 동일한 회로가 된다. 두 가지 종류의 증폭기(CE, CE with R-degeneration) 모두 동일한 바이어스회로임을 알 수 있다.

(2) 교류해석

그림 7.5에서 전원전압 Vcc와 capacitor들(C_1, C_2)의 임피던스를 zero로 놓고, 소신호 등가회로를 그리면, 그림 7.6과 같은 회로도를 얻는다.

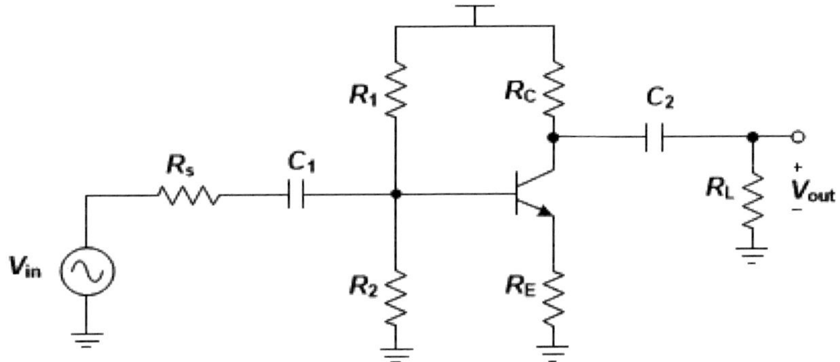

| **그림 7.5** | 축퇴 공통에미터 증폭회로(common emitter with R-degeneration amplifier)

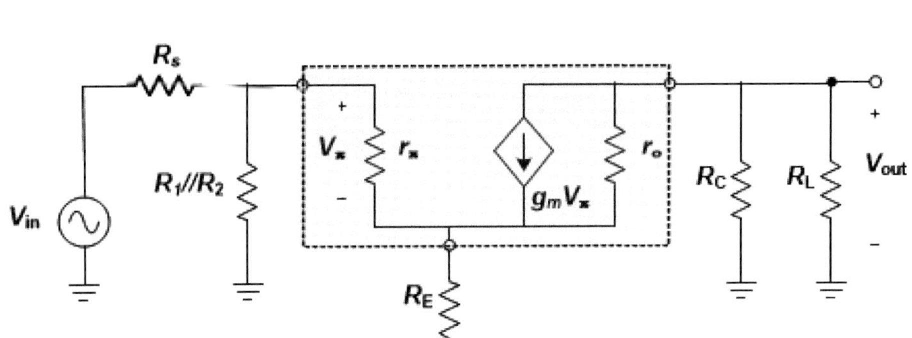

| **그림 7.6** | 교류해석을 위한 등가회로

축퇴 공통에미터 증폭기의 이득을 구해보자. 소신호 입력전압(v_{in})으로부터 컬렉터의

소신호 출력전압(v_{out})의 비로 전압이득을 구하는데, 식 (7.9)에 정의되어 있다. 계산의 편의를 위해서 r_o가 다른 임피던스에 비해서 크다고 가정을 하고, 식 (7.10) ~ (7.13)식에 근사화 단계가 반영되어 있다. 식 (7.10)에서는 R_s가 r_π보다 작다고 가정하고, 근사화 된 수식이다. 컬렉터에서 노턴 등가회로를 구하면, 식 (7.10)과 같이 표현할 수 있다. 식 (7.11)에서, 입력(v_{in})으로부터, 베이스 전압(v_b)을 구할 때, 베이스에 연결되어 있는 모든 임피던스를 고려하여 구한다. 베이스 전압(v_b)으로부터 r_π양단의 전압인 v_π의 전압을 구할 때, r_o에 의한 영향을 무시하고 구하면, 식 (7.12)와 같이 표현할 수 있다. 베이스 저항(r_π)과 에미터에 연결된 저항의 비로 v_π를 표현한다. 이때, 베이스 전류와 에미터 전류의 $(1+\beta)$배 비율을 저항의 비율로 수식에 반영되어 있다. 식 (7.10) ~ 식 (7.12)를 식 (7.13)에 대입하여 전압이득을 얻을 수 있다.

$$A_v = \frac{v_{out}}{v_{in}} \tag{7.9}$$

$$i_{eq} \cong g_m v_\pi, R_{eq} = (r_o + (1+g_m r_o)(R_E \| r_\pi)) \| R_C \tag{7.10}$$

$$v_b = v_{in}\left(\frac{R_x}{R_s + R_x}\right), \ R_x = R_1 \| R_2 \| (r_\pi + (1+\beta)R_E) \tag{7.11}$$

$$v_\pi \cong v_b\left(\frac{r_\pi}{r_\pi + (1+\beta)R_E}\right), v_{out} = -i_{eq}(R_{eq} \| R_L) = -g_m v_\pi (R_{eq} \| R_L) \tag{7.12}$$

$$A_v = \frac{v_b}{v_{in}} \frac{v_\pi}{v_b} \frac{v_{out}}{v_\pi} = \left(\frac{R_x}{R_s + R_x}\right)\left(\frac{r_\pi}{r_\pi + (1+\beta)R_E}\right)[-g_m(R_{eq} \| R_L)] \tag{7.13}$$

회로의 입력임피던스는 source의 일부분인 R_s를 제외하고 회로쪽으로 바라봤을 때, 보이는 등가 임피던스이다. v_T와 i_T를 그림 7.7(a)와 같이 연결하고, 두 전압과 전류사이의 관계식을 구하면 아래와 같은 결과를 얻을 수 있다. 같은 방법으로 출력임피던스는 R_L을 제외하고, v_T와 i_T를 그림 7.7(b)와 같이 연결하고, 전압과 전류사이의 관계식을 구하면 출력임피던스 얻을 수 있다.

$$R_{in} = \frac{v_T}{i_T} = R_1 \| R_2 \| R_x, \quad R_x = r_\pi + (1+\beta) R_E \tag{7.14}$$

$$R_{out} = \frac{v_T}{i_T} = [r_o + (1 + g_m r_o)(R_E \| r_\pi)] \| R_C \tag{7.15}$$

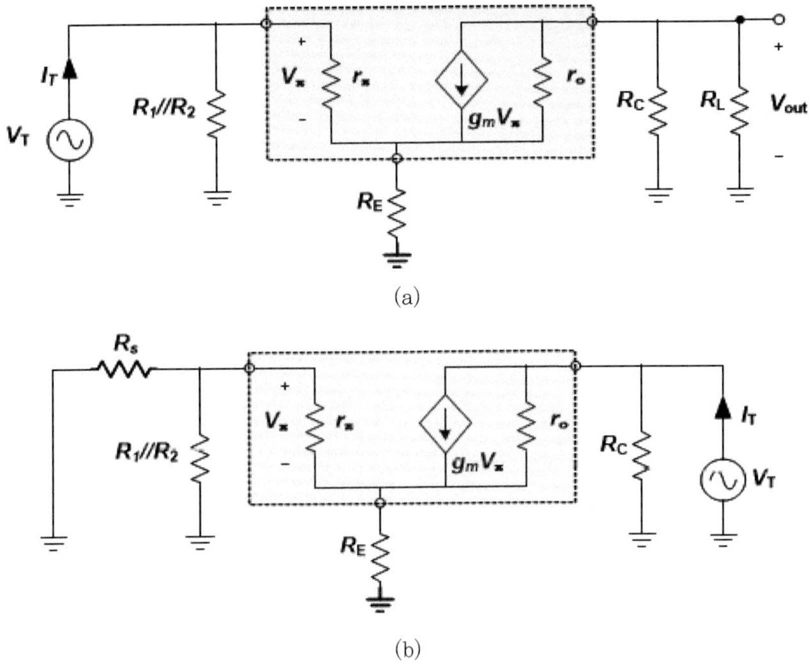

| **그림 7.7** | (a) 입력임피던스를 구하는 회로, (b) 출력임피던스를 구하는 회로

2.3 회로 시뮬레이션

공통에미터 증폭회로(common emitter amplifier)와 축퇴 공통에미터 증폭회로(degenerated common emitter amplifier)의 특성을 확인하기 위한 시뮬레이션 회로도가 그림 7.8과 그림 7.9에 나타나 있다.

그림 7.8(a)에서 각 단자의 전압을 멀티미터로 보여주고 있는데, 컬렉터 전압은 3.2V, 베이스 전압은 1.57V, 에미터 전압은 0.9V이다. 그림 7.8(c)는 transient 시뮬레이션결과이고, 각 단자의 전압을 시간축으로 보여줄 수 있다. 입력교류신호는 주파수를 10kHz에, 신호의 크기를 50mVp에 설정했을 때, 출력 교류 신호의 크기가 약 800mVp로 나온다는 것을 알 수 있다. 그러므로, 공통에미터 증폭기인 그림 7.8(b)의 이득은 -40V/V임을 계산으로 얻을 수 있는데, 마이너스 부호는 위상이 180도 차이를 반영한 것이다.

마찬가지 방법으로 그림 7.9(a)에서 각 단자의 전압을 멀티미터로 확인해보면, 컬렉터 전압은 3.2V, 베이스 전압은 1.57V, 에미터 전압은 0.9V이다. 그림 7.9(c)는 transient 시뮬레이션 결과이고, 에서, 입력교류신호는 주파수를 10kHz에, 신호의 크기를 50mVp에 설정했을 때, 출력 교류 신호의 크기가 약 32mVp가 나오는 것을 알 수 있다. 그러므로, 축퇴 공통에미터 증폭기인 그림 7.9(b)의 이득은 -0.64V/V임을 계산으로 얻을 수 있는데, 마이너스 부호는 위상이 180도 차이를 반영한 것이다.

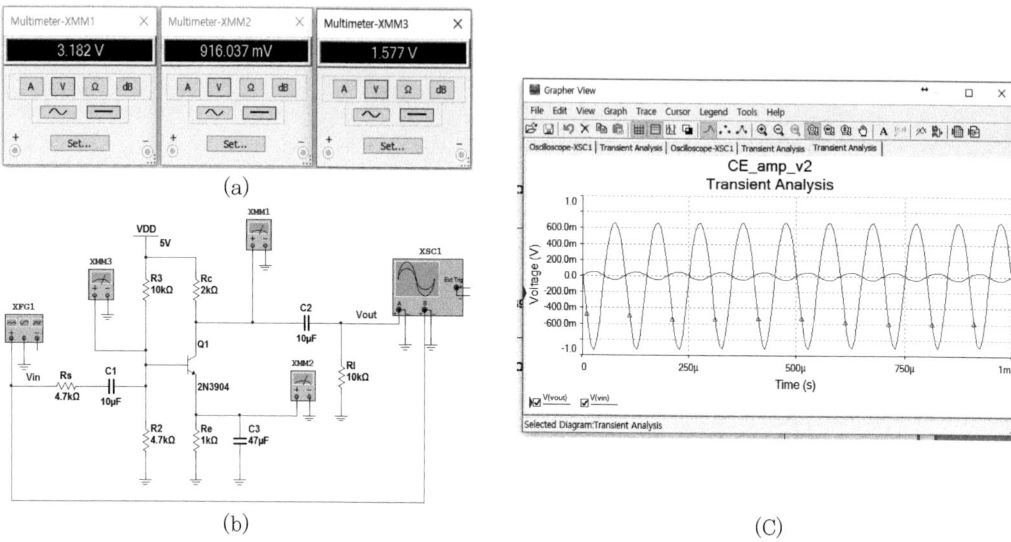

| 그림 7.8 | Transient 시뮬레이션 결과: (a) DC bias, (b) CE 회로도, (c) 입출력 voltage 파형

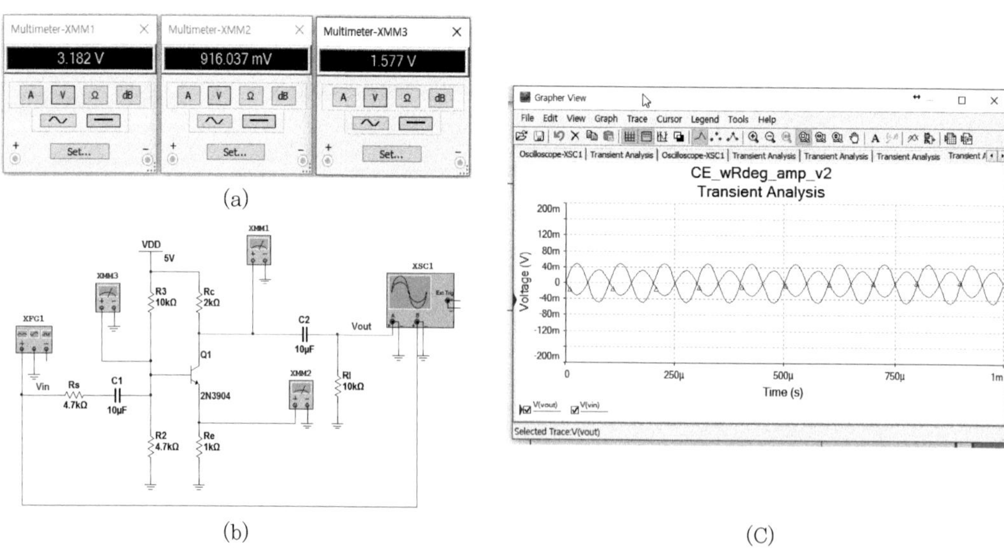

| 그림 7.9 | 축퇴 공통에미터 증폭회로(degenerated common source amplifier)의 시뮬레이션 결과: (a) DC bias, (b) CE 회로도, (c) 입출력 voltage 파형

위 두 시뮬레이션 결과값을 통하여 C_3의 연결유무가 이득에 어떠한 영향을 미치는지 쉽게 확인할 수 있다. C_3가 있는 회로는 R_E와 병렬로 연결되어, R_E의 임피던스가 줄어든 결과로 나타나고, 에미터에 저항이 낮을수록 이득이 커진다는 것을 수식 (7.13)으로부터 알 수 있다. 그래서, 공통에미터 회로가 축퇴 공통에미터 회로에 비해서 이득이 크다는 것을 알 수 있다. 그러나, 두 회로가 입출력신호의 위상이 동일하게 180도 차이가 난다는 것을 그림 7.8(c)와 그림 7.9(c)로부터 확인할 수 있다.

3 사용 계기 및 부품

- DC power supply, 디지털 멀티미터, 오실로스코프, 함수발생기
- 2N3904(NPN) 1개, 2N3906(PNP) 1개
- 저항: 1kΩ 1개, 2kΩ 1개, 4.7kΩ 2개, 10kΩ 2개
- capacitor: 10μF 2개, 47μF 1개
- 브레드 보드, 전선 및 리드선

4 실험 방법

A. 공통에미터 및 축퇴공통에미터 증폭회로

(1) 그림 7.10과 같이 회로를 결선하고, 컬렉터 전류(I_C)가 약 1mA가 흐르는지 확인한다. 각 노드의 전압과 전류를 측정하여 표 7.1에 결과를 기록한다. chapter 6장의 실험결과로부터, 컬렉터 전류(I_C)가 약 1mA일 때의 I_S와 β를 계산으로 얻을 수 있고, 표 7.1의 이론결과를 채우시오.

| 표 7.1 | DC 바이어스의 실험 결과

	측정결과	이론결과
V_B[V]		
V_E[V]		
I_C[mA]		
V_C[V]		
V_{CE}[V]		

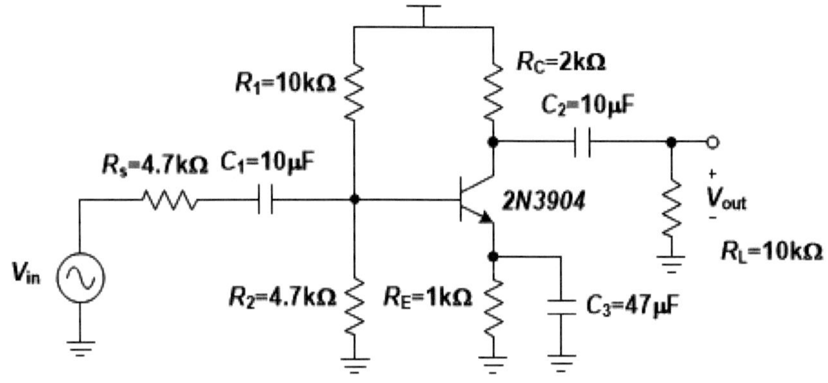

| 그림 7.10 | 공통에미터 증폭회로

(2) 그림 7.10에서, 입력으로 C_1 capacitor에 50mVp 크기, 10kHz의 주파수를 가지는 sine wave를 입력으로 가한다. 입력파형과 출력파형을 오실로스코프로 확인한다. 입력전압 및 출력전압을 측정하여 표 7.2에 결과를 기록한다. chapter 6장의 실험결과로부터, 컬렉터 전류(I_C)가 약 1mA일 때의 소신호모델(g_m, r_π, r_o)을 이용해서, 표 7.2의 계산이득값을 구한다.

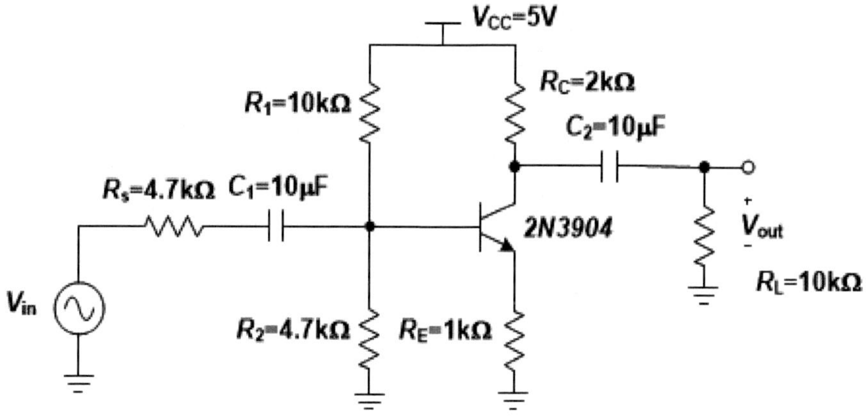

| 그림 7.11 | 축퇴 공통에미터 증폭회로

(3) 그림 7.10에서, 입력으로 C_1 capacitor에 50mVp 크기, 10kHz의 주파수를 가지는 sine wave를 입력으로 가한다. C_3를 제거하면, 그림 7.11의 축퇴 공통에미터 증폭기가 되는데, 이 회로의 입력파형과 출력파형을 오실로스코프로 확인한다. 입력전압 및 출력전압을 측정하여 표 7.2에 결과를 기록한다. chapter 6장의 실험결과로부터, 컬렉터 전류(I_C)가 약 1mA일 때의 소신호모델(g_m, r_π, r_o)을 이용해서, 표 7.2의 계산이득값을 구한다.

(4) 입력으로 C_1 capacitor에 50mVp 크기, 10kHz의 주파수를 가지는 sine wave를 입력으로 가한다. R_L를 제거했을 때의 입력파형과 출력파형을 오실로스코프로 확인한다. 입력전압 및 출력전압을 측정하여 표 7.2에 결과를 기록한다. chapter 6장의 실험결과로부터, 컬렉터 전류(I_C)가 약 1mA일 때의 소신호모델(g_m, r_π, r_o)을 이용해서, 표 7.2의 계산이득값을 구한다.

| 표 7.2 | 공통에미터의 실험 결과

	실험조건	V_{in}[Vpp]	V_{out}[Vpp]	측정이득 [v/v]	계산이득 [v/v]
(2)	없음				
(3)	C_3를 제거				
(4)	R_L를 제거				

(5) 그림 7.10은 NPN 트랜지스터를 사용한 공통에미터 증폭기를 실험하기 위한 회로인데, 이 회로도를 참고하여 PNP 트랜지스터로 변경실험하기 위한 회로도를 그리시오. 실험 (1) ~ (4)까지의 실험과정을 반복하고, 표 7.1과 표 7.2에 결과를 기록한다.

CHAPTER

08 공통베이스 및 공통컬렉터 증폭회로

1 실험 목적

(1) 공통베이스 회로의 직류 및 교류특성을 실험으로 확인하고, 증폭회로를 설계하여 실험으로 확인한다.

(2) 공통컬렉터 회로의 직류 및 교류특성을 실험으로 확인하고, 실제 회로를 설계하여 실험으로 확인한다.

2 이론적 배경

2.1 공통베이스 증폭회로 (Common Base Amplifier)

소신호 등가회로에서 베이스가 접지되어 있기 때문에, 공통베이스 증폭기라고 한다. 베이스와 에미터 사이의 전압에 따라서 컬렉터전류가 종속적으로 변하므로, 에미터를 입력, 컬렉터를 출력으로 정한다. 그림 8.1은 바이어스회로가 포함된 공통베이스 증폭기 회로이다.

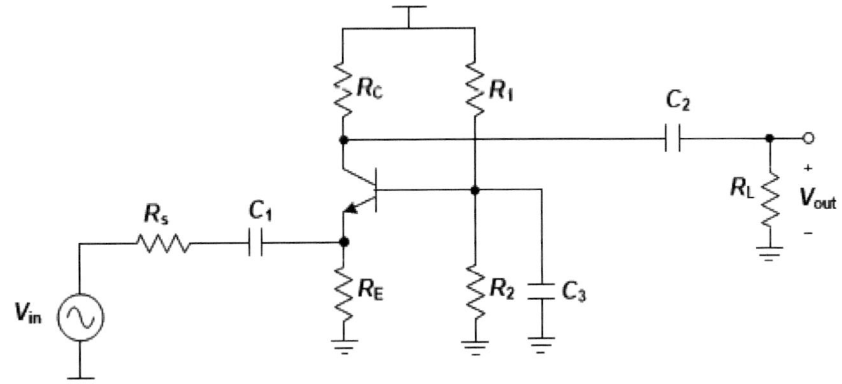

| **그림 8.1** | 공통베이스 증폭회로

(1) 직류해석

그림 8.1 회로의 직류해석을 위해서 등가회로를 먼저 구해야 한다. 직류해석을 통해서 BJT의 소신호 등가회로를 얻기 위함이다. 직류는 주파수를 zero라고 생각할 수 있으므로, 그림 8.1의 capacitor의 임피던스를 무한대로 놓으면, 그림 8.2(a)와 같은 등가회로를 얻을 수 있다.

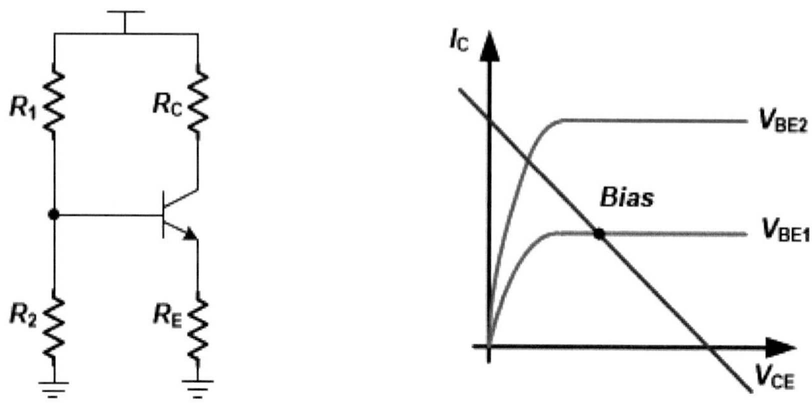

(a) (b)

| 그림 8.2 | (a) 직류해석을 위한 등가회로, (b) Bias가 결정되는 지점

베이스 전류(I_B)를 무시할 만큼 크게 R_1과 R_2로 전류가 흐르도록 한다면, 아래와 같은 방법으로 컬렉터 전류(I_C)에 관한 식을 만들 수 있다. 식 (6.1)과 (8.2)로부터 두 식을 동시에 만족하는 컬렉터 전류를 구할 수 있으며, 그림 8.2(b)에서와 같이 bias가 한 점으로 결정된다.

$$V_X = V_{CC}\frac{R_2}{R_1+R_2} = V_{BE} + I_E R_E \cong V_{BE} + I_C R_E \tag{8.1}$$

$$I_C = \frac{1}{R_E}\left(V_{CC}\frac{R_2}{R_1+R_2} - V_{BE}\right) \tag{8.2}$$

(2) 교류해석

그림 8.1에서, DC 전원전압은 전류가 바뀌더라도 전압이 바뀌지 않으므로 임피던스를 zero로 놓는다. Capacitor는 DC에 의한 영향을 제거하고 증폭기의 동작에 영향을 주지 않을 만큼 큰 값을 가지도록 설계하기 때문에, 관심주파수에서 임피던스를 zero로 놓는다. 그림 8.1의 회로도를 간략화하면, 그림 8.3과 같은 소신호 등가회로를 만들 수 있다. 증폭기의 이득을 구해보자. 소신호 입력전압(v_{in})으로부터 컬렉터의 소신호 출력전압(v_{out})의 비로 전압이득을 구하는데, 식 (8.9)에 정의되어 있다. 계산의 편의를 위해서 r_o가 다른 임피던스에 비해서 크다고 가정을 하고, 식 (8.10) ~ (8.13)식에 반영되어 있다. 컬렉터에서 노턴 등가회로를 구하면, 식 (8.10)과 같이 표현할 수 있다. 식 (8.11)에서, 입력(v_{in})으로부터, v_π를 구할 때, 베이스쪽의 임피던스가 낮아 r_o에 의한 영향을 무시하고, 간략화한 것이다. 그리고, 에미터에서 베이스방향으로 보이는 임피던스($1/g_m$)이 R_E와 병렬연결된 것을 고려하여 입력전압을 표현할 수 있다. 식 (8.10)을 이용하여, 출력전압(v_{out})을 구하면 식 (8.12)의 결과로 간략화할 수 있다. 식 (8.10) ~ 식 (8.12)를 식 (8.13)에 대입하여 전압이득을 얻을 수 있다.

$$A_v = \frac{v_{out}}{v_{in}} \tag{8.9}$$

$$i_{eq} \cong -g_m v_\pi,\ \ R_{eq} = \left[(r_o + (1+g_m r_o) R_E \| R_s \| r_\pi) \| R_C \right] \tag{8.10}$$

$$v_\pi \cong v_{in} \left(\frac{-R_E \| \frac{1}{g_m}}{R_s + R_E \| \frac{1}{g_m}} \right) \tag{8.11}$$

$$v_{out} = -i_{eq}(R_{eq} \| R_L) \cong -g_m v_\pi (R_{eq} \| R_L) \tag{8.12}$$

$$A_v = \frac{v_\pi}{v_{in}} \frac{v_{out}}{v_\pi} = \left(\frac{-R_E \| \frac{1}{g_m}}{R_s + R_E \| \frac{1}{g_m}} \right) \left[-g_m (R_{eq} \| R_L) \right] \tag{8.13}$$

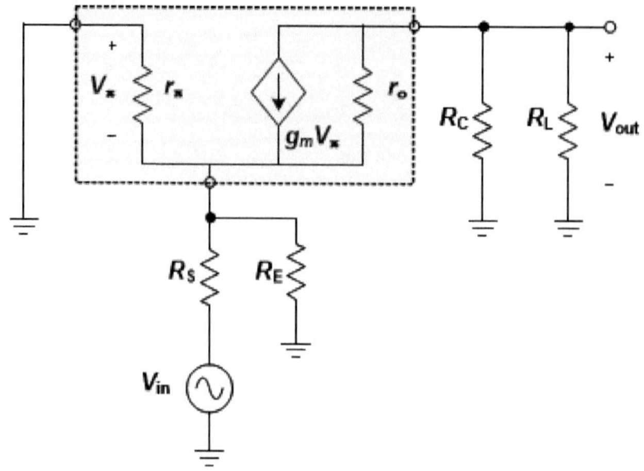

| 그림 8.3 | 교류해석을 위한 등가회로

회로의 입력임피던스는 source의 일부분인 R_s를 제외하고 회로쪽으로 바라봤을 때 보이는 등가 임피던스이다. v_T와 i_T를 그림 8.4(a)와 같이 연결하고, 두 전압과 전류사이의 관계식을 구하면 아래와 같은 결과를 얻을 수 있다. 같은 방법으로 출력임피던스는 R_L을 제외하고, v_T와 i_T를 그림 8.4(b)와 같이 연결하고, 전압과 전류사이의 관계식을 구하면 출력임피던스 얻을 수 있다.

$$R_{in} = \frac{v_T}{i_T} = R_E \| \frac{1}{g_m} \tag{8.14}$$

$$R_{out} = \frac{v_T}{i_T} = [r_o + (1 + g_m r_o)(R_s \| R_E \| r_\pi)] \| R_C \tag{8.15}$$

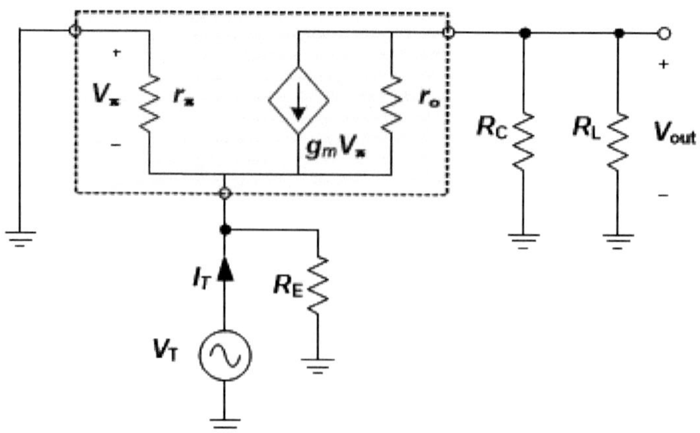

(a)

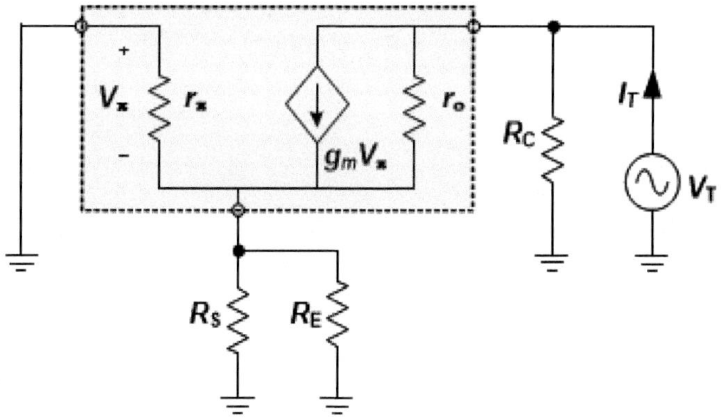

(b)

| **그림 8.4** | (a) 입력임피던스 구하는 회로, (b) 출력임피던스 구하는 회로

2.2 공통 컬렉터 증폭기 (Common Collector Amplifier)

소신호 등가회로에서 컬렉터가 접지되어 있기 때문에, 공통컬렉터 증폭기라고 한다. 베이스와 에미터 단자의 전압에 따라서 컬렉터 전류가 종속적으로 변하므로, 베이스를 입력, 에미터를 출력으로 정한다. 그림 8.5는 바이어스회로가 포함된 공통컬렉터 증폭기 회로이다.

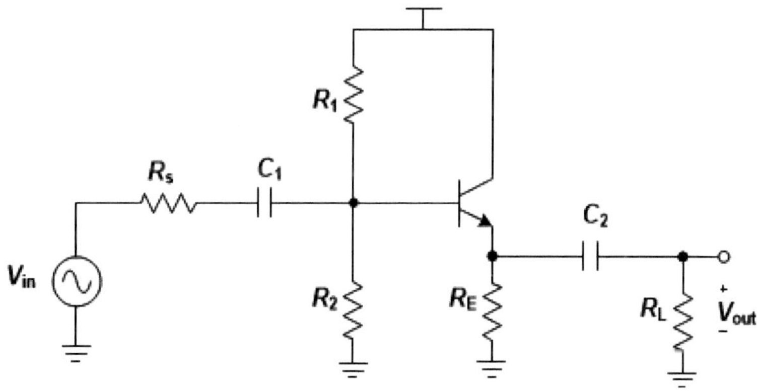

| **그림 8.5** | 공통컬렉터 증폭회로

(1) 직류해석

그림 8.5의 회로에서 직류해석을 위해서 등가회로를 먼저 구해야 한다. 직류해석을 통해서 BJT의 소신호 등가회로를 얻기 위함이다. 직류는 주파수를 zero라고 생각할 수 있으므로 그림 8.5로부터 capacitor의 임피던스가 무한대로 생각하면 그림 8.6(a)과 같은 회로를 얻을 수 있다.

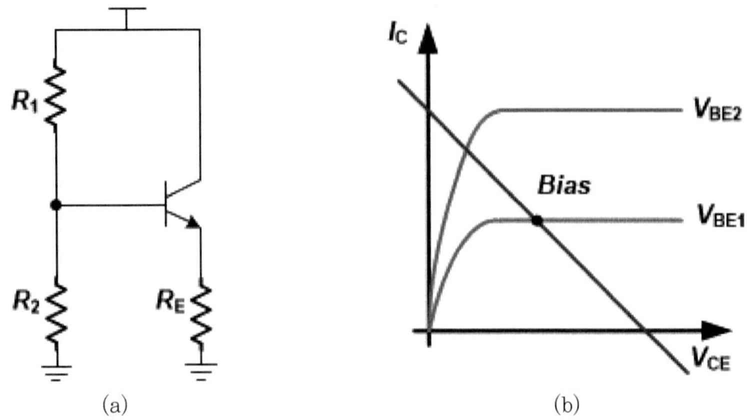

| **그림 8.6** | (a) 직류해석을 위한 등가회로, (b) Bias가 결정되는 지점

베이스 전류(I_B)를 무시할 만큼 크게 R_1과 R_2로 전류가 흐르도록 한다면, 아래와 같은 방법으로 컬렉터 전류(I_C)에 관한 식을 만들 수 있다. 식 (6.1)과 (8.17)로부터 두 식을 동시에 만족하는 컬렉터 전류를 구할 수 있으며, 그림 8.6(b)에서와 같이 bias가 한 점으로 결정된다.

$$V_X = V_{CC}\frac{R_2}{R_1+R_2} = V_{BE} + I_E R_E \cong V_{BE} + I_C R_E \tag{8.16}$$

$$I_C = \frac{1}{R_E}\left(V_{CC}\frac{R_2}{R_1+R_2} - V_{BE}\right) \tag{8.17}$$

(2) 교류해석

그림 8.5에서, DC 전원전압은 전류가 바뀌더라도 전압이 바뀌지 않으므로 임피던스를 zero로 놓는다. Capacitor는 DC에 의한 영향을 제거하고 증폭기의 동작에 영향을 주지 않을 만큼 큰 값을 가지도록 설계하기 때문에, 관심있는 주파수에서 임피던스를 zero로 놓는다. 그림 8.5의 회로도를 간략화하면, 그림 8.7과 같은 소신호 등가회로를 만들 수 있다.

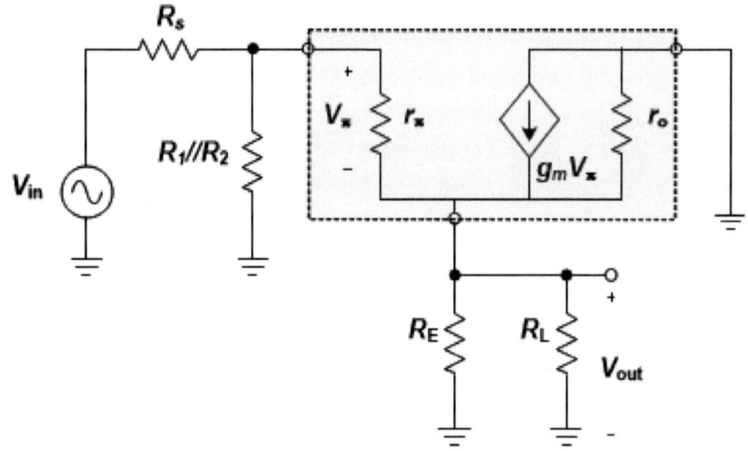

| 그림 8.7 | 교류해석을 위한 등가회로

공통 컬렉터 증폭기의 이득을 구해보자. 소신호 입력전압(v_{in})으로부터 컬렉터의 소신호 출력전압(v_{out})의 비로 전압이득을 구하는데, 식 (8.18)에 정의되어 있다. 계산의 편의를 위해서 r_o가 R_E와 R_L에 병렬로 연결되어 있다고 가정하고 계산을 한다. 식 (8.20)에서, 입력(v_{in})으로부터, 베이스 전압(v_b)을 구할 때, 베이스에 연결되어 있는 모든 임피던스를 고려하여 구한다. 식 (8.19)에서, 베이스 저항(r_π)과 에미터에 연결된 저항의 비로 출력전압(v_{out})을 표현한다. 이때, 베이스 전류와 에미터 전류의 $(1+\beta)$배 비율을 저항의 비율로 수식에 반영되어 있다. 식 (8.19) ~ 식 (8.20)를 식 (8.21)에 대입하여 전압이득을 얻을 수 있다.

$$A_v = \frac{v_{out}}{v_{in}} \tag{8.18}$$

$$v_{out} = v_b \frac{(1+\beta)(R_E \| R_L \| r_o)}{r_\pi + (1+\beta)(R_E \| R_L \| r_o)} \tag{8.19}$$

$$v_b = v_{in}\left(\frac{R_x}{R_s + R_x}\right),\ R_x = \left[r_\pi + (1+\beta)(R_E \| R_L \| r_o)\right] \| R_1 \| R_2 \tag{8.20}$$

$$A_v = \frac{v_b}{v_{in}}\frac{v_{out}}{v_b} = \left(\frac{R_x}{R_s + R_x}\right)\frac{(1+\beta)(R_E \| R_L \| r_o)}{r_\pi + (1+\beta)(R_E \| R_L \| r_o)} \tag{8.21}$$

회로의 입력임피던스는 source의 일부분인 R_s를 제외하고 회로쪽으로 바라봤을 때, 보이는 등가 임피던스이다. v_T와 i_T를 그림 8.8(a)와 같이 연결하고, 두 전압과 전류사이의 관계식을 구하면 아래와 같은 결과를 얻을 수 있다. 같은 방법으로 출력임피던스는 R_L을 제외하고, v_T와 i_T를 그림 8.8(b)와 같이 연결하고, 전압과 전류사이의 관계식을 구하면 출력임피던스 얻을 수 있다.

$$R_{in} = \frac{v_T}{i_T} = \left[r_\pi + (1+\beta)(R_E \| R_L \| r_o)\right] \| R_1 \| R_2 \tag{8.22}$$

$$R_{out} = \frac{v_T}{i_T} = \left[\frac{R_s \| R_1 \| R_2 + r_\pi}{1+\beta}\right] \| R_E \| r_o \tag{8.22}$$

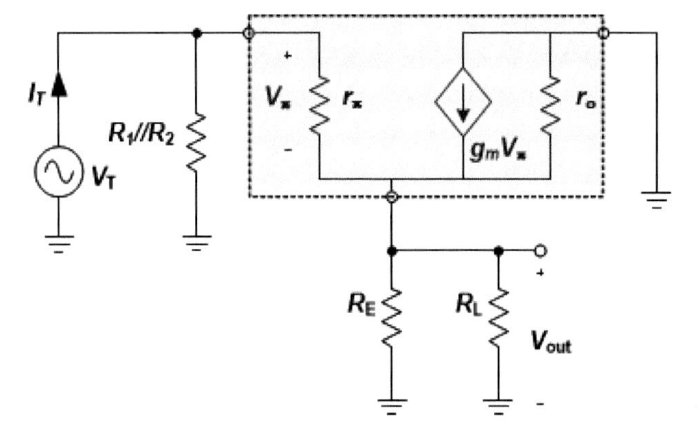

(a)

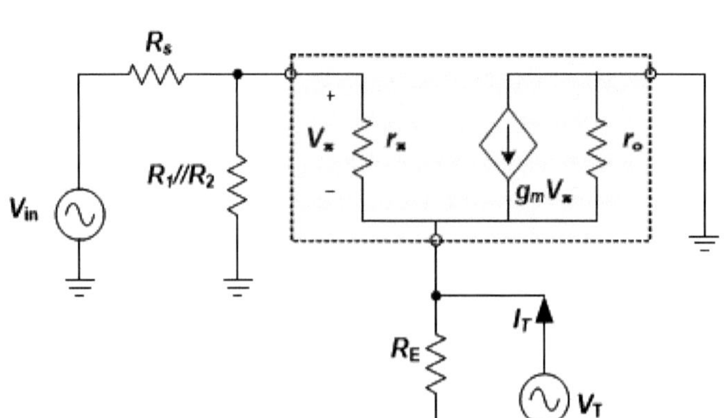

(b)

| 그림 8.8 | (a) 입력임피던스 구하는 회로, (b) 출력임피던스 구하는 회로

2.3 회로 시뮬레이션

공통베이스 증폭회로(Common Base Amplifier)와 공통컬렉터 증폭회로(Common Collector Amplifier)의 특성을 확인하기 위한 시뮬레이션 회로도가 그림 8.9과 그림 8.10에 나타나 있다. 공통베이스 증폭회로인 그림 8.9(a)는 각 단자의 전압을 멀티미터로 보여주고 있는데, 컬렉터 전압은 3.2V이고, 베이스 전압은 1.57V이고, 에미터 전압은 0.9V이다. 그림 8.9(c)는 transient 시뮬레이션결과이고, 각 단자의 전압을 시간축으로 보여줄 수 있다. 입력교류신호는 주파수를 10kHz에, 신호의 크기를 50mV$_p$에 설정했을 때, 출력 교류 신호의 크기가 약 600mV$_p$로 나온다는 것을 알 수 있다. 그러므로, 공통베이스 증폭기인 그림 8.9(c)의 이득은 +12V/V임을 계산으로 얻을 수 있는데, 플러스 부호는 위상차이가 나지 않는다는 것을 말한다.

공통컬렉터 증폭회로인 그림 10.9(a)는 각 단자의 전압을 멀티미터로 보여주고 있는데, 컬렉터 전압은 5V이고, 베이스 전압은 1.57V이고, 에미터 전압은 0.9V이다. 그림 8.9(c)는 transient 시뮬레이션결과이고, 각 단자의 전압을 시간축으로 보여줄 수 있다. 입력교류신호는 주파수를 10kHz에, 신호의 크기를 200mV$_p$에 설정했을 때, 출력 교류 신호의 크기가 약 200mV$_p$로 나온다는 것을 알 수 있다. 그러므로, 공통베이스 증폭기인 그림 8.9(c)의 이득은 약 +1V/V임을 계산으로 얻을 수 있는데, 플러스 부호는 위상차이가 나지 않는다는 것을 말한다.

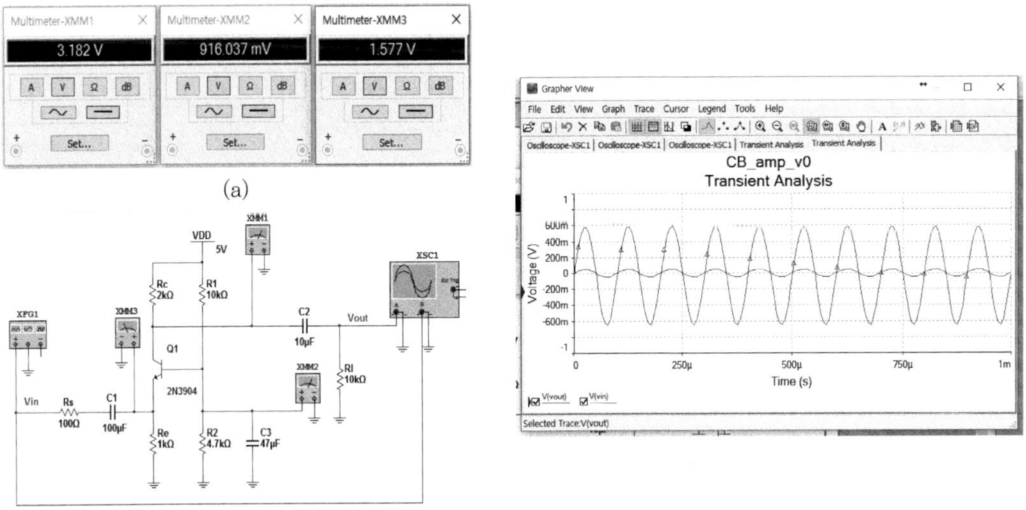

(a) (b) (C)

| 그림 8.9 | 공통베이스 증폭회로(Common Base Amplifier)의 시뮬레이션 결과: (a) DC bias, (b) CB 회로도, (c) voltage 파형

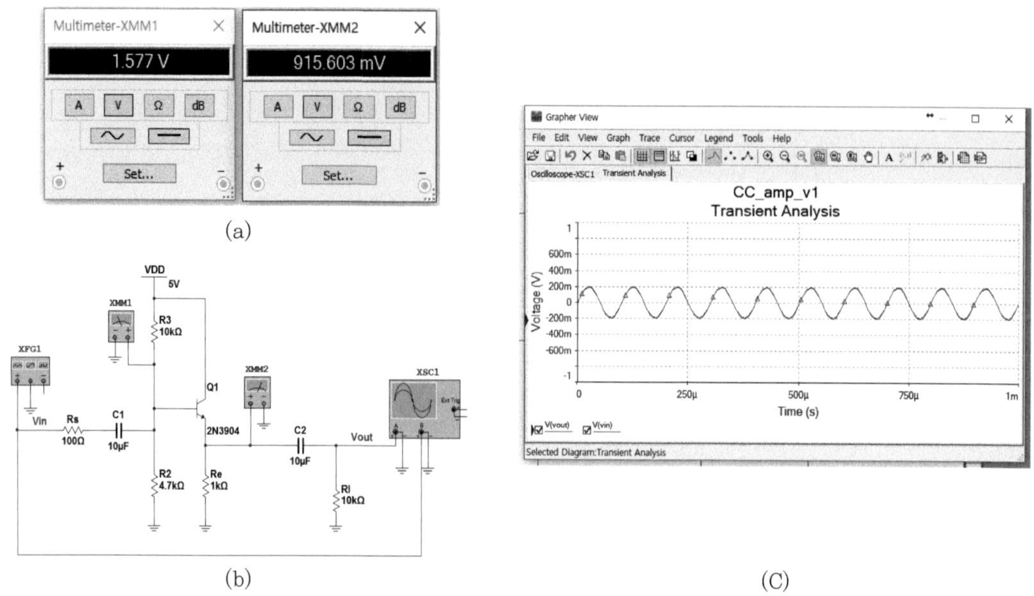

| **그림 8.10** | 공통컬렉터 증폭회로(Common Collector Amplifier)의 시뮬레이션 결과: (a) DC bias, (b) CC 회로도, (c) voltage 파형 회로도 및 결과

3 사용 계기 및 부품

- DC power supply, 디지털 멀티미터, 오실로스코프, 함수발생기
- 2N3904(NPN) 1개, 2N3906(PNP) 1개
- 저항: 100Ω 1개, 1kΩ 1개, 2kΩ 1개, 4.7kΩ 1개, 10kΩ 2개
- capacitor: 10μF 2개, 47μF 1개, 100μF 1개
- 브레드 보드, 전선 및 리드선

4 실험 방법

A. 공통베이스 증폭회로 실험

(1) 그림 8.11의 회로를 결선하고, collector current(I_C)가 약 1mA가 흐르는지 확인한다. 각 노드의 전압과 전류를 측정하여 표 8.1에 결과를 기록한다. chapter 6장의 실험

결과로부터, 컬렉터 전류(I_C)가 약 1mA일 때의 I_S와 β를 계산으로 얻을 수 있고, 표 8.1의 이론결과를 채우시오.

| 표 8.1 | DC 바이어스의 실험 결과

	측정결과	이론결과
V_B[V]		
V_E[V]		
I_C[mA]		
V_C[V]		
V_{CE}[V]		

(2) 입력으로 C_1 capacitor에 50mV$_p$ 크기, 10kHz의 주파수를 가지는 sine wave를 입력으로 가한다. C_3를 제거했을 때의 입력파형과 출력파형을 오실로스코프로 확인한다. 입력전압 및 출력전압을 측정하여 표 8.2에 결과를 기록한다. chapter 6장의 실험결과로부터, 컬렉터 전류(I_C)가 약 1mA일 때의 소신호모델(g_m, r_π, r_o)을 이용해서, 표 8.2의 계산이득값을 구한다.

(3) 입력으로 C_1 capacitor에 50mV$_p$ 크기, 10kHz의 주파수를 가지는 sine wave를 입력으로 가한다. R_L를 제거했을 때의 입력파형과 출력파형을 오실로스코프로 확인한다. 입력전압 및 출력전압을 측정하여 표 8.2에 결과를 기록한다. chapter 6장의 실험결과로부터, 컬렉터 전류(I_C)가 약 1mA일 때의 소신호모델(g_m, r_π, r_o)을 이용해서, 표 8.2의 계산이득값을 구한다.

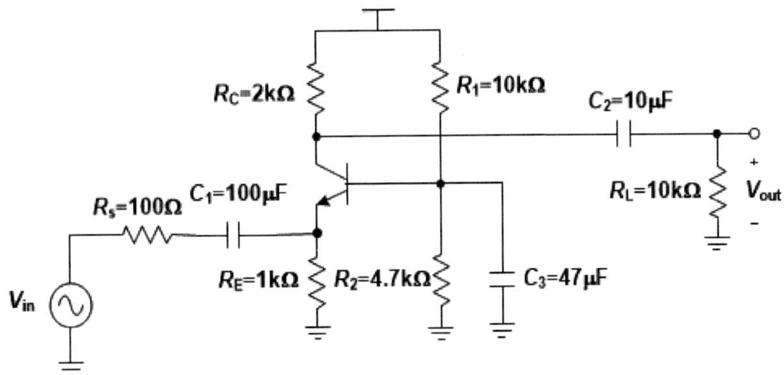

| 그림 8.11 | 공통베이스 증폭회로

| 표 8.2 | 공통베이스의 실험 결과

	실험조건	V_{in}[Vpp]	V_{out}[Vpp]	측정이득 [v/v]	계산이득 [v/v]
(1)	없음				
(2)	C_3를 제거				
(3)	R_L를 제거				

(4) 그림 8.11은 NPN 트랜지스터를 사용한 공통베이스 증폭기를 실험하기 위한 회로인데, 이 회로도를 참고하여 PNP 트랜지스터로 변경실험하기 위한 회로도 그리시오. 실험 (1) ~ (3)까지의 실험과정을 반복하고, 표 8.1과 표 8.2에 결과를 기록한다.

B. 공통컬렉터 증폭기 회로

(1) 그림 8.12 회로를 결선하고, collector current(I_C)가 약 1mA가 흐르는지 확인한다. 각 노드의 전압과 전류를 측정하여 표 8.3에 결과를 기록한다. chapter 6장의 실험결과로부터, 컬렉터 전류(I_C)가 약 1mA일 때의 I_S와 β를 계산으로 얻을 수 있고, 표 8.3의 이론결과를 채우시오.

| 표 8.3 | DC 바이어스의 실험 결과

	측정결과	이론결과
V_B[V]		
V_E[V]		
I_C[mA]		
V_C[V]		
V_{CE}[V]		

(2) 입력으로 C_1 capacitor에 200mV_P 크기, 10kHz의 주파수를 가지는 sine wave를 입력으로 가한다. R_2를 제거했을 때의 입력파형과 출력파형을 오실로스코프로 확인한다. 입력전압 및 출력전압을 측정하여 표 8.4에 결과를 기록한다. chapter 6장의 실험결과로부터, 컬렉터 전류(I_C)가 약 1mA일 때의 소신호모델(g_m, r_π, r_o)을 이용해서, 표 8.4의 계산이득값을 구한다.

(3) 입력으로 C_1 capacitor에 200mVp 크기, 10kHz의 주파수를 가지는 sine wave를 입력으로 가한다. R_L를 제거했을 때의 입력파형과 출력파형을 오실로스코프로 확인한다. 입력전압 및 출력전압을 측정하여 표 8.4에 결과를 기록한다. chapter 6장의 실험결과로부터, 컬렉터 전류(I_C)가 약 1mA일 때의 소신호모델(g_m, r_π, r_o)을 이용해서, 표 8.4의 계산이득값을 구한다.

(4) 그림 8.12는 NPN 트랜지스터를 사용한 공통컬렉터 증폭기를 실험하기 위한 회로인데, 이 회로도를 참고하여 PNP 트랜지스터로 변경실험하기 위한 회로도를 그리시오. 실험 (1) ~ (3)까지의 실험과정을 반복하고, 표 8.3과 표 8.4에 결과를 기록한다.

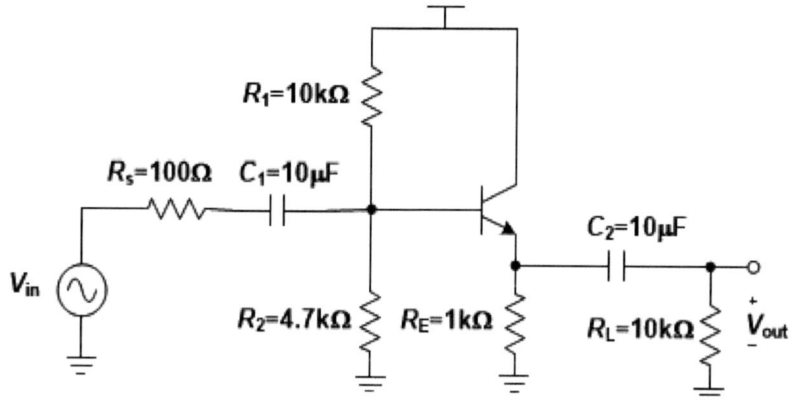

| 그림 8.12 | 공통 컬렉터 증폭회로

| 표 8.4 | 공통컬렉터의 실험 결과

	실험조건	V_{in} [Vpp]	V_{out} [Vpp]	측정이득 [v/v]	계산이득 [v/v]
(1)	없음				
(2)	R_2를 제거				
(3)	R_L를 제거				

CHAPTER

09 BJT 다단 증폭회로

1 실험 목적

다단의 증폭기의 설계 및 해석 방법을 익힌다.

2 이론적 배경

2.1 다단 증폭회로

입력저항이 크고 전압이득이 큰 증폭회로에 적합한 공통에미터 증폭회로(Common Emitter Amplifier)는 출력저항을 최대한 크게 하여 설계하기 때문에 스피커 등의 저항이 매우 작은 부하를 구동하기에는 부적합하다. 그러므로 중간에 회로를 추가하여 전압이득은 크게 감소하지 않고 큰 저항을 작은 저항으로 변환하도록 하면 저항이 작은 부하라도 높은 전압이득으로 구동할 수 있다. 이러한 회로에는 보통 공통컬렉터 증폭회로(Common Collector Amplifier)를 사용하며 그림 9.1과 같이 구현한다.

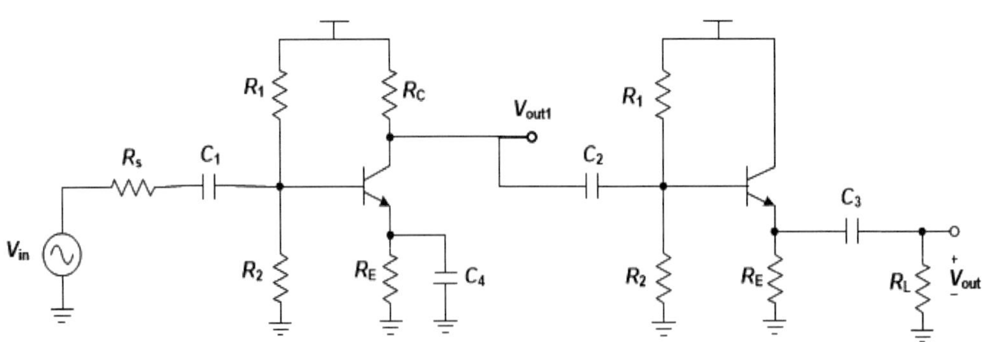

| **그림 9.1** | 2단 증폭기 (공통에미터 + 공통컬렉터)

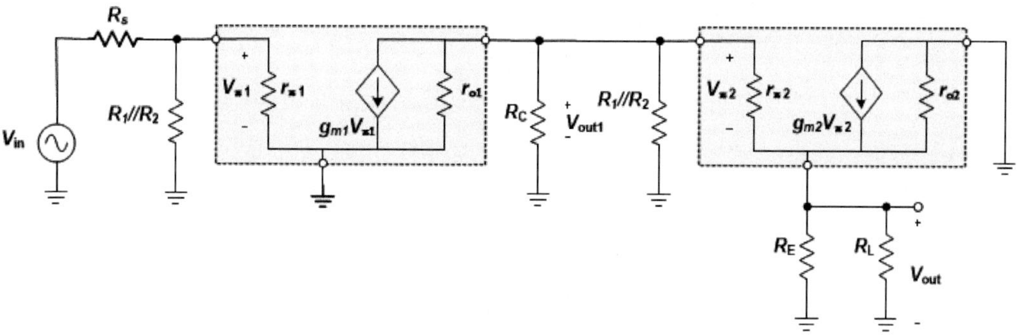

| 그림 9.2 | 다단증폭기의 이득을 구하기 위한 등가회로

다단 증폭기의 이득을 구해보자. 소신호 입력전압(v_{in})으로부터 컬렉터의 소신호 출력전압(v_{out})의 비로 전압이득을 구하는데, 식 (9.1)에 정의되어 있다. 식 (9.2)에서, 계산의 편의를 위해서 출력(v_{out})에서는, r_{o2}가 R_E와 R_L에 병렬로 연결되어 있다고 생각하고, 이득을 계산한다. 식 (9.3)에서는, r_{o1}가 R_C와 공통컬렉터의 입력임피던스(R_y)가 병렬로 연결되어 있다고 가정하고 계산을 한다. 식 (9.2) ~ 식 (9.4)를 식 (9.5)에 대입하여 전압이득을 얻을 수 있다.

$$A_v = \frac{v_{out}}{v_{in}} \tag{9.1}$$

$$v_{out} = v_{out1}\frac{(1+\beta_2)(R_E \| R_L \| r_{o2})}{r_{\pi 2} + (1+\beta_2)(R_E \| R_L \| r_{o2})} \tag{9.2}$$

$$v_{out1} = - v_{\pi 1} g_{m1}(R_c \| R_1 \| R_2 \| R_y), \quad R_y = r_{\pi 2} + (1+\beta_2)(R_E \| R_L \| r_{o2}) \tag{9.3}$$

$$v_{\pi 1} = v_{in}\left(\frac{R_x}{R_s + R_x}\right), R_x = r_\pi \| R_1 \| R_2 \tag{9.4}$$

$$A_v = \frac{v_{\pi 1}}{v_{in}}\frac{v_{out1}}{v_{\pi 1}}\frac{v_{out}}{v_{out1}} = \left(\frac{R_x}{R_s + R_x}\right)\left(-g_{m1}(R_c \| R_1 \| R_2 \| R_y)\right)\frac{(1+\beta_2)(R_E \| R_L \| r_{o2})}{r_{\pi 2} + (1+\beta_2)(R_E \| R_L \| r_{o2})} \tag{9.5}$$

2.2 회로 시뮬레이션

공통에미터 증폭회로(Common Emitter Amplifier)와 공통컬렉터 증폭회로(Common Collector Amplifier)를 연결하여 다단회로를 시뮬레이션하기 위한 회로도가 그림 9.3에 나타나 있다. 그림 9.3(b)는 transient 시뮬레이션결과이고, 각 단자의 전압을 시간축으로 보여주고 있다. 입력교류신호의 주파수를 10kHz에, 크기를 50mVp에 설정했을 때, 출력 교류신호의 크기가 약 450mVp로 나온다는 것을 알 수 있다. 전체 이득은 공통에미터 증폭회로의 이득과 공통컬렉터 증폭회로의 이득의 합으로 표현될 수 있다. 그런데, 공통컬렉터 증폭회로의 이득은 그림 8.10의 결과에 의하면, 약 1V/V이므로, 대부분의 이득은 공통에미터의 이득이라고 할 수 있다. 그런데, 공통에미터의 출력임피던스가 공통 컬렉터의 입력임피던스에 의해서 낮아지게 되면, 각 증폭기들의 이득의 합보다 적어지게 된다.

$$\text{if}\, R_c \ll R_1 \| R_2 \| R_y,\ v_{out1} = -v_{\pi 1} g_{m1} (R_c \| R_1 \| R_2 \| R_y) \cong -v_{\pi 1} g_{m1} R_c \tag{9.6}$$

식 (9.6)과 같이 회로를 설계한다면, 공통에미터 증폭기와 공통컬렉터 증폭기의 연결시 생길 수 있는 이득의 감소가 없어진다. 공통컬렉터 증폭기의 입력임피던스를 키워서, R_C값에 비해서, $R_1 \| R_2 \| R_y$값이 커지도록 설계하거나, 공통컬렉터 증폭기의 입력임피던스에 비해서 R_C값이 적으면 식 (9.6)을 만족하게 된다.

그림 9.3에서, Q_1 트랜지스터의 컬렉터(v_{out1}) 저항(R_C)값이 $2k\Omega$일 경우에는, 공통컬렉터 증폭기를 연결하지 않았을 때, 공통에미터 증폭기의 회로의 출력이 약 800mVp로 나오지만, 공통컬렉터 증폭기를 연결하면, 580mVp 로 줄어든다. 공통에미터의 출력임피던스가 공통컬렉터의 입력임피던스에 의해서 낮아졌기 때문이다. 공통 컬렉터 증폭기는 전단으로부터 전달받은 전압(v_{out1})을 약 1V/V 가까운 이득으로 출력단자의 전압(v_{out})을 만들어 낸다. 그림 9.3(c)에서 입력전압이 50mVp이고, 출력전압이 553mVp 이므로, 이득은 -11V/V임을 알 수 있다.

그림 9.4에, Q_1 트랜지스터의 컬렉터 저항(R_C)값을 $2k\Omega$에서 600Ω로 줄였을 때, 공통컬렉터 증폭기를 연결하지 않았을 때, 공통에미터 증폭기의 회로의 출력이 약 289mVp로 나오지만, 공통컬렉터 증폭기를 연결하면, 244mVp 로 나온다. 공통에미터의 출력임피던스가 공통컬렉터의 입력임피던스에 의해서 낮아지지 않았기 때문이다. 공통 컬렉터 증폭기는 전단으로부터 전달받은 전압(v_{out1})을 약 1V/V 가까운 이득으로 출력단자

의 전압(v_{out})을 만들어 낸다. 그림 9.4(c)에서 입력전압이 50mVp이고, 출력전압이 234mVp 이므로, 이득은 -4.7V/V임을 알 수 있다.

그림 9.3(a)의 회로에 비해서, 그림 9.4(a)의 회로가 상대적으로 공통컬렉터를 연결했을 때의 이득이 적게 변한다는 것을 알 수 있다. 공통 에미터의 출력임피던스가 공통컬렉터의 입력임피던스에 비해서 무시할 수 있을 정도로 작다면, 다단 증폭기로 구현할 때, 개별 증폭기들의 이득에 영향을 적게 미치게 된다. 식 (9.6)으로부터, R_C값에 비해서, $R_1 \| R_2 \| R_y$값이 충분히 크도록 설계가 되어 있는 경우에는 개별 증폭기의 이득의 합이 다단증폭기의 이득이 된다는 것을 알 수 있다.

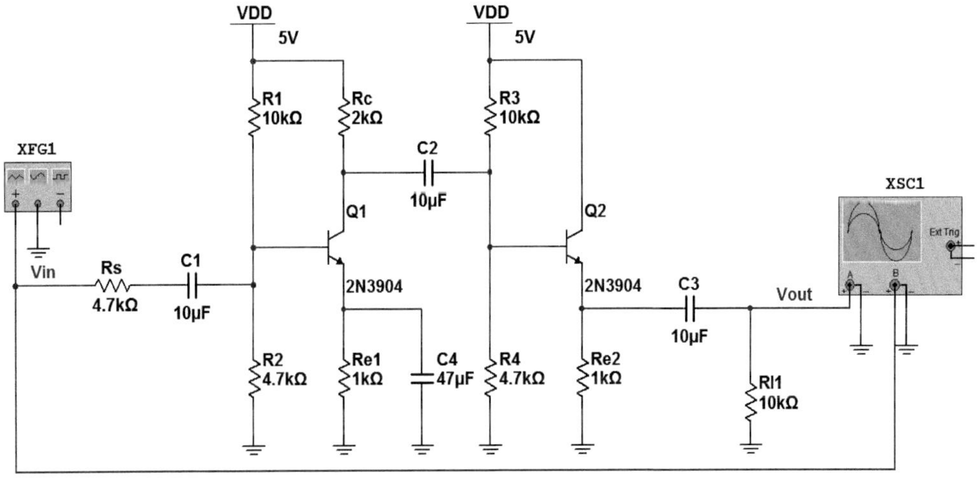

(a)

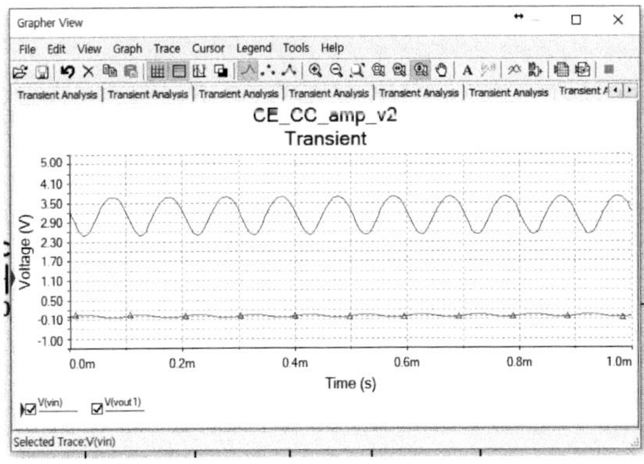

(b)

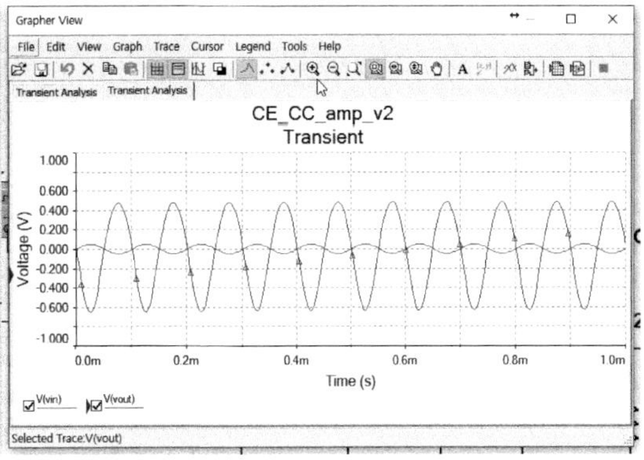

(c)

| **그림 9.3** | 2단 증폭기(공통에미터+공통컬렉터)의 시뮬레이션회로도 및 결과: (a) 다단증폭기의 회로도, (b) v_{out1}의 파형, (c) v_{out}의 파형

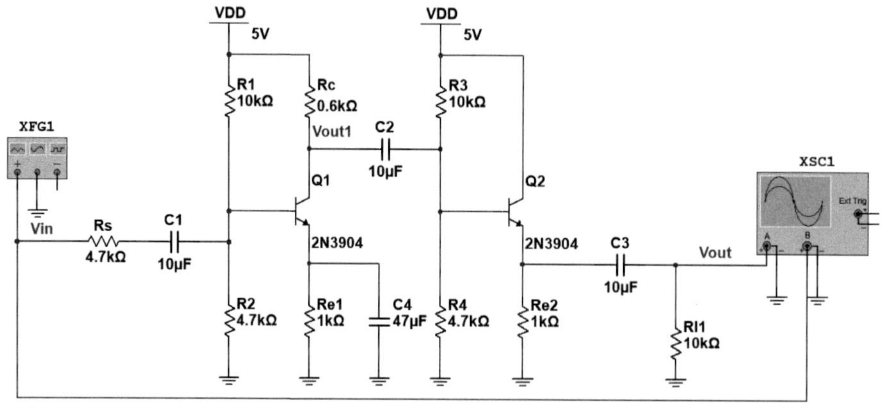

(a)

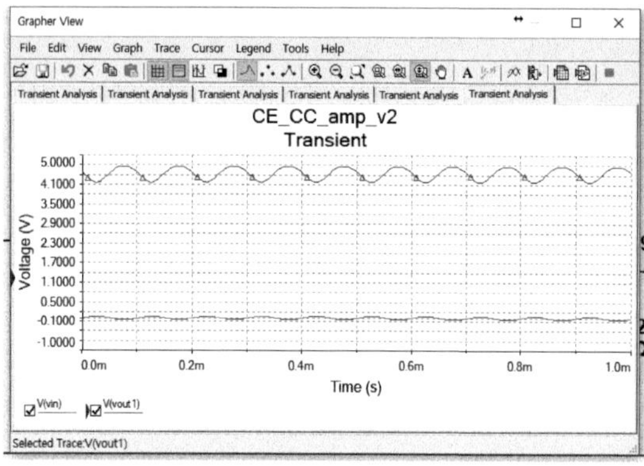

(b)

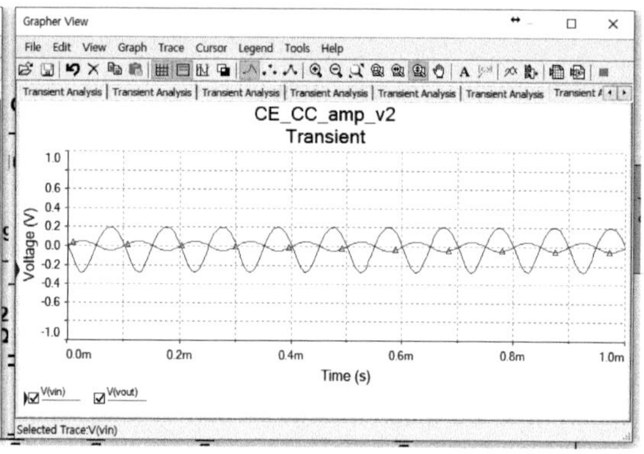

(c)

| **그림 9.4** | 2단 증폭기(공통에미터 + 공통컬렉터)의 시뮬레이션회로도 및 결과: (a) 다단증폭기의 회로도, (b) v_{out1}의 파형, (c) v_{out}의 파형

3 사용 계기 및 부품

- DC power supply, 디지털 멀티미터, 오실로스코프, 함수발생기
- 2N3904(NPN) 2개, 2N3906(PNP) 2개
- 저항: 600Ω 1개, 1kΩ 2개, 4.7kΩ 5개, 9.4kΩ 4개, 10kΩ 5개, 20kΩ 4개
- capacitor: 10μF 3개, 47μF 1개
- 브레드 보드, 전선 및 리드선

4 실험 방법

A. 다단 증폭회로

(1) 그림 9.5 회로를 결선하고, collector current(I_C)가 각각의 NPN BJT에 1mA가 흐르는지 확인한다. BJT의 각 노드의 전압과 전류를 측정하여 표 9.1에 결과를 기록한다. chapter 6장의 실험결과로부터, 컬렉터 전류(I_C)가 약 1mA일 때의 I_S와 β를 계산으로 얻을 수 있고, 표 9.1의 이론결과를 채우시오.

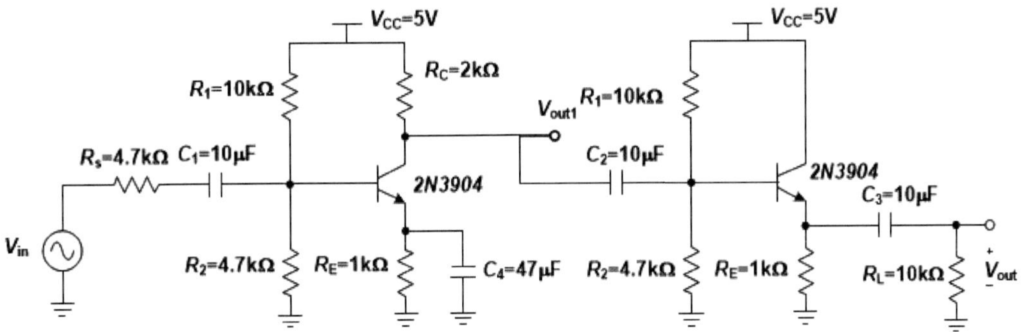

| 그림 9.5 | 다단 증폭회로

| 표 9.1 | DC 바이어스의 실험 결과

	측정결과	이론결과
V_{B1}[V]		
V_{E1}[V]		
I_{C1}[mA]		
V_{C1}[V]		
V_{CE1}[V]		
V_{B2}[V]		
V_{E2}[V]		
I_{C2}[mA]		
V_{CE2}[V]		

(2) 입력으로 C_1 capacitor에 50mV$_p$ 크기, 10kHz의 주파수를 가지는 sine wave를 입력으로 가한다. 입력파형과 출력파형을 오실로스코프로 확인한다. 입력전압 및 출력전압을 측정하여 표 9.2에 결과를 기록한다. chapter 6장의 실험결과로부터, 컬렉터 전류(I_C)가 약 1mA일 때의 소신호모델(g_m, r_π, r_o)을 이용해서, 표 9.2의 계산이득값을 구한다.

(3) 입력으로 C_1 capacitor에 50mV$_p$ 크기, 10kHz의 주파수를 가지는 sine wave를 입력으로 가한다. C_4를 제거했을 때의 입력파형과 출력파형을 오실로스코프로 확인한다. 입력전압 및 출력전압을 측정하여 표 9.2에 결과를 기록한다. chapter 6장의 실험결과로부터, 컬렉터 전류(I_C)가 약 1mA일 때의 소신호모델(g_m, r_π, r_o)을 이용해서, 표 9.2의 계산이득값을 구한다.

(4) 입력으로 C_1 capacitor에 50mV$_p$ 크기, 10kHz의 주파수를 가지는 sine wave를 입력으로 가한다. R_L를 제거했을 때의 입력파형과 출력파형을 오실로스코프로 확인한다. 입력전압 및 출력전압을 측정하여 표 9.2에 결과를 기록한다. chapter 6장의 실험결과로부터, 컬렉터 전류(I_C)가 약 1mA일 때의 소신호모델(g_m, r_π, r_o)을 이용해서, 표 9.2의 계산이득값을 구한다.

(5) 입력으로 C_1 capacitor에 50mV$_p$ 크기, 10kHz의 주파수를 가지는 sine wave를 입력으로 가한다. 그림 9.6과 같이, R_C를 600Ω으로 변경했을 때, 입력파형과 출력파

형을 오실로스코프로 확인한다. 입력전압 및 출력전압을 측정하여 표 9.2에 결과를 기록한다. chapter 6장의 실험결과로부터, 컬렉터 전류(I_C)가 약 1mA일 때의 소신호모델(g_m, r_π, r_o)을 이용해서, 표 9.2의 계산이득값을 구한다.

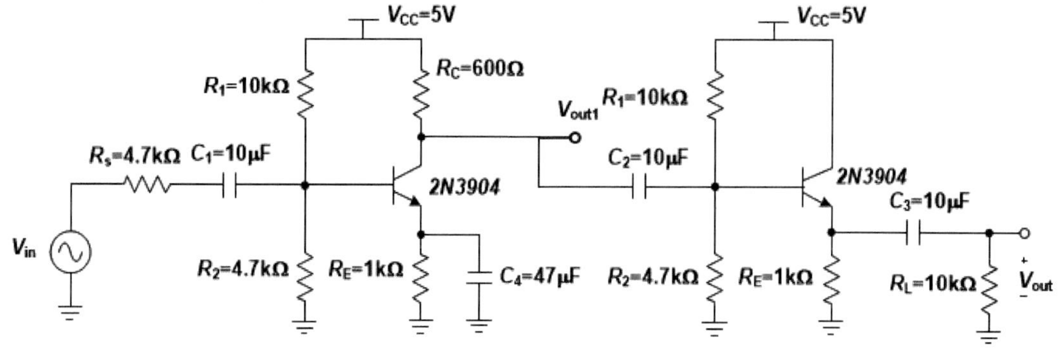

| 그림 9.6 | 다단 증폭회로

(6) 그림 9.5의 다단증폭기의 이득을 높이기 위해서, 공통컬렉터의 입력임피던스를 키우는 설계수정이 필요하다. 그림 9.5에서, 공통컬렉터 회로를 설계수정하고, 입력전압 및 출력전압을 측정하여 표 9.2에 결과를 기록한다. 바이어스 전류에 따른 소신호모델(g_m, r_π, r_o)을 이용해서, 표 9.2의 계산이득값을 구한다.

(7) 그림 9.5는 NPN 트랜지스터를 사용한 다단 증폭기를 실험하기 위한 회로인데, 이 회로도를 참고하여 PNP 트랜지스터로 변경실험하기 위한 회로도를 그리시오. 실험 (1) ~ (6)까지의 실험과정을 반복하고, 표 9.1과 표 9.2에 결과를 기록한다.

| 표 9.2 | 다단증폭기 실험 결과

	실험조건	V_{in}[Vpp]	V_{out1}[Vpp]	V_{out}[Vpp]	측정이득 [v/v]	계산이득 [v/v]
(2)	없음					
(3)	C_4를 제거					
(4)	R_L를 제거					
(5)	$R_C = 600\Omega$					
(6)	$R_C = 2k\Omega$					

CHAPTER

10 차동 증폭회로단 증폭회로

1 실험 목적

차동 증폭회로의 해석방법을 익히고, 실제 회로를 설계하여 실험한다.

2 이론적 배경

2.1 차동 증폭회로 (Differential Amplifier)

differential한 관계가 있는 입력신호를 증폭하여, differential한 출력을 얻을 수 있는 증폭기를 차동 증폭기라고 한다. 그림 10.1은 bias가 포함된 차동 증폭기회로를 보여주고 있다. 교류해석에서, 한쪽 트랜지스터의 베이스에 신호를 가하고, 다른 한쪽 트랜지스터의 베이스를 접지하면, 각 트랜지스터의 베이스와 에미터 사이에 differential한 관계의 신호가 가해진다는 것을 그림 10.2와 식 (10.1)과 (10.2)를 통해서 알 수 있다.

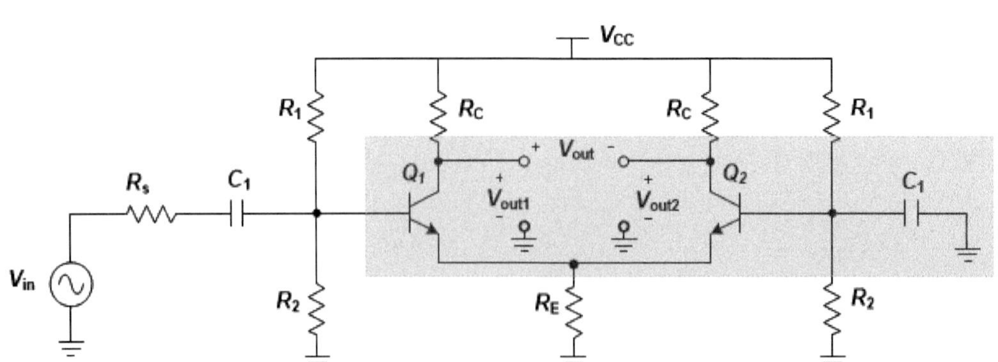

(a)

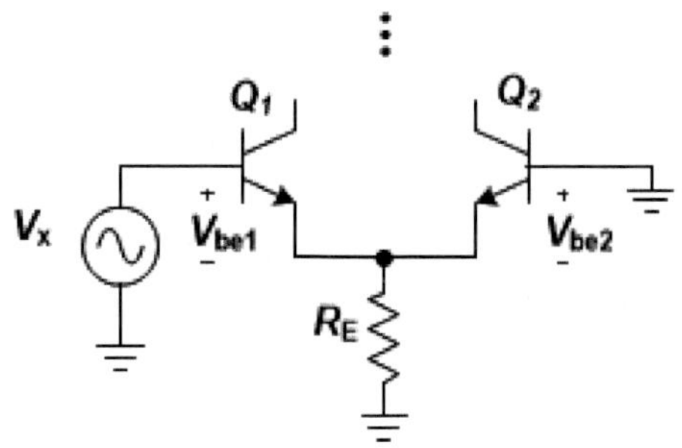

(b)

| 그림 10.1 | differential 증폭회로: (a)differential 증폭회로, (b) 입력 differential 신호의 생성

트랜지스터 Q_1과 Q_2에 differential관계가 있는 신호가 가해지면, 소신호 등가회로에서 종속전류원과 컬렉터 저항(R_C)에 의한 differential 출력이 트랜지스터 Q_1과 Q_2의 컬렉터에 만들어 진다는 것을 예상할 수 있다. 그림 10.1(a)에서 색으로 표시된 회로의 동작원리를 설명하기 위해서 그림 10.1(b)로 간략하게 다시 보여주고 있다. 그림 10.1(a)의 교류전압원인 v_{in}이 각 트랜지스터의 베이스와 에미터 단자사이의 전압으로 differential하게 변환되는 원리를 설명하기 위해서는 그림 10.1(b)의 동작을 이해하면 된다. 따라서, 아래의 수식은 그림 10.1(a)의 교류전압원인 v_{in}이 각 트랜지스터의 베이스와 에미터 단자사이의 전압으로 표현되는데, 두 트랜지스터가 동일하다면 v_{be1}과 v_{be2}가 differential한 관계가 있다는 것을 알 수 있다.

$$v_{be1} = v_x \frac{1/g_{m1}}{1/g_{m1} + (1/g_{m2}) \parallel R_E} \cong v_x \frac{1/g_{m1}}{1/g_{m1} + 1/g_{m2}}, \text{if } R_E \gg 1/g_{m2} \tag{10.1}$$

$$v_{be2} = v_x \frac{-(1/g_{m2}) \parallel R_E}{1/g_{m1} + (1/g_{m2}) \parallel R_E} \cong v_x \frac{1/g_{m2}}{1/g_{m1} + 1/g_{m2}}, \text{if } R_E \gg 1/g_{m2} \tag{10.2}$$

(1) differential 증폭기의 이해

입력신호가 differential관계에 있는 두 신호를 증폭하여 Differential 또는 single 출력을 얻을 수 있는 회로를 differential 증폭회로라고 한다. 그림 10.2(a)와과 같이 두 신호가 위상이 180도 차이가 나지만 크기가 같은 신호를 differential관계가 있는 신호라고 하는데, 그림 10.2(b)의 증폭기 입력으로 사용이 되었을 때, differential 출력을 얻을 수 있다.

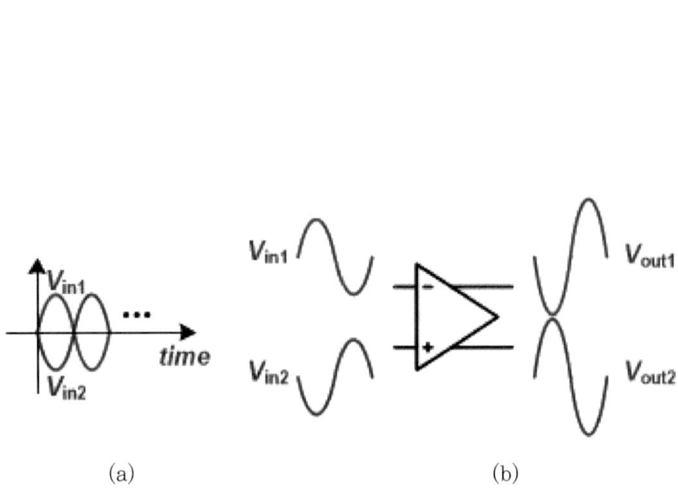

| 그림 10.2 | differential 증폭회로의 동작원리: (a) differential 신호, (b) differential 증폭기의 동작원리

그림 10.1(a)에 표현되어 있는 신호의 예를 수식으로 표현하면, 아래와 같이 표현할 수 있다.

$$v_{in1} = Asin(\omega_{in}t), v_{in2} = -Asin(\omega_{in}t) \tag{10.3}$$

$$v_{out1} = Asin(\omega_{in}t) \times A_{v,diff}, v_{out2} = -Asin(\omega_{in}t) \times A_{v,diff} \tag{10.4}$$

식 (10.3)은 입력신호를 수식으로 표현한 것이고, 식 (10.4)은 증폭이 되었을 때의 출력을 수식으로 표현한 것이다. 이때, $A_{v,diff}$는 differential 증폭기의 이득을 표현한 것이다. 입력신호는 일반적으로, 식 (10.3)과 같이 differential관계가 있는 성분만 있는 것이 아니라 공통된 성분(common)도 또한 포함되어 있는 경우가 많아서 아래의 수식과 같이 일반화된 수식을 사용한다.

$$v_{in1} = \frac{v_{diff}}{2} + v_{com}, v_{in2} = -\frac{v_{diff}}{2} + v_{com} \tag{10.5}$$

$$v_{diff} = v_{in1} - v_{in2}, v_{com} = \frac{v_{in1} - v_{in2}}{2} \tag{10.6}$$

식 (10.5)은 입력신호를 일반화시켜서 표현한 것이다. $\frac{v_{diff}}{2}$와 $-\frac{v_{diff}}{2}$는 위상이 180도 차이나고, 크기가 동일한 교류신호를 의미한다. v_{com}은 위상이 차이가 나지 않고 크기가 동일한 신호를 표현한 것인데, 교류 및 직류 신호가 모두 이에 해당이 될 수 있지만, 일반적으로 직류신호를 의미하는 경우가 더 많다. 식 (10.6)는 입력신호에서 differential

성분과 common 성분을 각각 표현한 것이다.

입력신호 중에서 differential 성분과 출력신호 중에서 differential 성분의 비로 differential 증폭기의 이득을 표현할 수 있다. 입력신호 중에서 differential 성분만 표현한 것을 $v_{in,diff}$, 출력신호 중에서 differential 성분만 표현한 것을 $v_{out,diff}$이라고 했을 때, 증폭기의 이득을 표현한다면, 아래와 같이 표현할 수 있다.

$$A_{v,diff} = \frac{v_{out,diff}}{v_{in,diff}} = \frac{v_{out1} - v_{out2}}{v_{in1} - v_{in2}} \tag{10.7}$$

(2) differential 증폭기의 직류해석

그림 10.1(a)의 회로에서 직류해석을 위해서는 등가회로를 먼저 구해야 한다. 직류는 주파수를 zero라고 생각할 수 있으므로, 이에 따라 capacitor의 임피던스가 무한대로 커지게 되어, 그림 10.1(a)의 회로를 그림 10.3(a)의 직류 등가회로로 간략화 할 수 있다. 트랜지스터 Q_1과 Q_2의 에미터로 흐르는 직류전류가 합해져서, R_E로 흐르게 되고, Q_1과 Q_2가 동일한 크기의 트랜지스터이라면, 각 트랜지스터에도 동일한 전류가 흐르게 된다. 그러므로, 그림 10.3(b)와 같이 절반의 회로만 해석해도 된다는 것을 알 수 있다.

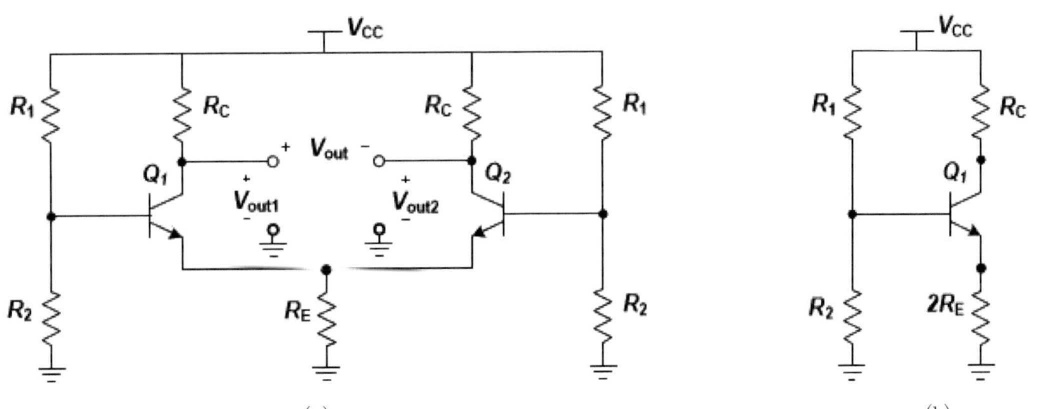

| 그림 10.3 | (a) 직류해석을 위한 등가회로, (b) 직류해석을 위한 절반회로

베이스 전류(I_B)를 무시할 만큼 크게 R_1과 R_2로 전류가 흐르도록 한다면, 아래와 같은 방법으로 컬렉터 전류(I_C)에 관한 식을 만들 수 있다. 식 (6.1)과 (10.8)로부터 두 식을 동시에 만족하는 컬렉터 전류를 구할 수 있으며, bias가 한 점으로 결정된다.

$$V_X = V_{CC}\frac{R_2}{R_1+R_2} = V_{BE}+2I_ER_E \cong V_{BE}+2I_CR_E \tag{10.8}$$

$$I_C = \frac{1}{2R_E}\left(V_{CC}\frac{R_2}{R_1+R_2} - V_{BE}\right) \tag{10.9}$$

(3) 교류해석

그림 10.1(a)회로를 그림 10.4(a)와 같이 다시 그릴 수 있다. 그림 10.4(a)에서 색으로 표시된 회로만 보면, differential 입력($v_{in,diff} = v_{in1} - v_{in2}$)과 differential출력($v_{out}$)을 가지고 있는 차동 증폭기임을 알 수 있다. 색으로 표시된 회로를 소신호 해석하여, 그림 10.4(b)와 같은 간략화된 회로로 다시 표현할 수 있다. 그림 10.5(a)회로의 등가회로인 그림 10.5(b)로 표현된다면, 회로의 해석이 간단하게 할 수 있다.

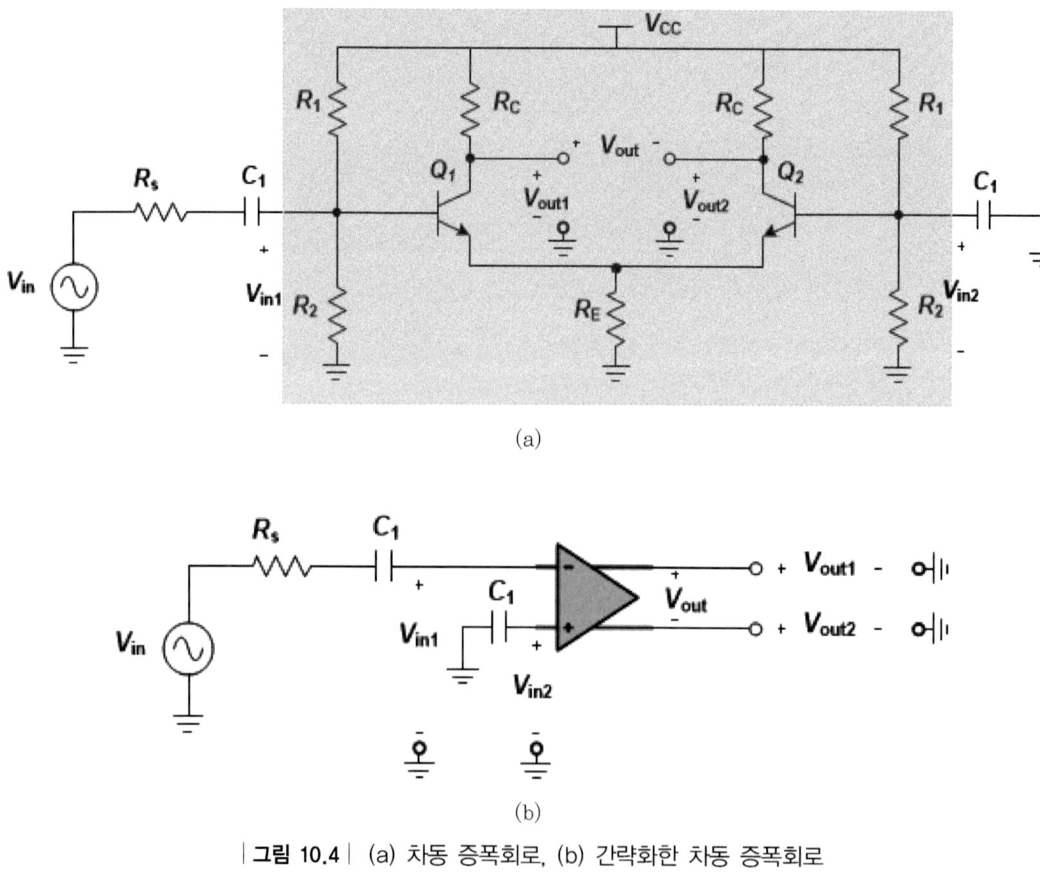

| 그림 10.4 | (a) 차동 증폭회로, (b) 간략화한 차동 증폭회로

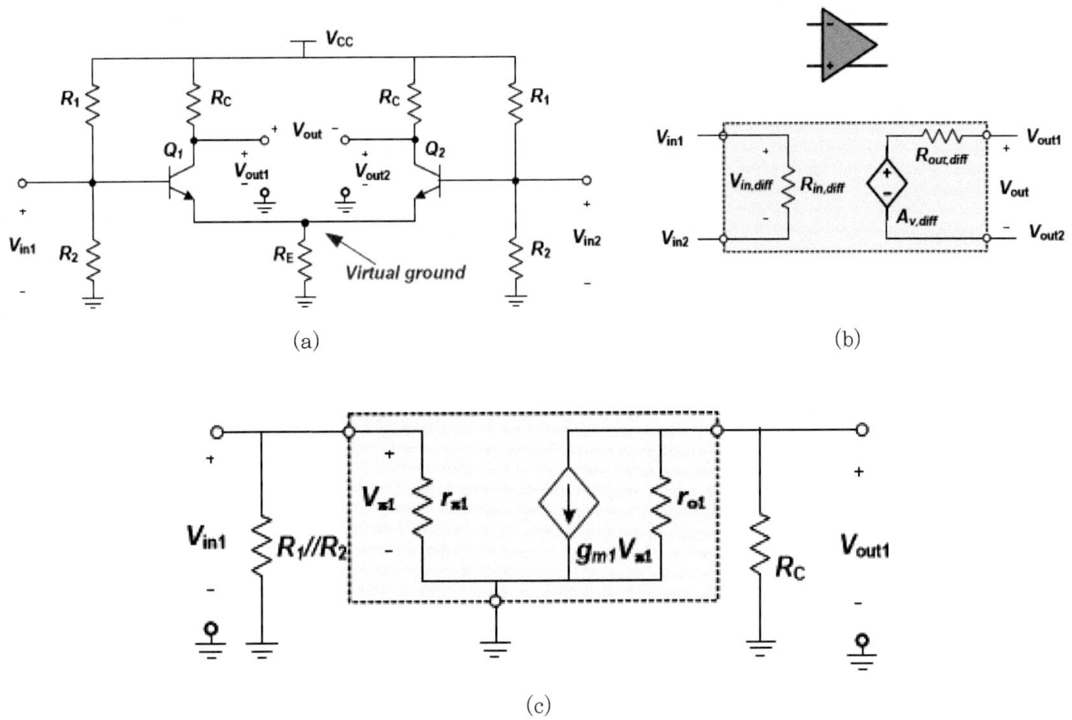

| 그림 10.5 | (a) 입출력이 모두 differential인 차동 증폭기, (b) 소신호 등가회로, (c) 절반회로의 소신호 등가회로

위의 소신호 등가회로를 해석하여 증폭기의 이득을 구해보자. 소신호 입력전압($v_{in,diff}$)으로부터 컬렉터의 소신호 출력전압(v_{out})의 비로 전압이득을 구하는데, 식 (10.10)에 정의되어 있다. 식 (10.11)에서, 종속 전류($g_{m1}v_{in1}$, $g_{m2}v_{in2}$)로부터 식 (10.12)와 같은 출력전압(v_{out})를 구할 수 있다. 식 (10.13)에서, differential 입력($v_{in,diff}$)을 각 단자의 전압(v_{in1}, v_{in2})으로부터 표현할 수 있다. 식 (10.10) ~ 식 (10.13)를 식 (10.14)에 대입하여 전압이득을 구할 수 있다.

$$A_{v,diff} = \frac{v_{out}}{v_{in,diff}} \tag{10.10}$$

$$v_{out1} = -g_{m1}v_{in1}(R_C \parallel r_o),\ v_{out2} = -g_{m2}v_{in2}(R_C \parallel r_o) \tag{10.11}$$

$$v_{out} = v_{out1} - v_{out2} = -2g_{m1}v_{in1}(R_C \parallel r_o) \tag{10.12}$$

$$v_{in,diff} = v_{in1} - v_{in2} = 2v_{in1}, \because v_{in2} = -v_{in1} \tag{10.13}$$

$$A_{v,diff} = \frac{v_{out}}{v_{in,diff}} = -g_{m1}(R_C \| r_o) \tag{10.14}$$

v_T와 i_T를 그림 10.6(a)와 같이 연결하고, 두 전압과 전류사이의 관계식을 구하면 아래와 같은 결과를 얻을 수 있다. v_T와 i_T를 그림 10.6(b)와 같이 연결하고, 전압과 전류사이의 관계식을 구하면 출력임피던스 얻을 수 있다.

$$R_{in,diff} = \frac{v_T}{i_T} = 2(r_{\pi 1} \| R_1 \| R_2) \tag{10.15}$$

$$R_{out,diff} = \frac{v_T}{i_T} = 2(R_C \| r_{o1}) \tag{10.16}$$

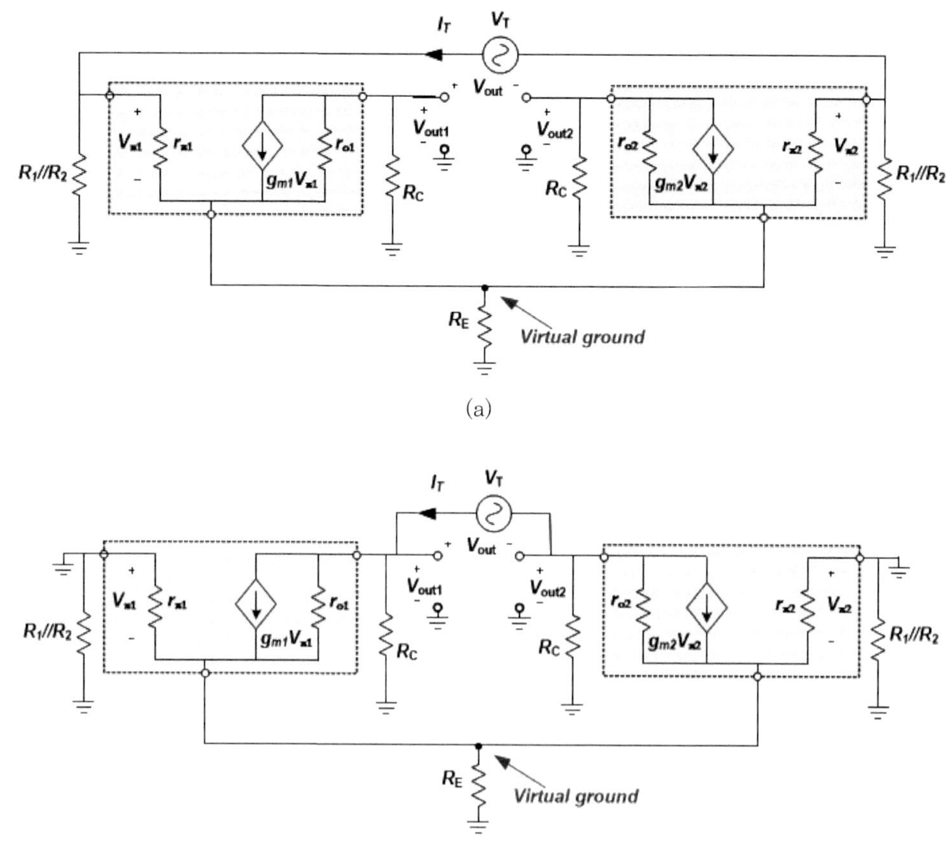

(a)

(b)

| 그림 10.6 | (a) 입력임피던스를 구하는 회로, (b) 출력임피던스를 구하는 회로

그림 10.5회로의 소신호 등가회로를 구성하고 있는 각각의 값은 식 (10.14) ~ (10.16) 으로 부터 구해졌다. 식들의 결과값을 이용해서 그림 10.4회로의 소신호 등가회로를 다시 그리면, 그림 10.7과 같이 된다.

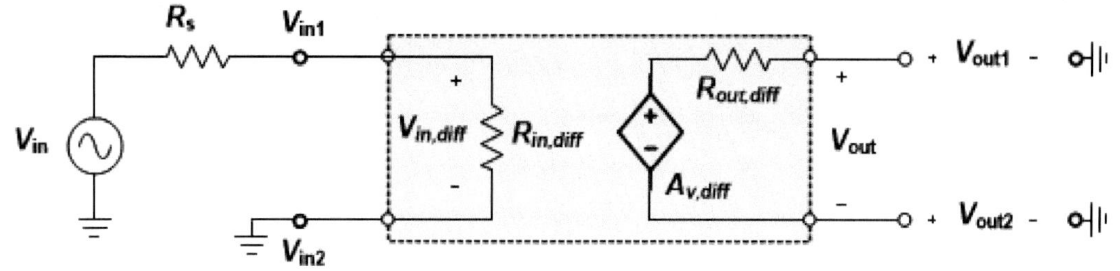

| 그림 10.7 | 차동 증폭회로의 소신호 등가회로

소신호 입력전압(v_{in})으로부터 소신호 출력전압(v_{out})의 비로 전압이득을 구하는데, 식 (10.17)와 같이 표현할 수 있다.

$$A_v = \frac{v_{out}}{v_{in}} = \frac{v_{in,diff}}{v_{in}}\frac{v_{out}}{v_{in,diff}} = \frac{R_{in,diff}}{R_s + R_{in,diff}}A_{v,diff} = \frac{2(r_{\pi 1} \parallel R_1 \parallel R_2)}{R_s + 2(r_{\pi 1} \parallel R_1 \parallel R_2)}(-g_{m1}(R_C \parallel r_o)) \tag{10.17}$$

교류전원의 일부인 전원 저항(R_s)을 제외하고, 입력임피던스는 네모상자내부 증폭기의 입력임피던스($R_{in,diff}$)와 같음을 알 수 있다. 출력임피던스는 네모상자내부 증폭기의 출력임피던스($R_{out,diff}$)와 같음을 알 수 있다.

$$R_{in} = R_{in,diff} = 2(r_{\pi 1} \parallel R_1 \parallel R_2) \tag{10.18}$$

$$R_{out} = R_{out,diff} = 2(R_C \parallel r_{o1}) \tag{10.19}$$

2.2 회로 시뮬레이션

그림 10.8(a)회로의 DC 시뮬레이션을 하면, Q_1과 Q_2의 컬렉터의 각각의 전류가 1mA 가 흐른다는 것을 알 수 있다. 그림 10.8(b)는 transient 시뮬레이션결과이고, 각 단자의 전압(v_{out1}과v_{out2})을 시간축으로 보여주고 있다. 그림 10.8(c)는 transient 시뮬레이션결

과이고, 출력전압을 차동전압($v_{out1} - v_{out2}$)을 시간축으로 보여주고 있다. 그림 10.8(b)로부터, 입력교류신호의 주파수를 10kHz에, 크기를 50mVp에 설정했을 때, 각 출력(v_{out1}과v_{out2})의 교류 신호 크기가 약 525mVp로 나온다는 것을 알 수 있다. 그리고, 각 출력들은 위상이 180도 차이가 남을 알 수 있다. 그림 10.8(c)로부터, 출력단자의 신호의 차동 전압($v_{out1} - v_{out2}$)의 교류 신호가 약 1081mVp이므로, 이득이 -21.6V/V임을 알 수 있다.

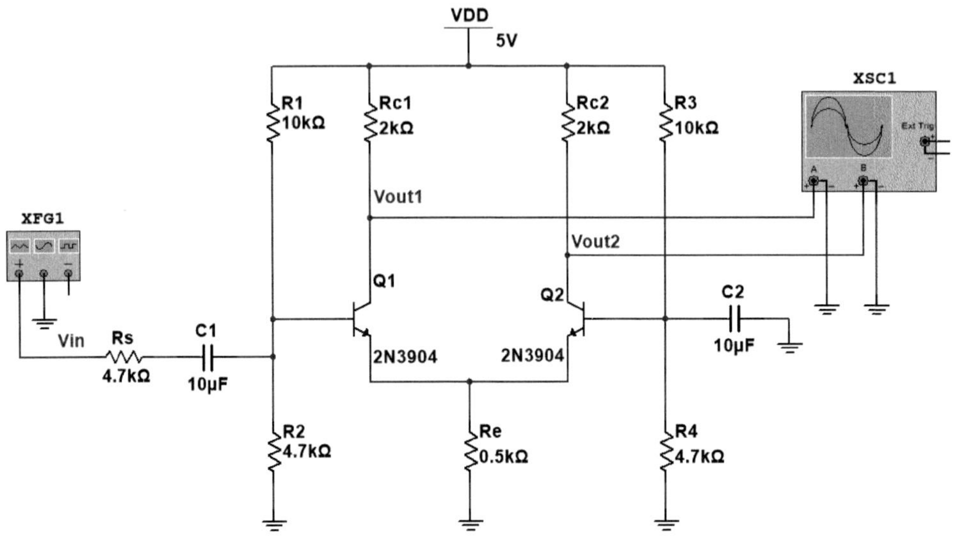

(a)

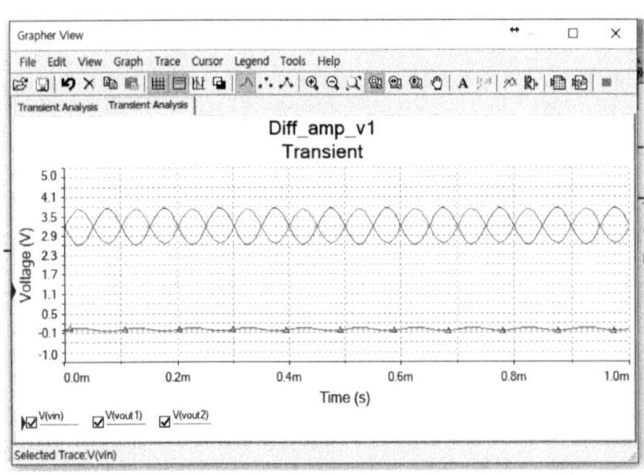

(b)

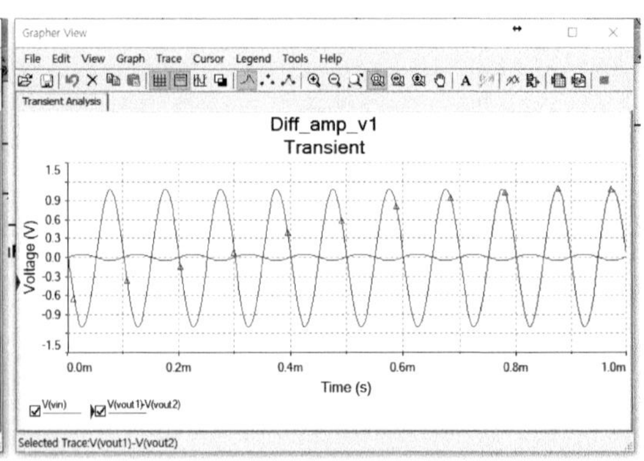

(c)

| **그림 10.8** | 차동 증폭회로의 소신호 등가회로의 시뮬레이션회로도 및 결과: (a) 다단증폭기의 회로도, (b) v_{out1}과 v_{out2}의 파형, (c) $v_{out1} - v_{out2}$의 파형

3 사용 계기 및 부품

- DC power supply, 디지털 멀티미터, 오실로스코프, 함수발생기
- 2N3904(NPN) 2개, 2N3906(PNP) 2개
- 저항 : 600Ω 2개, 1kΩ 2개, 4.7kΩ 3개, 10kΩ 2개
- capacitor : 10μF 2개
- 브레드 보드, 전선 및 리드선

4 실험 방법

A. 차동 증폭회로

(1) 그림 10.9 회로를 결선하고, collector current(I_C)가 각각의 NPN BJT에 1mA가 흐르는지 확인한다. BJT의 각 노드의 전압과 전류를 측정하여 표 10.1에 결과를 기록한다. chapter 6장의 실험결과로부터, 컬렉터 전류(I_C)가 약 1mA일 때의 I_S와 β를 계산으로 얻을 수 있고, 표 10.1의 이론결과를 채우시오.

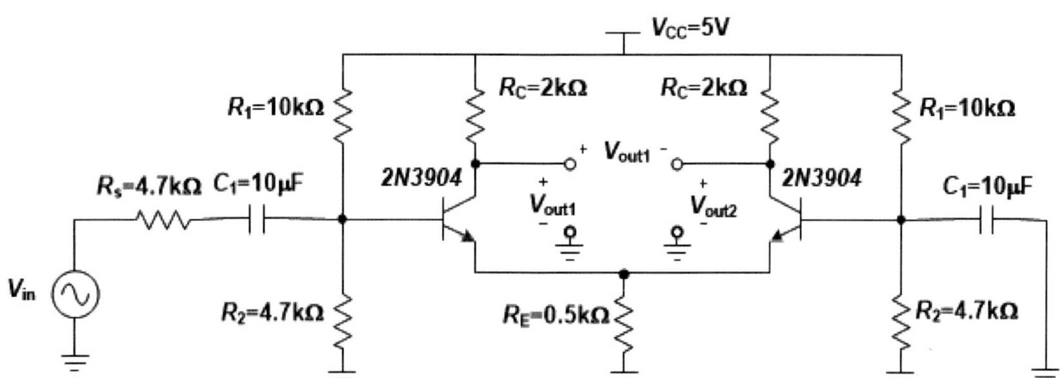

| 그림 10.9 | 차동 증폭회로

| 표 10.1 | DC 바이어스의 실험 결과

	측정결과	이론결과
V_{B1}[V]		
V_{E1}[V]		
I_{C1}[mA]		
V_{C1}[V]		
V_{CE1}[V]		
V_{B2}[V]		
V_{E2}[V]		
I_{C2}[mA]		
V_{CE2}[V]		

(2) 입력으로 C_1 capacitor에 50mVp 크기, 10kHz의 주파수를 가지는 sine wave를 입력으로 가한다. 입력파형과 출력파형을 오실로스코프로 확인한다. 입력전압 및 출력전압을 측정하여 표 10.2에 결과를 기록한다. chapter 6장의 실험결과로부터, 컬렉터 전류(I_C)가 약 1mA일 때의 소신호모델(g_m, r_π, r_o)을 이용해서, 표 10.2의 계산 이득값을 구한다.

(3) 그림 10.9는 NPN 트랜지스터를 사용한 차동 증폭기를 실험하기 위한 회로인데, 이 회로도를 참고하여 PNP 트랜지스터로 변경실험하기 위한 회로도 그리시오. 실험 (1) ~ (3)까지의 실험과정을 반복하고, 표 10.1과 표 10.2에 결과를 기록한다.

| 표 10.2 | 차동증폭기 실험 결과

	실험조건	V_{in}[Vpp]	V_{out1}[Vpp]	V_{out}[Vpp]	측정이득 [v/v]	계산이득 [v/v]
(2)						

CHAPTER

11 MOSFET의 특성 및 바이어스 회로

1 실험 목적

(1) MOSFET의 특성을 익힌다.

(2) MOSFET의 동작을 위한 바이어스 회로의 특성을 이해하고 설계한다.

2 이론적 배경

2.1 MOSFET

MOSFET (Metal Oxide Semiconductor Field Effect Transistor)는 실리콘 반도체와 유전물질 SiO_2로 격리된 Gate 단자에 전압 (V_{GS})을 가하면 기판으로 사용하는 p-형 반도체의 다수 캐리어인 정공을 아래로 밀어내어 실리콘 반도체에 전하가 이동할 수 있는 채널을 생성한다. p-형 반도체의 다수 캐리어가 정공임에도 불구하고 자유전자가 채널을 형성하므로 Inversion layer 또는 Inverted channel이라고도 한다. 이때 Body 단자와 Source 단자 사이에 p-n 접합이 생성되어 전류가 흐를 가능성이 있으므로 주로 Source 단자는 Body 단자와 공통으로 0 V의 전위로 연결한다. 이렇게 생성된 채널을 통하여 Drain 단자와 Source 단자 사이에 전압 (V_{DS})을 가하면 Source 단자 아래에 있는 자유전자를 당기는 힘이 발생하여 이 자유전자가 생성된 채널을 통하여 이동하므로 V_{GS}의 크기에 따라서 Drain과 Source 사이에 흐르는 전류의 양을 조절할 수 있게 되고 Drain에 연결된 저항을 통하여 전압을 증폭한다. 그림 11.1에서는 실리콘 기반의 p-형 반도체 기판에 Gate, Drain 및 Source 단자를 구성하고 Gate 단자 밑에 SiO_2를 Drain 및 Source 단자 밑에 n-형 반도체를 배치하여 구성한 MOSFET의 3D 구조도를 나타내었고, 이러한 MOSFET의 단면도를 그림 11.2에 나타내었다. p-형 반도체 기판에 채널을 형성하고 이 채널을 통하여 음전하(자유전자)를 이동하는 과정은 그림 11.3에 나타내었다. 자유전자에 의하여 음전하가 이동하는 MOSFET는 N-Channel 또는 NMOS FET라 하며 이와 반대로 n-형 기판에서 정공 (hole)이 이동하는 현상을 이용하는 MOSFET는 P-Channel 또는 PMOS FET라 한다. 이와 관련하여 그림 11.4에 P-Channel FET를 나타내었다. NMOS FET와 완전 반대로 Gate 단자의 전위 보다 Source 단자의 전위를 높게 하여 V_{SG}를 가하면 n-형 기판에 있는 자유전자는 기판 아래로 향하게 되고 정공에 의한 채널이 형성되어 Source 단자와 Drain 단자 사이에 V_{SD} 전압을 가한다면 Drain 단자 아래에 있는 정공이 채널을 따라 이동하게 되어 전류가 흐른다.

이러한 NMOS 및 PMOS FET를 기호로 그림 11.5에 나타내었으며 Gate 아래에 점선으로 나타낸 부분은 Gate에 전압을 가하지 않은 초기 상태에서는 채널이 형성되지 않고 있음을 나타내며 화살표는 자유전자의 움직임을 나타내고 있다. NMOS FET에서는 p-형 반도체 기판의 소수 캐리어인 자유전자가 유전물질 아래 쌓이는 현상을 나타내고 있는데, 이러한 기호는 전류의 흐름을 나타내지 못하고 있기 때문에 주로 사용하는 기호는 그림 11.6에 보이는 것과 같다. 여기서 화살표의 방향은 전류의 흐름을 나타내며 화살표가 있는 단자는 Source 단자이다.

Gate 단자에 전압을 가하면 채널이 형성되며 이 채널이 형성되기 시작하는 전압을 문턱 전압 (Threshold voltage)이라 하고 V_t로 표기한다. NMOS FET에서는 Gate 단자에 문턱 전압 이상을 가하면 채널이 형성되고 Drain과 Source 단자 사이에 전압 (V_{DS})을 가하면 Drain 단자가 Source 단자 대비 상대적으로 높은 전위를 보이므로 채널에 있는 자유전자를 잡아당기게 되어 그림 11.7과 같이 채널이 줄어들게 된다. 채널의 맨 오른쪽 끝에 있는 형태가 점점 줄어들어서 하나의 점이 되는 순간을 Pinch-off라 하며 Pinch-off가 되기 전까지를 Triode 영역이라 하고, Pinch-off 이후에도 Drain 전압을 계속 증가시키면 채널이 완전히 끊어지게 된다. 채널의 오른쪽 끝이 Drain과 끊어져도 끊어진 길이가 채널길이에 비해 매우 짧고, 채널의 오른쪽에 있는 자유전자를 Drain으로 이동시킬 수 있는 정도의 전위차가 끊어진 공간에 형성된다. 이로 인하여 발생하는 매우 큰 전기장의 세기로 인하여 채널이 형성되어 있지 않아도 자유전자가 Drain 단자로 이동할 수 있게 된다. Pinch-off 전압보다 더 큰 전압을 가하여 매우 큰 전기장의 힘으로 끊어진 채널의 자유전자를 끌어당기면, Drain 단자에 가하는 전압을 계속 증가시켜도 채널의 길이가 매우 길면 이동하는 자유전자의 양은 거의 변하지 않게 되므로 전류도 거의 일정하게 유지가 된다. 이렇게 전류가 일정하게 동작하는 모드를 Saturation (포화) 영역이라 일컫는다.

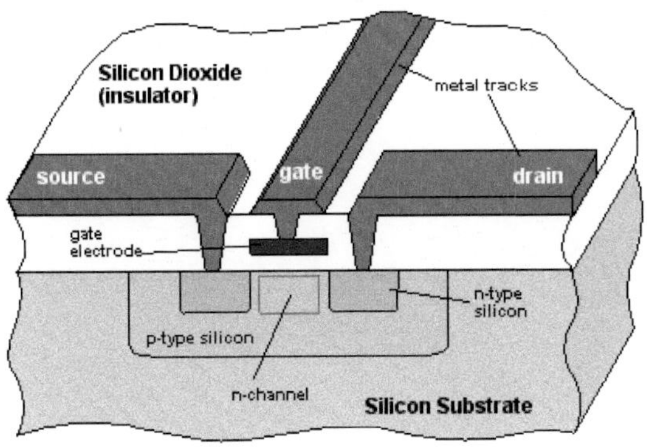

| 그림 11.1 | N Channel MOSFET의 3D 그림

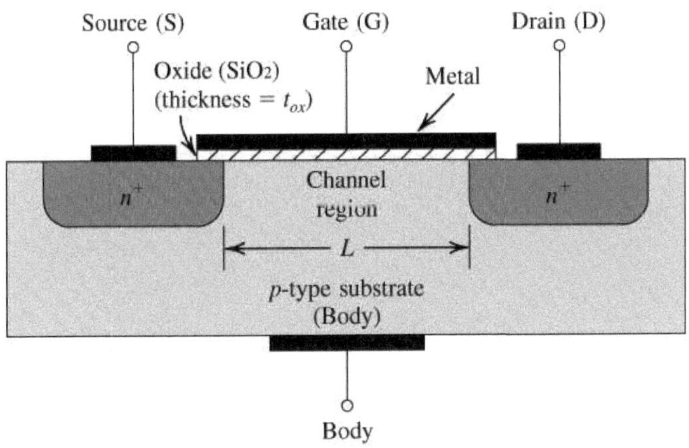

| 그림 11.2 | N Channel MOSFET의 단면도

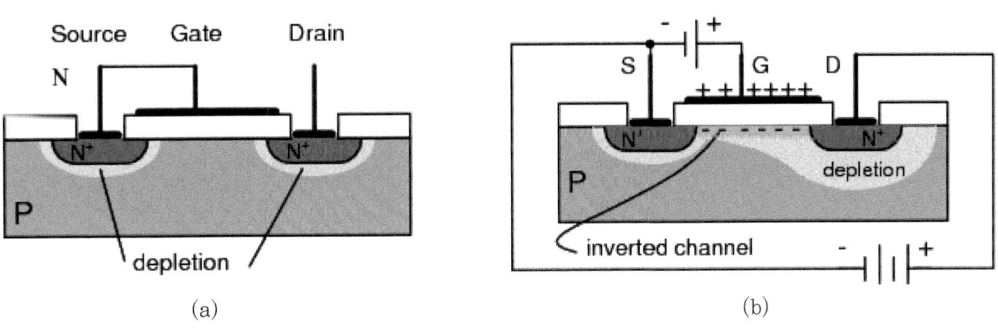

| 그림 11.3 | N Channel MOSFET의 채널 형성 과정 및 전압인가의 예

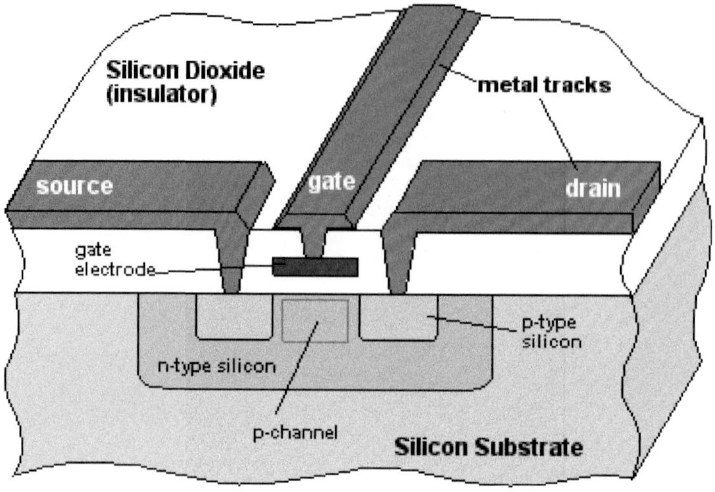

| 그림 11.4 | P-Channel MOSFET의 3D 구성도

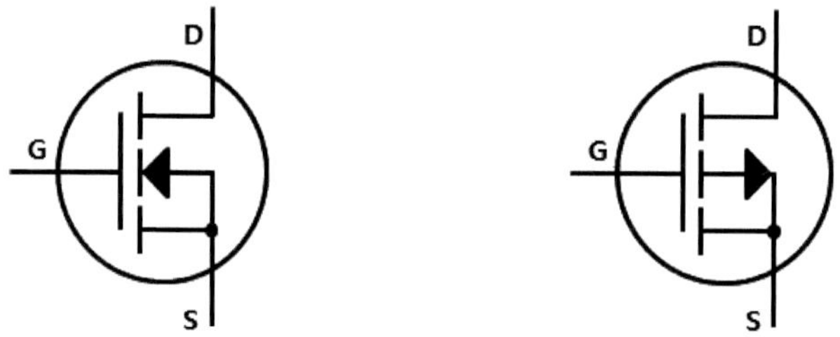

| 그림 11.5 | MOSFET의 기호 (왼쪽: NMOS, 오른쪽: PMOS)

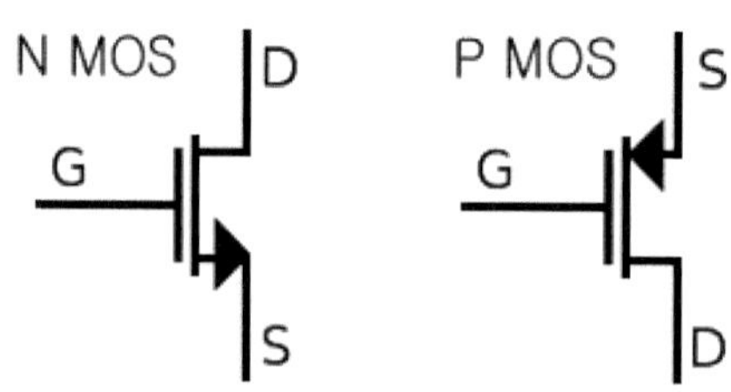

| 그림 11.6 | MOSFET의 간략화된 기호

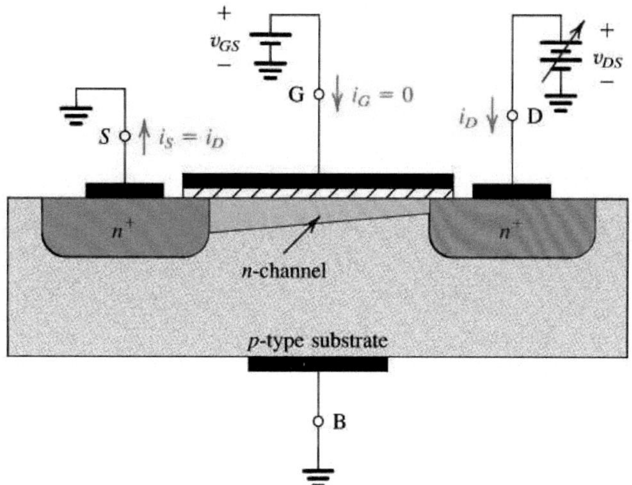

| 그림 11.7 | NMOS FET의 채널 변화 ($V_{DS} > 0$)

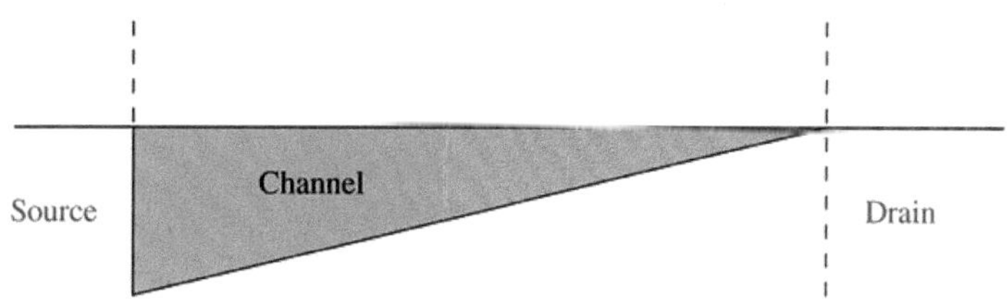

| 그림 11.8 | 채널 Pinch-off

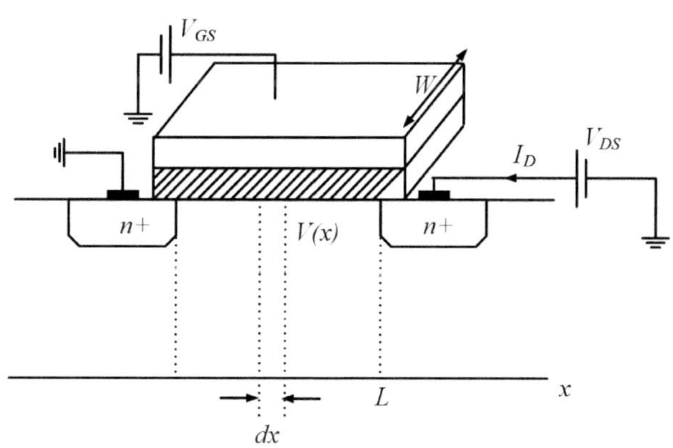

| 그림 11.9 | MOSFET의 채널의 한 지점에서 전위

V_{DS}의 크기가 작을 때에는 채널이 아직 Pinch-off 되어 있지 않으므로, 전압의 크기 (V)를 증가시키면 Drain이 끌어당기는 자유전자의 양이 비례적으로 늘어나서 Drain 전류 (I_D)는 전하량과 전자의 이동속도에 비례하여 증가한다. 여기에서 μ_n은 전자의 이동

도를, C_{ox}는 유전물질의 Capacitance를, W/L는 Aspect ratio (= 채널의 폭과 길이의 비)를 나타낸다. 전자의 이동 속도 (*v*)는 채널과 기판 사이의 전기장의 세기 E에 식 (11.1)과 같이 비례하여 나타낼 수 있고, 채널을 통과하는 Drain 전류 (I_D)는 전하량×속도를 이용하여 식 (11.2)와 같이 표현할 수 있다. 여기에서 $V(x)$는 그림 11.9에 나타낸 것과 같이 채널의 임의의 지점에서 전위를 말한다.

$$v = -\mu_n E = +\mu_n \frac{dV}{dx} \tag{11.1}$$

$$I_D = Qv = WC_{ox}[V_{GS} - V(x) - V_t]\mu_n \frac{dV}{dx} \tag{11.2}$$

Darin 전류를 채널의 종단 (Drain 및 Source) 전압으로 나타내기 위하여 식 (11.2)의 양변을 적분하면 식 (11.3)과 같이 된다.

$$\int_{x=0}^{x=L} I_D dx = \int_{V(x)=0}^{V(x)=V_{DS}} \mu_n C_{ox} W[V_{GS} - V(x) - V_t] dV \tag{11.3}$$

이를 정리하면 식 (11.4)와 같이 나타낼 수 있으며, $V_{DS} = V_{GS} - V_t$일 때 최댓값이 되며 이때의 전류 (I_D)는 식 (11.5)와 같이 된다. Pinch-off가 된 후에는 끊어진 채널에서 채널이 없는 공간을 뛰어넘는 전자의 양은 정해져 있으므로 식 (11.5)의 값으로 계속 유지된다.

$$I_D = \frac{1}{2}\mu_n C_{ox}\frac{W}{L}\{2(V_{GS} - V_t)V_{DS} - V_{DS}^2\} \tag{11.4}$$

$$I_D = \frac{1}{2}\mu_n C_{ox}\frac{W}{L}(V_{GS} - V_t)^2 \tag{11.5}$$

Drain 전류를 V_{DS}에 대하여 그래프로 나타내면 그림 11.10과 같다. 여기에서 $V_{OV} = V_{GS} - V_t$로써 Pinch-off가 일어나는 전압과 같으며 또한 Overdrive 전압이라 불리고 이는 채널의 Drain 쪽의 두께가 0이 되는 전압을 일컫는다. 그러나 반도체 공정 기술의 발전으로 인하여 채널의 길이 (L)가 수십 나노미터 이하로 짧아짐에 따라서

Channel length modulation이 발생하고 이를 반영한 Drain 전류는 식 (11.6)과 같이 표현할 수 있다. 여기서 λ는 Channel length modulation parameter이다. 이를 그래프로 나타내면 그림 11.11과 같이 된다.

$$I_D = \frac{1}{2}\mu_n C_{ox}\frac{W}{L}(V_{GS} - V_t)^2(1 + \lambda V_{DS}) \tag{11.6}$$

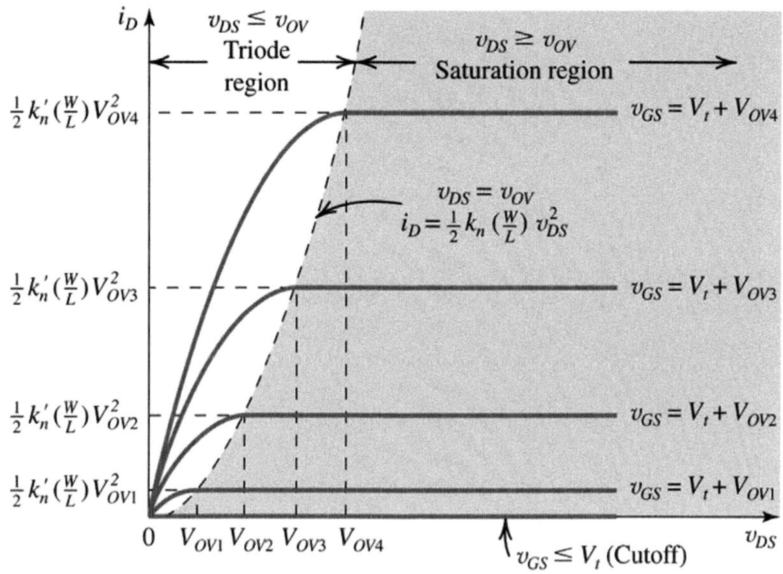

| 그림 11.10 | Triode 및 Saturation 영역에의 I_D의 변화

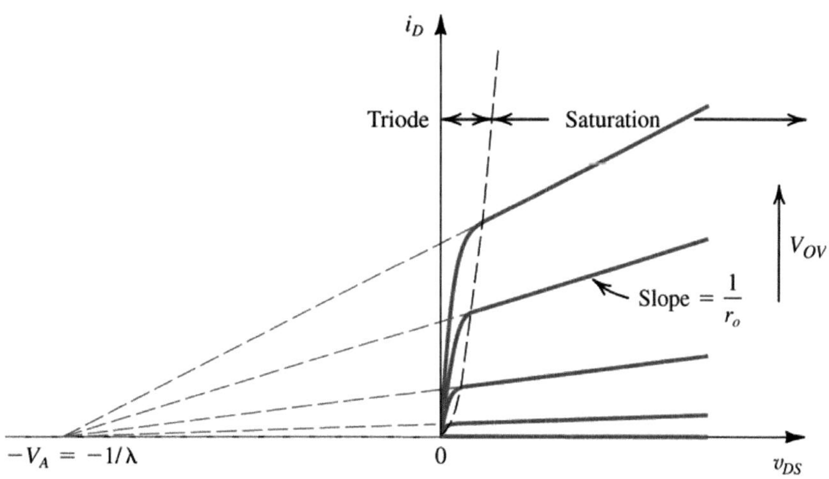

| 그림 11.11 | Channel length modulation을 반영한 I_D의 변화

지금까지 언급한 것과 같이, MOSFET를 동작시키기 위하여서는 V_{GS}를 V_t 보다 크게 인가하여 Channel을 형성한 후 V_{DS}를 가하여 Saturation 영역에 존재하도록 바이어스 회로를 만들어야 한다. 매우 작은 교류입력을 Gate 단자에 직류 V_{GS}와 함께 인가하여 Drain 단자에서 교류 증폭된 신호를 출력하고자 하는 증폭기 회로에 MOSFET를 사용하는 경우에는 출력 단자에서 전압 스윙이 최대가 되어야 하므로 항상 Saturation 영역에서 동작하도록 바이어스 회로를 설계하여야 한다. 이러한 바이어스 회로를 설계하기 위한 방식으로는 저항에 의한 전압분배 방식과 정전류원을 사용하는 방식으로 주로 나뉘며 이를 그림 11.12에 나타내었다.

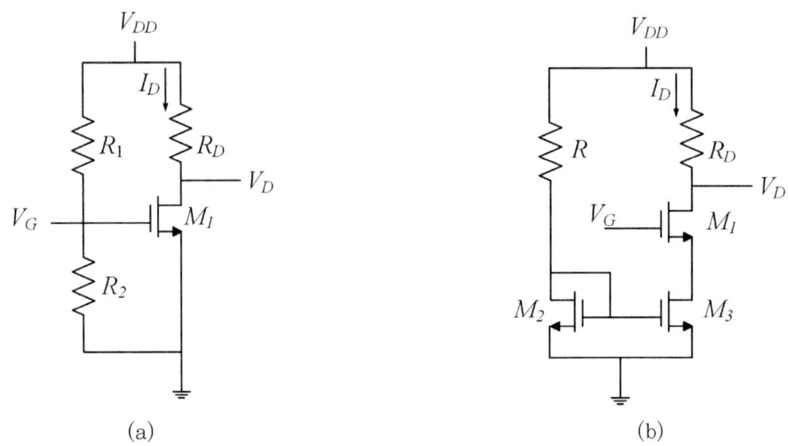

| **그림 11.12** | (a) 전압분배 방식과 (b) 정전류원 방식의 바이어스 회로

Saturation 영역에서 동작시키기 위한 바이어스 회로를 설계하기 위하여서는 그림 11.12(a)의 전압분배 방식을 이용하는 경우, R_1과 R_2를 사용하여 V_{GS}를 결정하고 이 V_{GS}에 의하여 I_D가 결정된다. 그리고 이 I_D는 M_1을 따라서 흐르기 때문에 식 (11.7)을 만족하는 데 부하저항 R_D를 결정하게 되므로 이를 Load line이라 한다.

$$V_{DD} - I_D R_D = V_{DS}$$
$$I_D = \frac{V_{DD}}{R_D} - \frac{V_{DS}}{R_D} \tag{11.7}$$

부하 저항 R_D는 이 Load line과 Transistor의 전류-전압 특성이 교차하는 지점을 선택하여 적당히 선택할 수 있다. 이를 그림 11.13에 나타내었다. 그림 11.13에 나타난 것과 같이 부하저항 R_D에 의하여 기울기가 결정되므로 출력에서 파형의 일그러짐 없이 전압의 스윙을 최대로 보장하는 지점인 Q 점에서 바이어스 되게끔 선택하면 된다.

그림 11.12(b)의 바이어스 방식은 전류거울 (Current mirror)에 의한 정전류를 공급하는 방식으로써 전압분배 방식보다 훨씬 정밀한 전류를 만들어 낼 수 있는 장점을 가지고 있는 데, M_2가 생성하는 Drain 전류를 M_3로 복사하여 (M_2의 V_{GS}와 M_3의 V_{GS}가 동일하므로) 다음과 같이 식 (11.5)의 I_D로 만든다. 한편 부하 저항 R_D에 의하여 M_1이 Saturation 영역에 존재하도록 하고, 식 (11.9)와 같이 나타낼 수 있다. 그런데 여기서 M_3의 V_{DS3}는 M_3가 Saturation에 있도록 조정하여야 하며, M_1 또한 V_G의 크기를 적당히 조정하여 Saturation에 있도록 하되, 그림 11.13과 같은 Load line 해석을 사용하여도 된다.

$$V_{DD} = IR + V_{GS2}$$
$$I = \frac{V_{DD} - V_{GS2}}{R} = I_D \qquad (11.8)$$

$$V_{DD} = I_D R_D + V_{DS1} + V_{DS3}$$
$$I_D = \frac{V_{DD} - V_{DS1} - V_{DS3}}{R_D} \qquad (11.9)$$

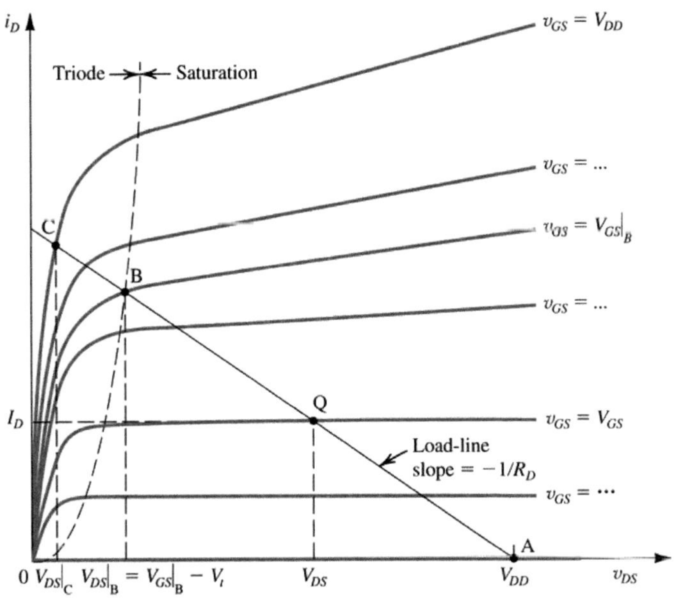

| 그림 11.13 | Load line 해석에 의한 부하저항 결정

2.2 회로 시뮬레이션

(1) MOSFET 특성 분석

MOSFET의 특성을 분석하기 위한 회로가 그림 11.14에 나타나 있다. 이 회로를 멀티심으로 시뮬레이션하기 위한 회로는 그림 11.15에 나타나 있으며 Gate 전압이 2.1 V일 때 Drain 저항 1 kΩ을 연결한 후에 Drain에 공급하는 전압을 변경시켜 가면서 Drain에 흐르는 전류의 변동결과를 계산하거나 직접 전원과 Drain 사이에 전류계를 설치하여 전류의 변화를 측정할 수 있다.

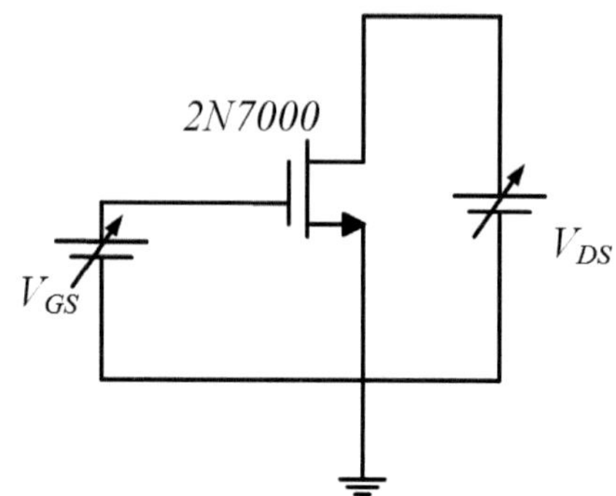

| 그림 11.14 | MOSFET의 특성 분석을 위한 회로

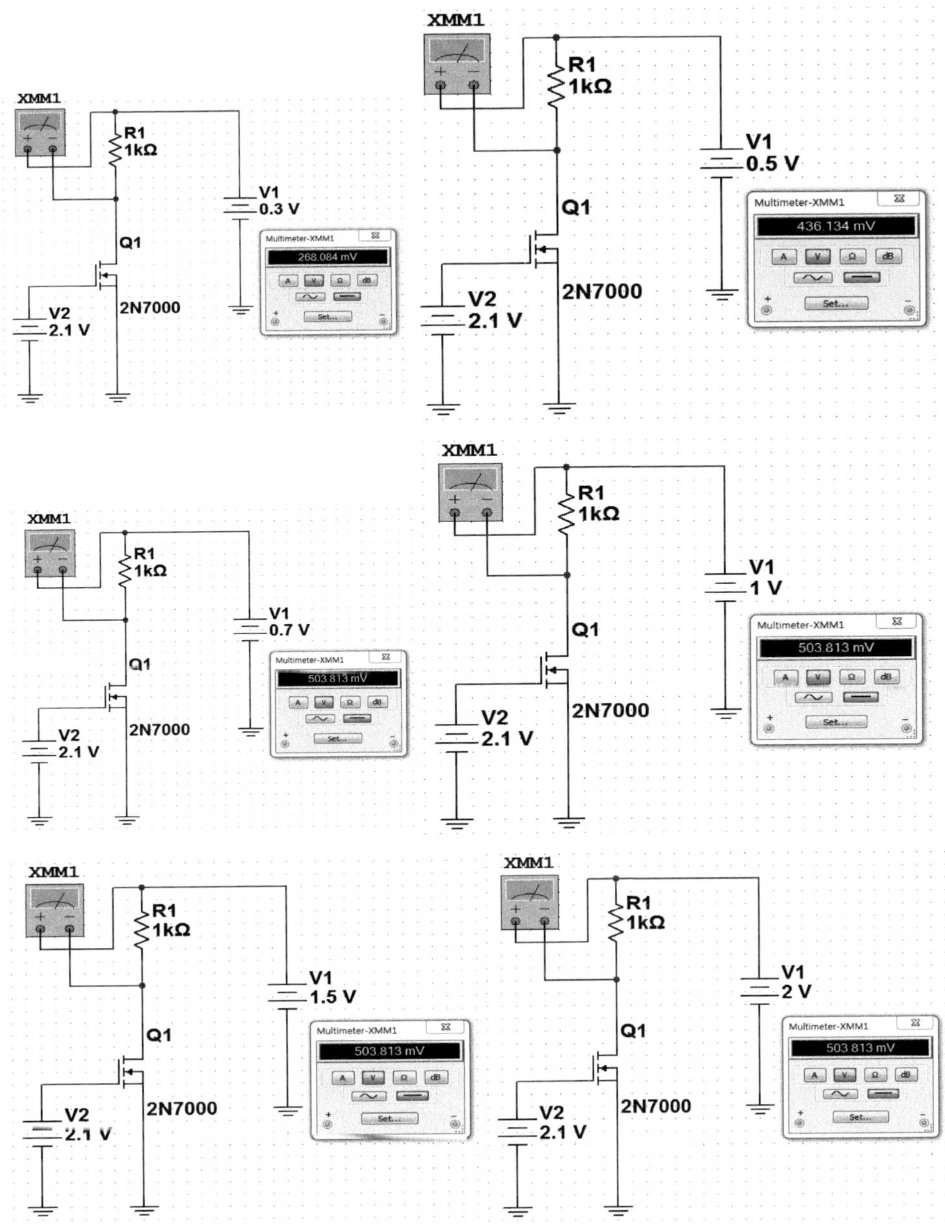

| **그림 11.15** | V_G=2.1V에서의 Drain 전류의 변화

그리고 Gate 전압을 2.2V로 증가시킨 후의 Drain에 흐르는 전류를 관찰한 결과는 그림 11.15에 나타내었다.

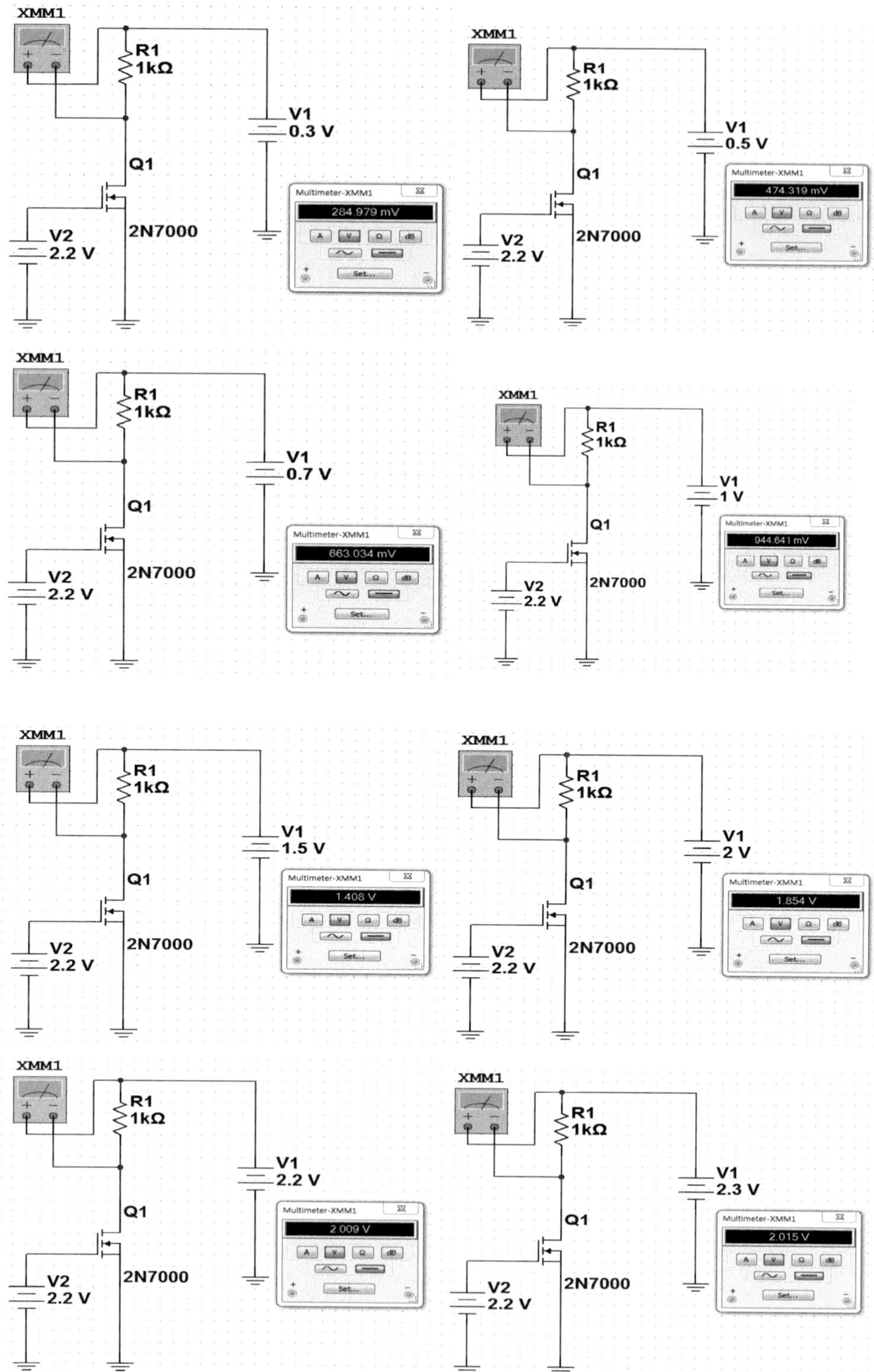

| 그림 11.16 | V_G = 2.2V일 때 Drain 전류의 변화

Gate 전압을 변경하면서 관찰한 MOSFET의 Drain 전류의 변화정도를 그림 11.17에 나타내었는데, $V_{GS}=2.2V$일 때, V_{DS}가 2.2V정도부터는 R_1에 걸리는 전압이 2.015V로 일정함을 알 수 있다. 즉, I_{DS}가 2.015mA로 일정하게 되는 것이다. $V_{GS}=2.2V$일 때 V_{DS}가 2.2V보다 작은 구간은 triode 영역, V_{DS}가 2.2V보다 큰 구간은 saturation영역임을 알 수 있다. $V_{GS}=2.1V$일 때, V_{DS}가 0.7V정도부터는 R_1에 걸리는 전압이 약 0.503V로 일정함을 알 수 있다. 즉, I_{DS}가 0.503mA로 일정하게 되는 것이다. $V_{GS}=2.1V$일 때, V_{DS}가 0.7V보다 작은 구간은 triode 영역, V_{DS}가 0.7V보다 큰 구간은 saturation영역임을 알 수 있다.

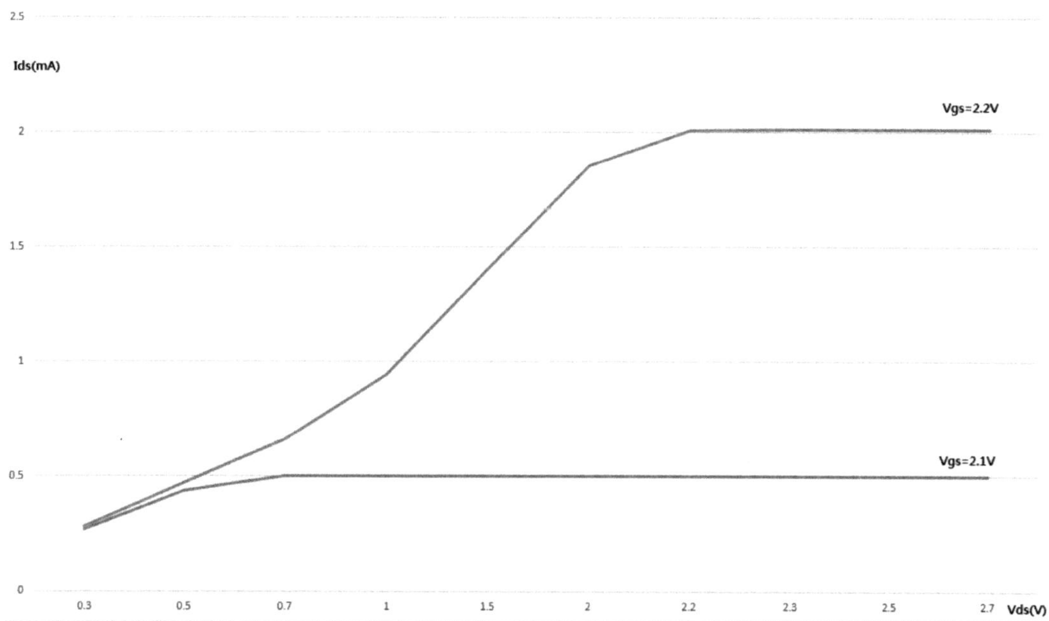

| 그림 11.17 | Gate 전압 변동에 따른 Drain 전류의 변동 결과

(2) 전압분배에 의한 바이어스 회로

그림 11.18에 MOSFET의 바이어스 회로에 많이 사용되는 전압분배에 의한 바이어스 회로를 나타내었으며, 이를 시뮬레이션하기 위한 설정은 그림 11.19에 자세히 나타내었다. V_G의 값은 V_{DD}에서 R_1과 R_2의 전압분배로 구할 수 있다. 즉, $V_G=\frac{R_2}{R_1+R_2}V_{DD}$이다. R_D에서의 전압강하가 되는 값으로 I_D의 값을 유추할 수 있다. 위의 경우

$V_G = \frac{R_2}{R_1+R_2} V_{DD}$에 의해서 V_G는 2V이다. 이때는 MOSFET에 걸리는 전압이 10V이며, R_D에는 마이크로 단위의 낮은 전압이 걸려있다. 즉, I_D가 0에 가까운 것을 알 수 있다. 이 때 Transistor는 Turn off상태이다.

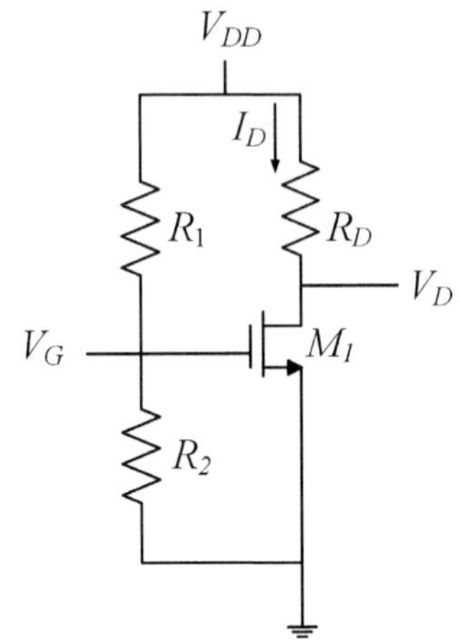

| 그림 11.18 | 전압분배에 의한 바이어스 회로 실험

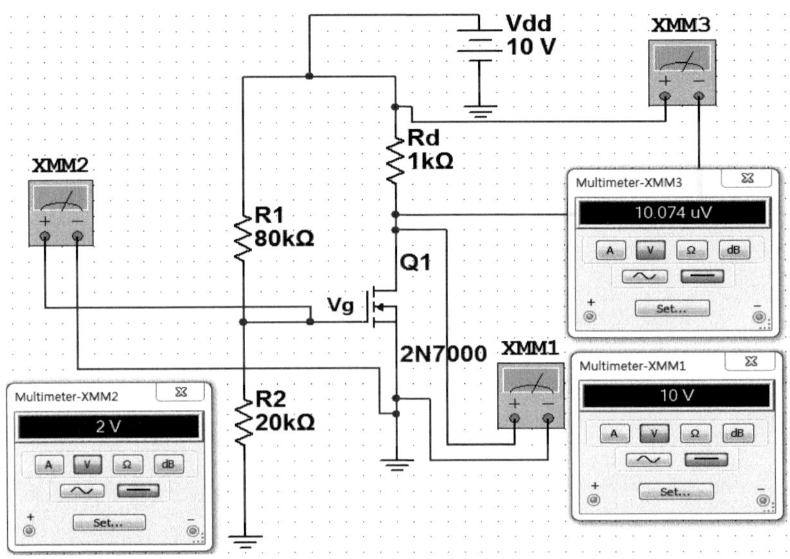

| 그림 11.19 | 전압 분배 방식의 첫 번째 바이어스 회로 시뮬레이션 환경

MOSFET의 동작을 Turn off 상태에서 깨어나게 할 필요가 있으므로 그림 11.20과 같이 시뮬레이션 환경을 수정하였으며, 여기서 V_G의 값은 V_{DD}에서 R_1과 R_2의 전압 분배

로 구할 수 있다. 즉, $V_G = \frac{R_2}{R_1 + R_2} V_{DD}$이다. R_D에서의 전압강하가 되는 값으로 I_D의 값을 유추할 수 있다. 위의 경우 $V_G = \frac{R_2}{R_1 + R_2} V_{DD}$에 의해서 V_G는 2.1V이다. 또한, I_D는 0.503mA임을 알 수 있다. 이는 앞에서 MOSFET 특성 분석에서 V_G가 2.1V일 때 흐르는 전류와 매우 유사함을 알 수 있다. 이때의 Transistor는 saturation mode이다. V_G가 2.0V, 2.1V일 때의 상황을 비교해보았을 때, Transistor의 threshold voltage는 2V와 2.1V 사이임을 알 수 있다.

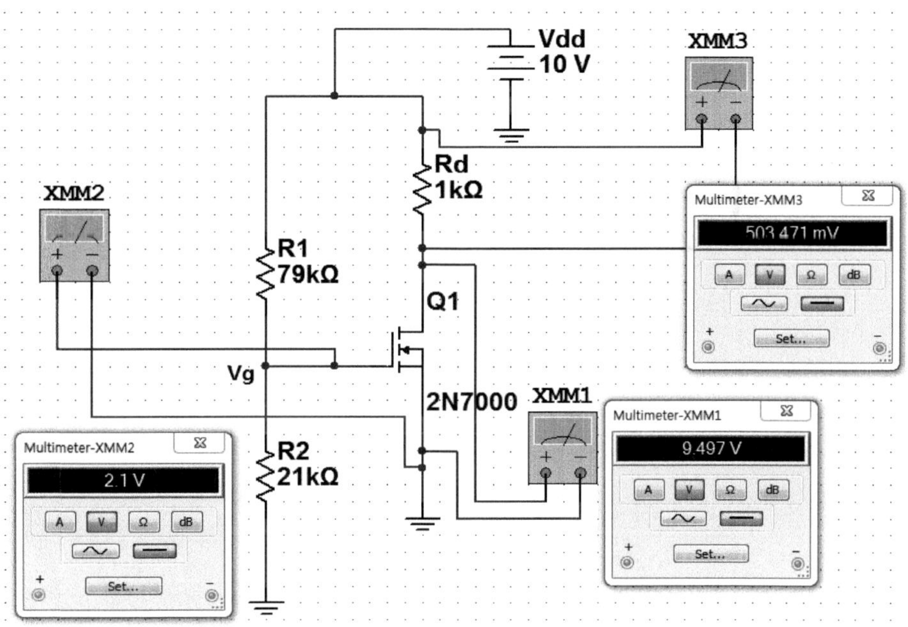

| 그림 11.20 | V_G = 2.1V로 설정한 후의 시뮬레이션 결과

Gate 전압 (V_G)을 계속 증가시키면서 관찰한 결과는 그림 11.21에서부터 11.26에 나타내었으며 Drain에 공급하는 전압을 변경시키면서 Drain에 흐르는 전류가 어떻게 변하는 지 알 수 있다.

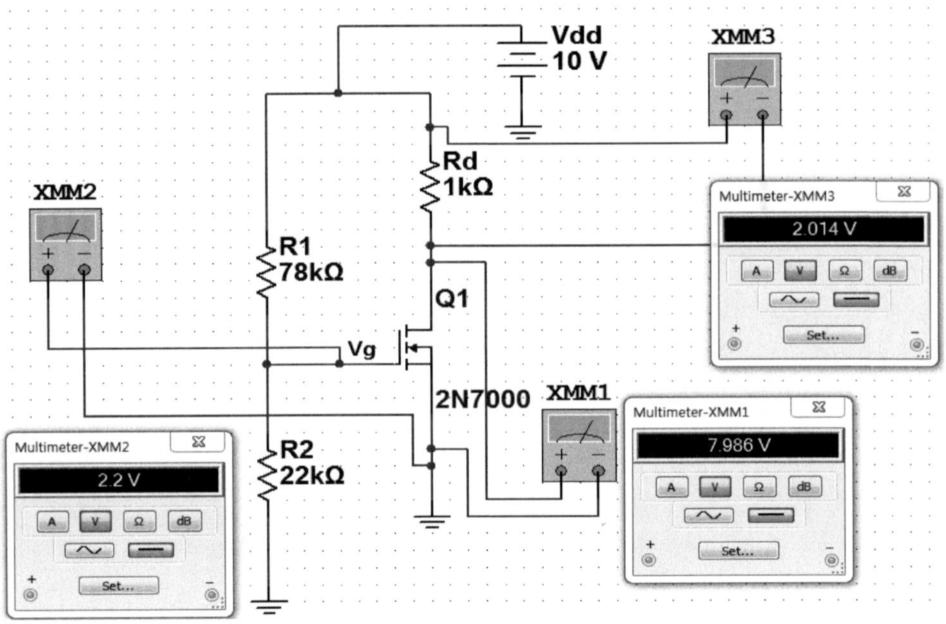

| **그림 11.21** | V_G = 2.2V일 때 시뮬레이션 회로

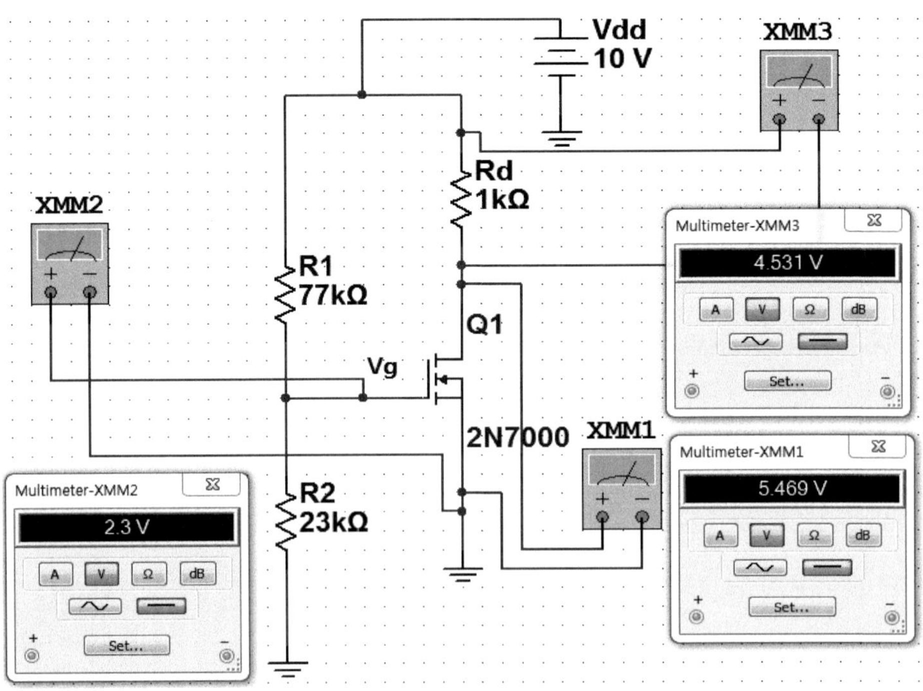

| **그림 11.22** | V_G = 2.3V일 때 시뮬레이션 회로

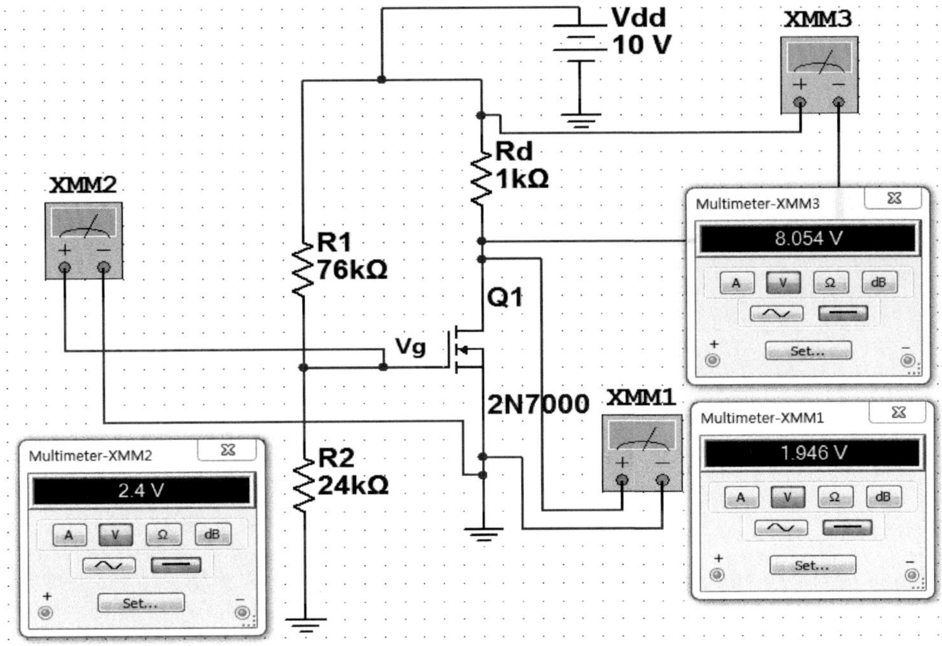

| 그림 11.23 | $V_G = 2.4$V일 때 시뮬레이션 회로

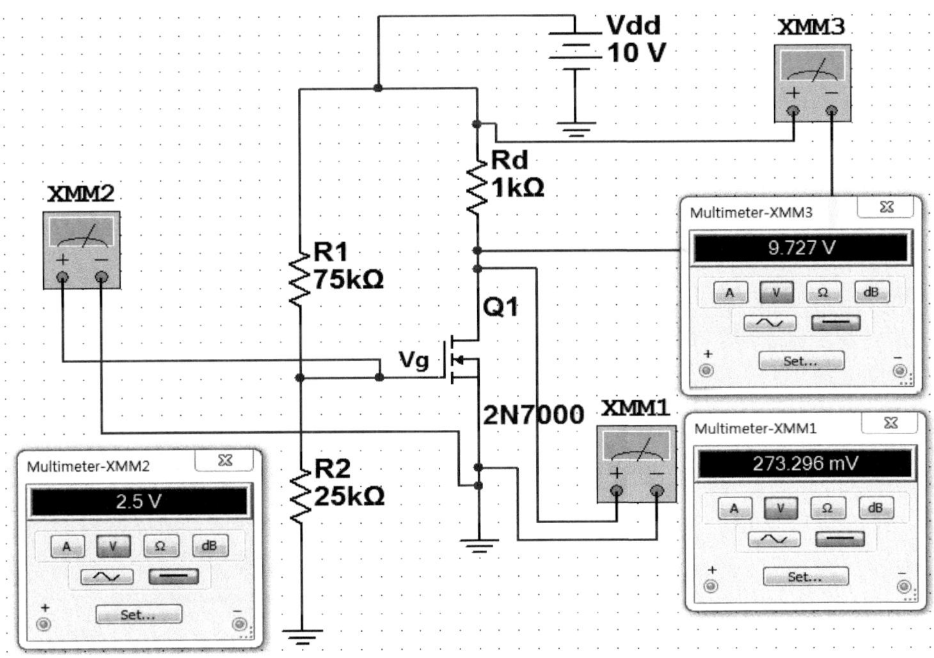

| 그림 11.24 | $V_G = 2.5$V일 때 시뮬레이션 회로

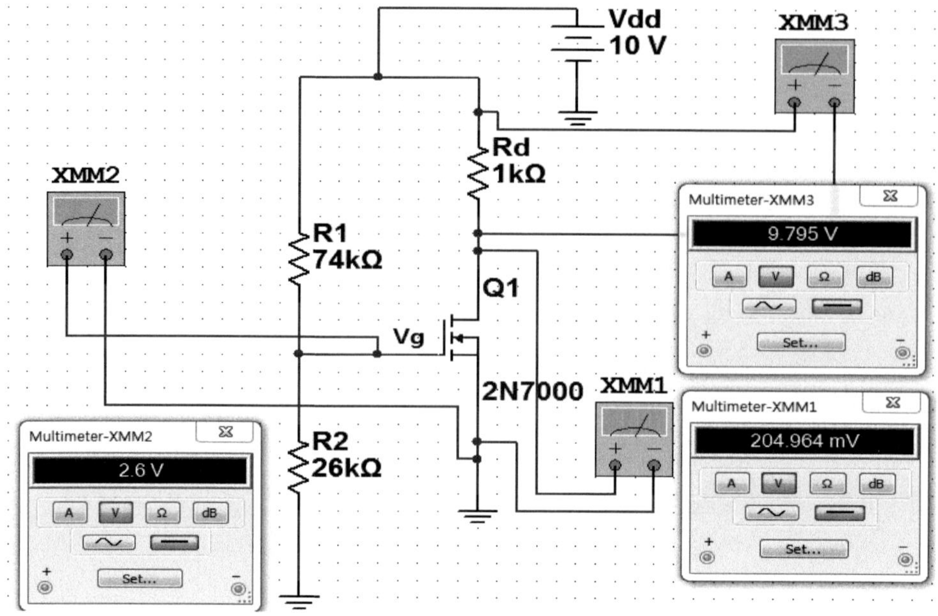

| 그림 11.25 | $V_G = 2.6V$일 때 시뮬레이션 회로

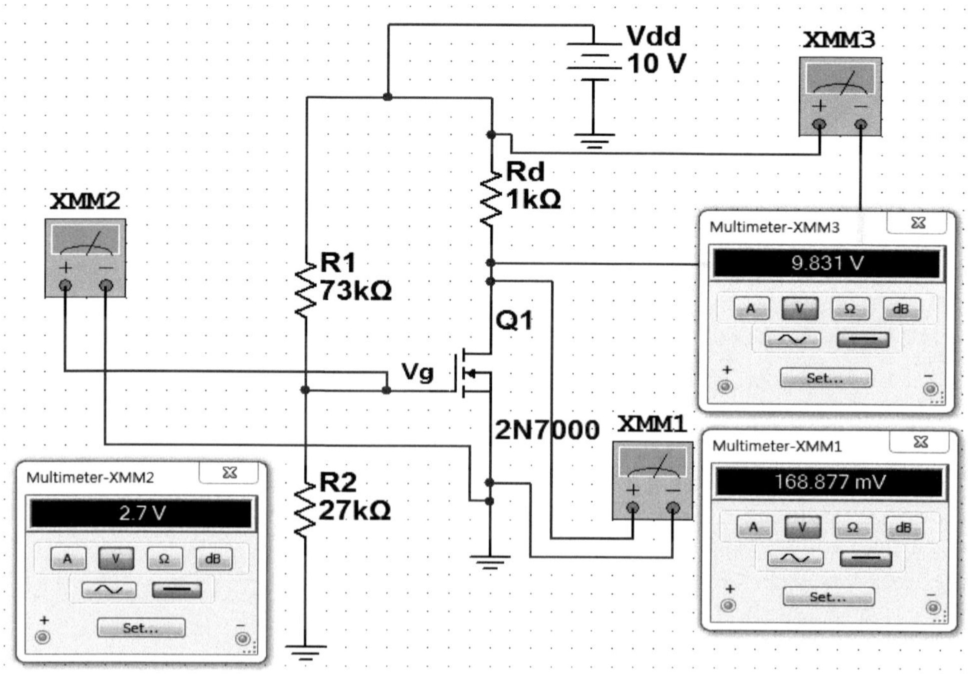

| 그림 11.26 | $V_G = 2.7V$일 때 시뮬레이션 회로

(3) 정전류원에 의한 바이어스 회로

전압분배에 의한 바이어스 회로는 Discrete MOSFET를 사용한 회로의 구현에 주로 많이 사용되며, 집적회로의 바이어스를 위하여서는 그림 11.27에 나타낸 것과 같이 Current mirror가 주로 사용되고 있다. 집적회로를 구성하기 위하여서는 실험환경을 다르게 하여야 하나, Current mirror의 특성을 분석하고 관찰하는 것은 유의미하다고 할 수 있겠다. 그림 11.28에 멀티심으로 구성한 Current mirror의 회로를 나타내었으며, $R = R_D = 1k\Omega$으로 정하고 $V_{DD} = 2.1V$, $V_G = 2.5V$로 정하였다.

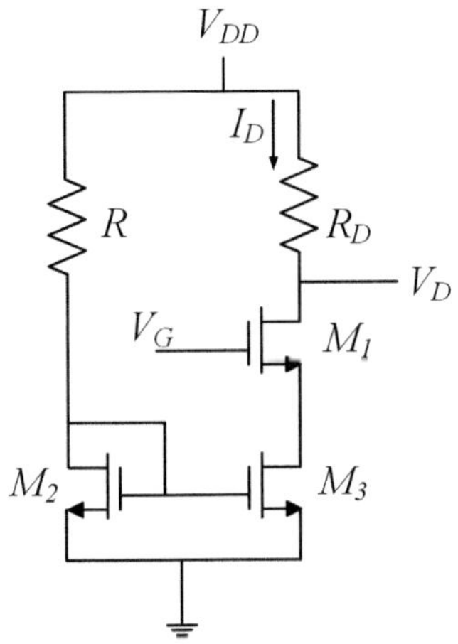

| 그림 11.27 | 정전류원에 의한 바이어스 회로 실험

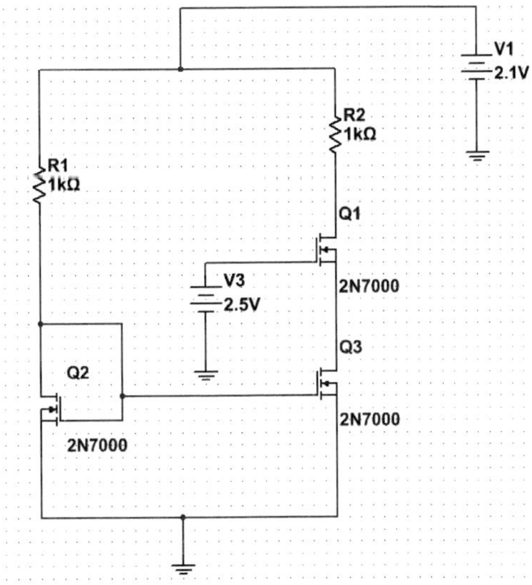

| 그림 11.28 | 정전류원 바이어스의 시뮬레이션 회로

그림 11.29에 상세한 시뮬레이션 결과를 나타내었는데, Q_1에서 보면 $V_{GS1}-V_t-V_{DS3}<V_{DS1}$이므로 Saturation 영역에 있음을 알 수 있다 ($V_{GS1}=2.5V$, $V_t=2V$, $V_{DS3}=0.464V$). 그리고 Q_2에서 보면 $V_{GS2}-V_t<V_{DS2}$이므로 Saturation 영역에 있음을 알 수 있다($V_{GS2}=2.036V$, $V_t=2V$, $V_{DS2}=2.036V$). Q_3에서 보면 $V_{GS3}-V_t<V_{DS3}$이므로 Saturation 영역에 있음을 알 수 있다($V_{GS3}=2.036V$, $V_t=2V$, $V_{DS3}=0.464V$). 그리고 이 회로는 $V_1=I_{D1}R_1+V_{DS2}$, $V_1=I_{D3}R_2+V_{DS1}+V_{DS3}$를 만족한다. 한 편, R_1에서의 전압 강하를 통하여 Q_2에 흐르는 전류 I_{D2}를 구할 수 있는 데 0.064mA이다. I_{D2}는 I_{D3}로 복사가 되는데, 복사된 전류 값은 R_2에서의 전압 강하를 통하여 구할 수 있으며 I_{D2}와 I_{D3}가 같음을 알 수 있다.

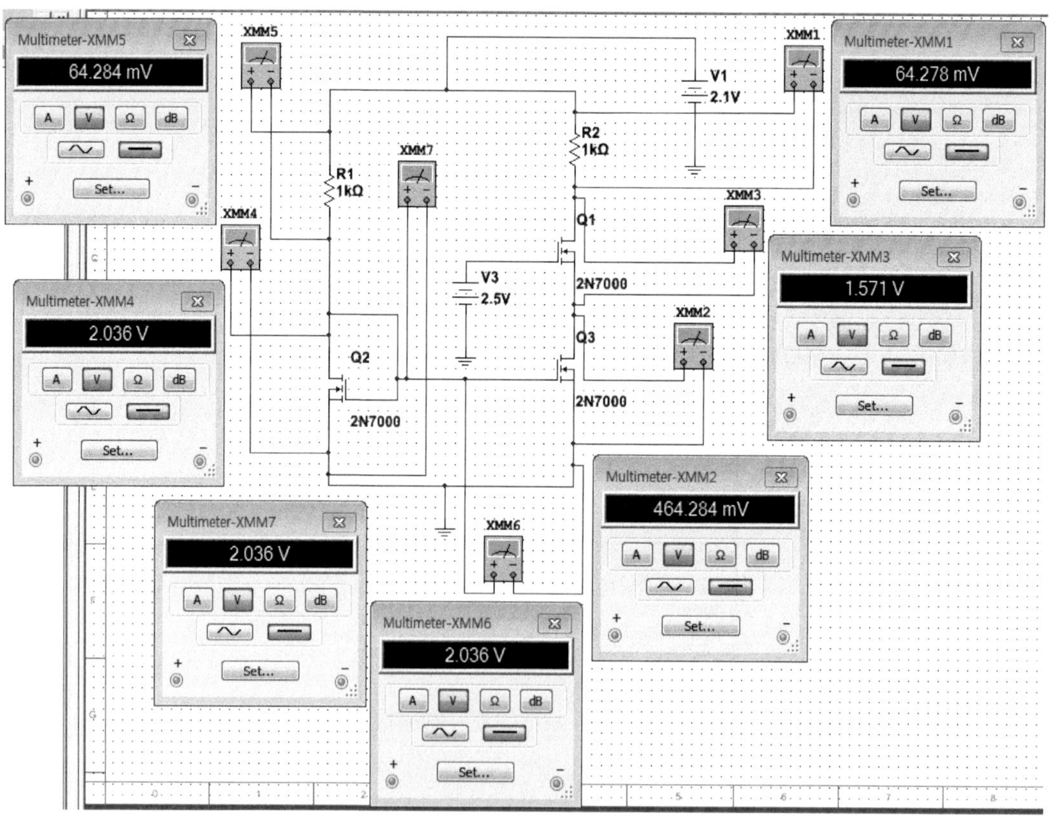

| 그림 11.29 | 정전류원에 의한 바이어스 회로의 상세한 시뮬레이션 결과

3 사용 계기 및 부품

- DC power supply, 디지털 멀티미터
- 2N7000 (N-channel FET) 3개
- 저항: 1 kΩ 2개
- 가변저항: 10 kΩ potentiometer 1개
- 브레드 보드, 전선 및 리드선

4 실험방법

4.1 MOSFET 특성 분석

(실험 전 준비사항)

- 전원공급장치 (Power supply)의 전류 상한값을 50 mA로 설정하여 소자 및 회로의 단락으로 인한 전류의 과잉을 사전에 차단한다.
- 실험에 사용하는 MOSFET 소자인 2N7000의 방향을 그림 11.30과 같이 먼저 확인하고 Drain과 Gate에 가하는 전압을 최대 10 V로 제한한다.

Product Summary

BV_{DSX}/BV_{DGS}	$R_{DS(ON)}$ (max)	$I_{D(ON)}$ (min)
60V	5.0Ω	75mA

Pin Configuration

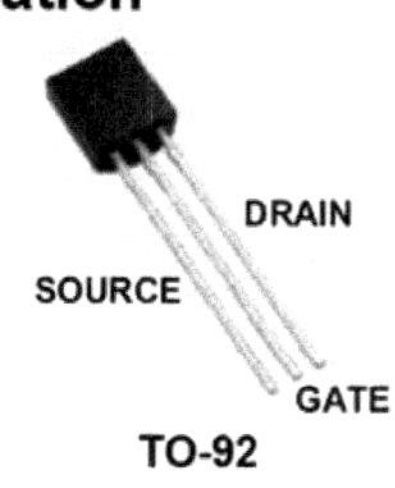

| 그림 11.30 | N-Channel MOSFET 2N7000의 특성 및 핀 연결도

• 원하는 저항이 없는 경우 그림 11.31과 같은 가변저항을 사용하며 이에 대한 동작원리 및 만능기판 (Bread board)에 조립하기 위한 방법을 익힌다.

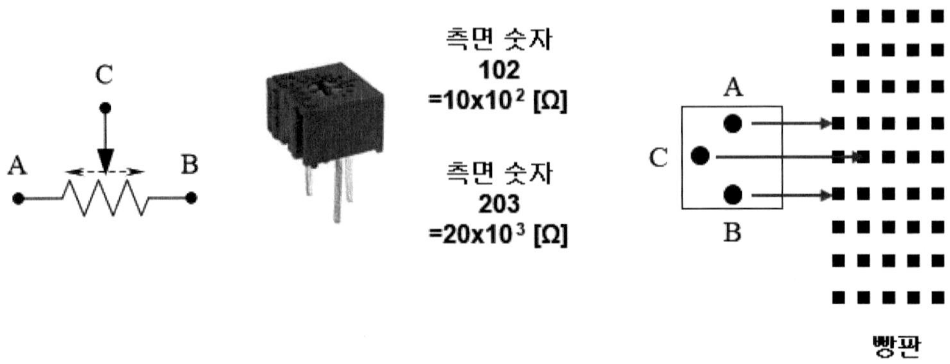

| 그림 11.31 | 가변저항의 동작원리

(1) 우선 그림 11.32와 같이 회로를 결선하고, 디지털 멀티미터를 연결하여 전류계로 설정하고 V_{GS} =2V로 설정한 후 V_{DS} (= V_{DD})의 전압을 변경하면서 각 노드의 전압과 전류를 측정하여 표 11.1에 결과를 기록한다.

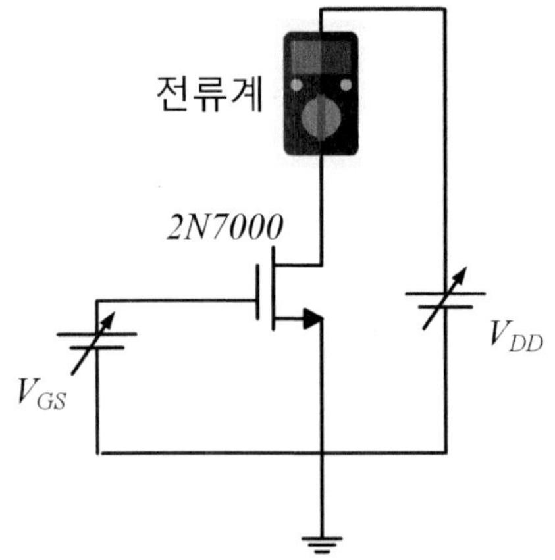

| 그림 11.32 | N-Channel MOSFET의 특성을 분석하기 위한 회로

| 표 11.1 | DC 바이어스의 실험 결과 (V_{DS}의 변동에 따른 Drain 전류)

$V_{GS}=2V$		$V_{GS}=2.1V$		$V_{GS}=2.2V$		$V_{GS}=2.3V$		$V_{GS}=2.4V$	
V_{DS}[V]	I_D[mA]	V_{DS}[V]	I_D[mA]	V_{DS}[V]	I_D[mA]	V_{DS}[V]	I_D[mA]	V_{DS}[V]	I_D[mA]
0.1		0.1		0.1		0.1		0.1	
0.2		0.2		0.2		0.2		0.2	
0.3		0.3		0.3		0.3		0.3	
0.4		0.4		0.4		0.4		0.4	
0.5		0.5		0.5		0.5		0.5	
0.6		0.6		0.6		0.6		0.6	
0.7		0.7		0.7		0.7		0.7	
0.8		0.8		0.8		0.8		0.8	
0.9		0.9		0.9		0.9		0.9	
1.0		1.0		1.0		1.0		1.0	
1.5		1.5		1.5		1.5		1.5	
2.0		2.0		2.0		2.0		2.0	
2.5		2.5		2.5		2.5		2.5	
3.0		3.0		3.0		3.0		3.0	

(2) 마찬가지 방법으로, $V_{GS}=2.1\sim2.4V$로 설정한 후 V_{DS}의 전압을 변경하면서 각 노드의 전압과 전류를 측정하여 표 11.1에 결과를 기록한다.

(3) I_D와 V_{DS}의 관계를 V_{GS} 별로 한 그래프에 나타낸다. V_{DS}가 어떤 범위에 있을 때, Saturation과 Triode 영역으로 되는지 분석한다.

(4) 이번에는 V_{DS} 전압은 2.5 V로 일정하게 하고, V_{GS}전압을 변경하여 I_D를 측정한 후 표 11.2에 그 결과를 기록하고 그래프에 나타낸다.

(5) V_{DS} 전압을 5 V로 변경한 후 V_{GS}전압을 변경하여 I_D를 측정한 후 표 11.2에 그 결과를 기록하고 그래프에 나타낸다.

| 표 11.2 | DC 바이어스의 실험결과 (V_{GS}의 변동에 따른 Drain 전류)

$V_{DS}=2.5[V]$		$V_{DS}=5.0[V]$	
$V_{GS}[V]$	$I_D[mA]$	$V_{GS}[V]$	$I_D[mA]$
0.2		0.2	
0.6		0.6	
1.0		1.0	
1.4		1.4	
1.6		1.6	
1.8		1.8	
1.85		1.85	
1.9		1.9	
1.95		1.95	
2.0		2.0	
2.05		2.05	
2.1		2.1	
2.15		2.15	
2.2		2.2	
2.25		2.25	
2.3		2.3	
2.35		2.35	
2.4		2.4	

4.2 전압분배 방식의 바이어스 회로

(1) 그림 11.33과 같이 회로를 결선하고 R_D = 1 kΩ으로 하고, R_1과 R_2는 10 kΩ 가변저항을 이용하여 적절히 배분하여 M_1의 Gate 전압을 결정한 후, V_{DD}를 조절하여 V_{DS}를 표 11.3의 값으로 만든 후 측정한 I_D를 작성한다.

(2) 마찬가지 방식으로 V_{GS}를 R_1과 R_2를 이용하여 변경한 후에 표 11.3에 결과를 각각 기록한다.

(3) 각각의 경우에 결선한 회로가 Saturation 영역에서 동작하는지 Triode 영역에서 동작하는지 분석한다.

| **표 11.3** | 전압분배 바이어스 회로의 측정 결과

V_{GS} = 2V		V_{GS} = 2.1V		V_{GS} = 2.2V		V_{GS} = 2.3V		V_{GS} = 2.4V	
V_{DS}[V]	I_D[mA]	V_{DS}[V]	I_D[mA]	V_{DS}[V]	I_D[mA]	V_{DS}[V]	I_D[mA]	V_{DS}[V]	I_D[mA]
0.5		0.5		0.5		0.5		0.5	
1.0		1.0		1.0		1.0		1.0	
2.0		2.0		2.0		2.0		2.0	
3.0		3.0		3.0		3.0		3.0	

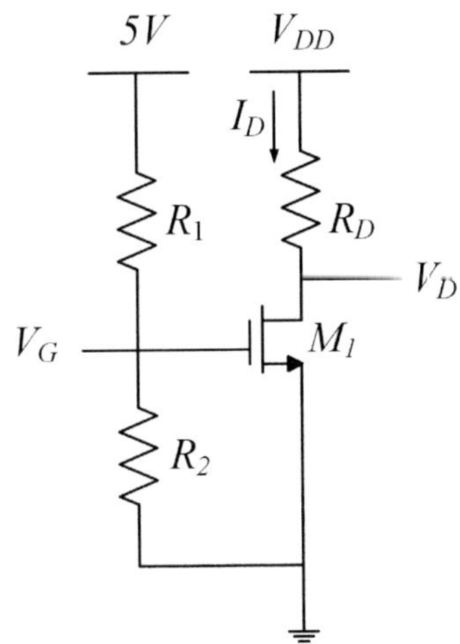

| **그림 11.33** | 전압분배에 의한 바이어스 회로 실험

4.3 정전류원 방식의 바이어스 회로

(1) 그림 11.34와 같이 회로를 결선하고 $R = R_D = 1k\Omega$으로 하고 $V_{DD} = 3$ V, $V_G = 4$ V로 설정하여 표 11.4에 결과를 기록한다. 모든 MOSFET가 Saturation 영역에 있는지 확인한다.

(2) $V_{DD} = 4$ V로 하여 표 11.4에 결과를 기록한다. 모든 MOSFET가 Saturation 영역에 있는지 확인한다.

(3) $V_{DD} = 5$ V로 하여 표 11.4에 결과를 기록한다. 모든 MOSFET가 Saturation 영역에 있는지 확인한다.

(4) $V_{DD} = 6$ V로 하여 표 11.4에 결과를 기록한다. 모든 MOSFET가 Saturation 영역에 있는지 확인한다.

(5) 네 가지 경우에 대하여 동일하게 이론적인 계산 값 (멀티심 등의 컴퓨터 Tool을 사용하지 않고 2N7000의 Datasheet 등을 참고하여 계산) 및 시뮬레이션 결과를 표 11.4에 기록하여 측정값과 비교한다.

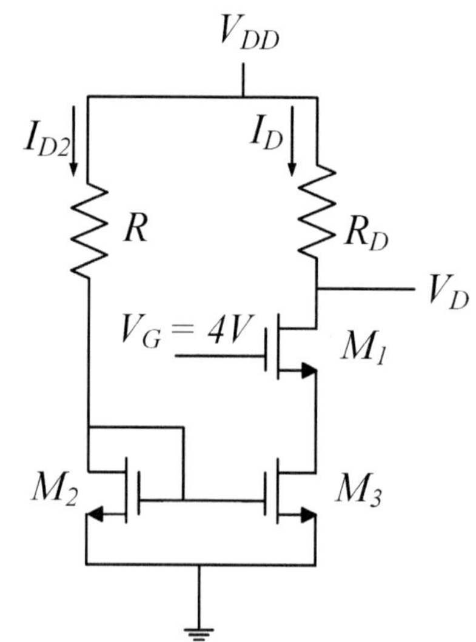

| 그림 11.34 | 정전류원 방식의 바이어스 회로 실험

| 표 11.4 | 정전류원 바이어스 회로의 측정 결과

	측정 결과				이론 계산 값				시뮬레이션 결과			
V_{DD}[V]												
V_{GS2}[V]												
V_{DS2}[V]												
I_D[mA]												
I_{D2}[mA]												
V_{GS1}[V]												
V_{DS1}[V]												
V_{DS3}[V]												

CHAPTER 12

공통소스 및 축퇴 공통소스 증폭회로

1 실험 목적

(1) 공통소스 증폭회로의 동작을 이해하고 실험으로 확인한다.

(2) 축퇴 공통소스 증폭회로의 동작을 이해하고 실험으로 확인한다.

2 이론적 배경

2.1 공통소스 증폭회로 (Common Source FET Amplifier)

(1) 직류해석

MOSFET를 이용하여 증폭회로를 구성하기 위하여서는 10장에서 배운 바이어스 회로를 우선 설계하여 그림 12.1과 같이 Saturation에서 동작하도록 한다. 여기서는 전압분배 방식의 바이어스 회로를 당분간 사용한다. 요구하는 소비전력에 맞추어 I_D를 계산한 후, 이에 맞는 전압분배 회로를 설계하고, R_D를 결정하기 위하여서는 Load line 해석 등을 사용하면 된다. 입출력 포트와 증폭회로를 구별하기 위한 Coupling capacitor (C_C)를 추가하여 교류와 직류신호가 분리되도록 한다.

(2) 교류해석

입력 교류신호가 출력단에서 왜곡 없이 증폭되도록 하는 것이 증폭회로의 가장 중요한 점이다. 출력전압은 MOSFET의 Drain 전류와 부하저항의 곱으로 나타나므로, 출력전압은 입력전압의 제곱에 비례하게 된다. 그러므로 이론적으로는 왜곡 없이 입력전압에 선형적으로 비례하는 출력전압을 만드는 것이 불가능하다. 그러나 그림 12.2에서 보듯이 특정한 입력 구간 (Saturation 영역)에서는 출력이 선형적으로 증폭되므로 이 구간을 잘 선택하여 설계하면 왜곡 없이 출력을 만들어 낼 수 있다. 이렇게 선형영역에서 동작하도록 설계한 공통소스 증폭회로의 입력에 작은 교류 신호를 인가하면 출력에 큰 교류 신호를 만들어 낼 수 있으므로 입력단자에 인가되는 직류신호 대비 약 1/10 이하의 교류 신호를 소신호라고 할 수 있으며, 이 소신호가 어떻게 증폭이 되는지는 증폭기의 소신호 등가회로를 통하여 해석할 수 있다. 그림 12.3에 공통소스 증폭회로의 소신호 등가회로를 나타내었으며, 이를 이용하여 입력 임피던스, 출력 임피던스 및 증폭비를 구할 수 있다. 소신호 등가회로에서 r_o는 Drain-Source 간의 출력 저항을 나타내며, 이는 Channel length modulation이 존재하는 경우 전류-전압 곡선에서 기울기가 발생하여 이 기울기는 $1/r_o$로 나타나고 Channel length modulation이 존재하지 않는 경우에는 r_o를 개방하여 나타낸다. 여기서 Channel length modulation을 고려한 Drain 전류를 나타내면 식 (12.1)과 같이 표현할 수 있다.

$$I_D = \frac{1}{2}\mu_n C_{ox}\frac{W}{L}(V_{GS} - V_t)^2(1 + \lambda V_{DS}) \tag{12.1}$$

여기서 채널의 길이가 짧아지면 Channel length modulation이 발생하여 $\lambda \neq 0$이 되며 I_D가 V_{DS}에 비례함을 알 수 있다. 여기서 출력 저항 r_o는 식 (12.2)와 같이 계산할 수 있다.

$$r_o = \left(\frac{\partial I_D}{\partial V_{DS}}\right)^{-1} = \frac{1}{\frac{1}{2}\mu_n C_{ox}\frac{W}{L}(V_{GS} - V_t)^2\lambda} \approx \frac{1}{\lambda I_D} \tag{12.2}$$

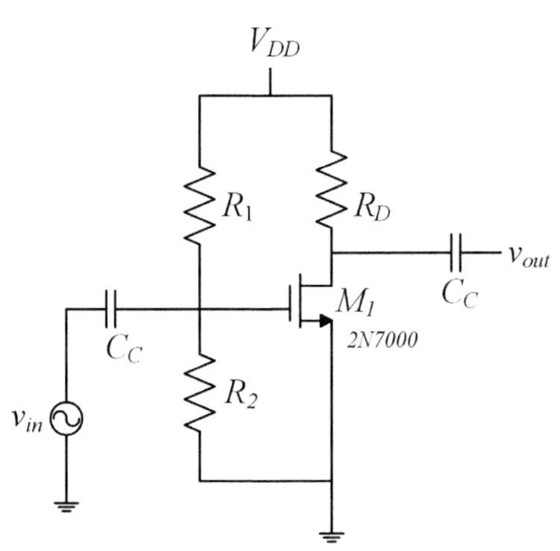

| 그림 12.1 | 공통소스 증폭회로

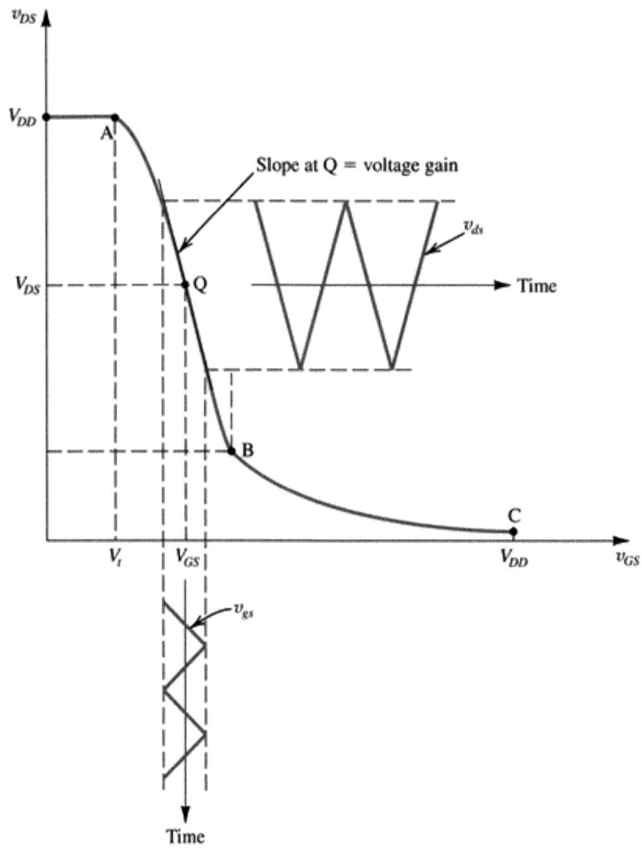

| 그림 12.2 | MOSFET 증폭회로의 입출력 전달함수

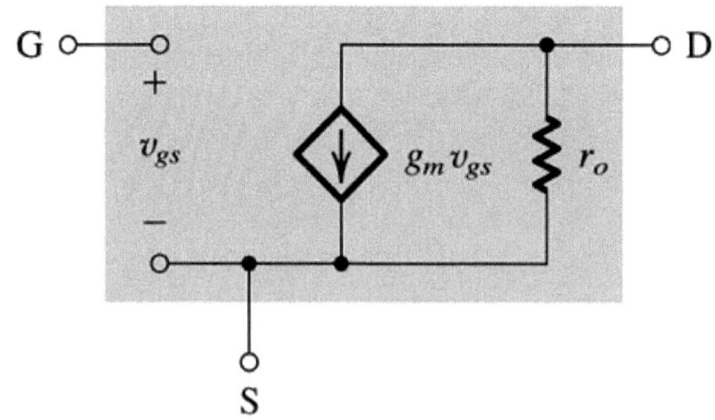

| 그림 12.3 | 공통소스 증폭기의 소신호 등가회로

그림 12.1의 Source 단자는 입력과 출력에 공통으로 연결되어 있고, 또한 접지에 연결되어 있으므로 공통소스 증폭회로라 불리며, g_m을 Transcoductance ($=\partial i_d/\partial v_{gs}$)라 하면 전압이득은 식 (12.3)과 같이 나타낼 수 있다. 여기서 g_m은 MOSFET의 물리적인

Parameter를 사용하여 구할 수 있으나, Packaging 형태의 FET는 그림 12.4와 같이 입력 전압 (v_{GS})과 출력 전류 (i_D)의 관계를 측정하여 기울기로 구할 수 있다.

$$A_v = -\frac{g_m v_\pi R_D}{v_{IN}} = -g_m R_D \tag{12.3}$$

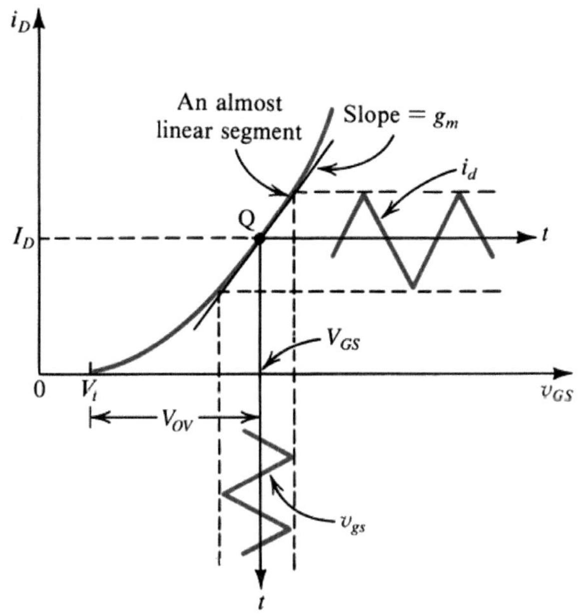

| 그림 12.4 | 입력 전압과 출력 전류의 관계

그리고, 입력 저항은 소신호 등가회로를 이용하여 구하면 그림 12.1에서 $R_1 \| R_2$로 나타나며, 출력 저항은 $\lambda = 0$인 경우 R_D로 나타난다. 여기서 출력 저항을 구하기 위하여서는 그림 12.5와 같이 입력전압을 0으로 하고 출력포트에서 시험 전압 (v_x)을 가하고 그 때 회로로 흐르는 전류 (i_x)를 구하여 $R_{out} = v_x / i_x$로 계산하면 된다. 그림 12.1의 공통소스 회로에서 $v_{in} = 0$으로 놓으면 $g_m v_{in}$이 0이 되어 R_D만 출력 저항으로 보이게 된다. $\lambda \neq 0$인 경우에는 내부 저항이 유한하므로 $R_{out} = r_o \| R_D$가 된다.

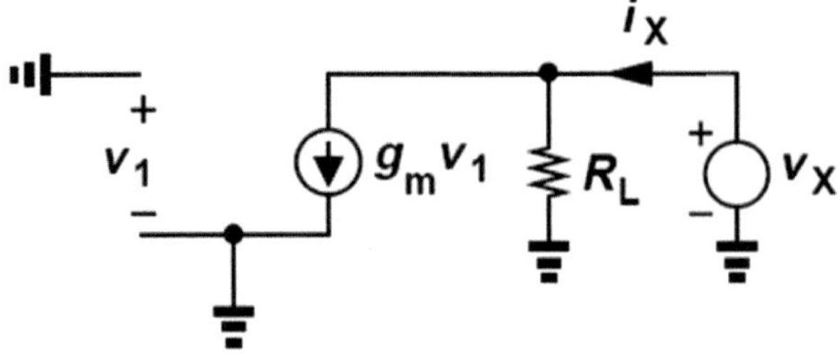

| 그림 12.5 | 출력 저항을 구하기 위한 환경 설정

공통소스 증폭회로를 설계하기 위한 절차는 다음과 같다.

① 주어진 MOSFET의 I_D와 V_{DS}의 전류-전압 곡선을 측정한 후, Load line 분석을 통하여 동작 점 (또는 Q-point)을 결정하여 적당한 V_{DS}를 계산한다.

② 요구하는 I_D에 맞게끔 V_{GS}를 결정하기 위한 바이어스 회로를 설계한다. 이를 위하여 저항 R_1과 R_2를 $V_{GS} = V_{DD}\frac{R_2}{R_1 + R_2}$에 기초하여 결정하며, 바이어스 회로로 흐르는 전류는 최대한 작게 하도록 한다.

③ 요구하는 전압이득을 $-g_m R_D$과 같게 하며, 그림 12.4에서처럼 g_m을 먼저 구하고 이를 이용하여 전압이득에 맞는 R_D를 정한다.

④ R_D와 I_D를 사용하여 V_{DS}를 계산할 수 있으며 이렇게 계산한 V_{DS}와 $V_{GS} - V_t$를 비교하여 Saturation 영역에 있는지 검사한다.

⑤ 증폭된 출력전압의 스윙이 왜곡 없이 최대로 되는 것이 증폭기의 목표이므로, 이를 위하여 Drain의 전위가 V_{DD}의 중간쯤에 위치시키면 대략 이러한 요구사항을 만족시킬 수 있다.

⑥ 설계한 회로에 교류입력 신호를 인가하여 출력전압을 측정한 후 전압이득을 계산한다. 입력 저항은 인가한 교류전압을 사용하여 입력으로 흘러 들어가는 입력 교류 전류를 측정하여 교류전압/교류전류로 계산한다. 그리고 출력 저항은 입력 교류전압을 0으로 한 후, 출력에서 일정한 교류전압을 가하여 회로로 흐르는 교류 전류를 측정하여 역시 교류전압/교류전류로 계산한다.

2.2 축퇴 공통소스 증폭회로 (Degenerated Common Source FET Amplifier)

(1) 직류해석

공통소스 증폭회로에 공급하는 Gate 전압을 전압분배방식으로 사용하는 경우 저항의 오차로 인하여 바이어스 전압의 변동이 발생할 수 있으며 이를 해결하기 위한 방안으로 그림 12.6과 같이 Source 단자에 축퇴 저항 (Degenerated resistor)을 추가하여 저항의 오차에 의한 바이어스 변동성을 줄이고, 더불어 선형성 증가 및 교류 입출력 저항의 변화를 만들어낸다. R_S 저항의 추가로 인하여 Load line은 식 (12.4)와 같이 표현되어 Q-점을 구하기 위하여서는 앞에서의 공통소스 증폭회로와 같이 수행하면 된다.

$$I_D = \frac{V_{DD} - V_{DS}}{R_S + R_D} \tag{12.4}$$

공통소스 회로와 비교하여 보면 Load line의 기울기가 작아져서 Saturation 영역 및 출력에서 전압의 스윙을 고려하여 Q-점을 결정하는 데 다소 주의가 필요하다.

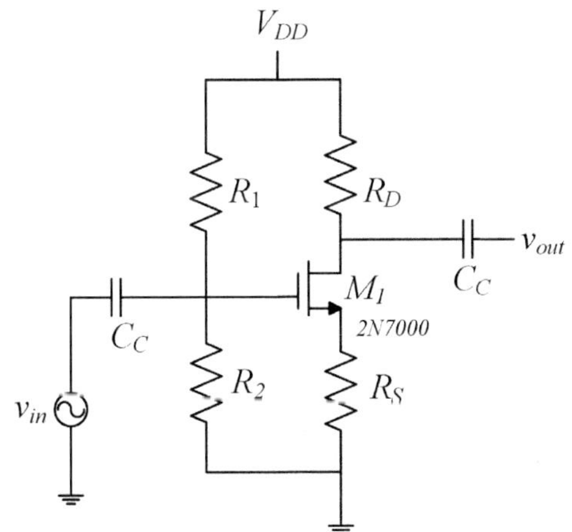

| 그림 12.6 | 축퇴 저항 공통소스 증폭회로

(2) 교류해석

우선 입력 저항은 공통소스 회로와 같이 $R_1 \| R_2$가 되며 출력 저항은 R_D를 제외한 그림 12.7의 등가회로 ($\lambda \neq 0$ 및 C_C는 교류 신호일 때 단락된다고 가정)를 이용하여 구할

수 있다. $v_x = r_o(i_x - g_m v_{gs}) + i_x R_S$로 표현되고, $v_{gs} = -i_x R_S$이므로, 식 (12.5)와 같이 나타낼 수 있다.

$$\frac{v_x}{i_x} = R_S + r_o(1 + g_m R_S) \tag{12.5}$$

그러므로 출력 저항은 $R_D \| [R_S + r_o(1 + g_m R_S)]$로 나타난다.

마지막으로 전압이득을 구하기 위하여 등가회로를 이용하면 되는데 그림 12.8에 자세하게 나타내었다. R_D에서 회로 안으로 흐르는 전류를 i_o라 하면, $v_{in} = v_{gs} + i_o R_S$, $i_o = g_m v_{gs} + \dfrac{v_{out} - i_o R_S}{r_o}$ 및 $v_o = -i_o R_D$가 되므로 전압이득 $\dfrac{v_{out}}{v_{in}}$은 식 (12.6)과 같이 표현할 수 있다.

$$A_v = \frac{-g_m r_o R_D}{R_D + R_S + r_o + g_m R_S r_o} \tag{12.6}$$

$\lambda = 0$이면 $r_o = \infty$이므로, 전압이득은 식 (12.7)과 같이 단순하게 표현할 수 있다.

$$A_v = \frac{-g_m R_D}{1 + g_m R_S} \tag{12.7}$$

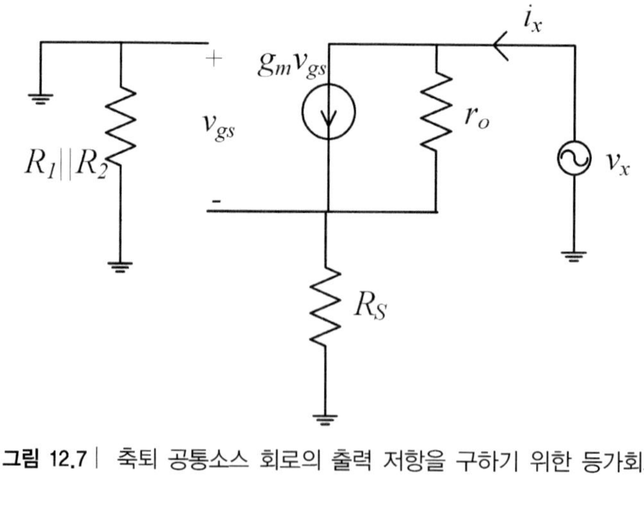

| 그림 12.7 | 축퇴 공통소스 회로의 출력 저항을 구하기 위한 등가회로

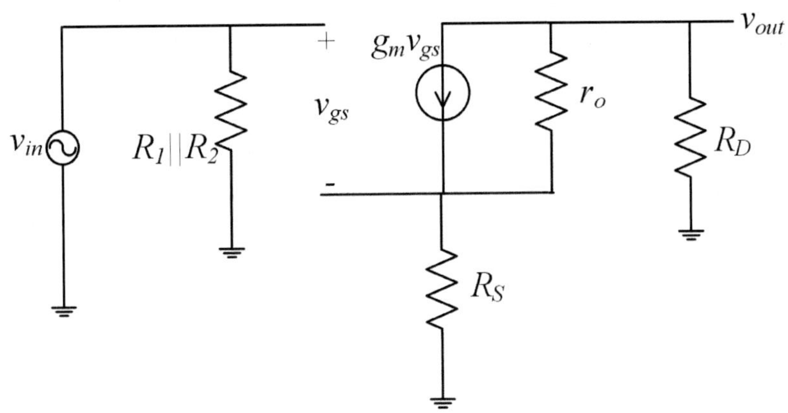

| 그림 12.8 | 축퇴 공통소스 회로의 전압이득을 구하기 위한 등가회로

2.3 회로 시뮬레이션

공통소스 증폭회로 (common source amplifier)와 축퇴 공통소스 증폭회로 (degenerated common source amplifier)의 특성을 확인하기 위한 시뮬레이션 회로도가 그림 12.9와 그림 12.10에 나타나 있다.

그림 12.9에서 회로도 및 각 단자의 전압을 멀티미터의 결과로부터 확인할 수 있는데, $V_{DD}=20V$를 사용할 때, Drain 전압은 11.938 V이고, Gate 전압은 2.4 V이다. 입력 신호의 크기는 0.4 Vpp, 출력신호는 16.066 Vpp를 얻을 수 있다. R_1과 R_2의 전압분배를 이용하여 Transistor의 V_G의 값을 결정하였고 $V_G = \dfrac{R_2}{R_1+R_2}V_1$이다. $V_{GS}-V_t < V_{DS}$이므로 saturation 상태임을 알 수 있다. $g_m = \dfrac{2I_{DS}}{V_{GS}-V_t}$이며, I_{DS}는 R_D에 걸리는 전압을 통하여 알 수 있다. 즉, 9 mA이다. V_t를 약 2 V라고 가정하였을 때, g_m은 약 0.045가 됨을 알 수 있다. 이론적으로 전압이득은 $g_m R_D$이므로 $0.045 \times 1000 = 45$이다. 오실로스코프 결과를 보면 위의 파형이 V_{in}이며, 아래의 파형이 V_{out}이다. 전압이득의 부호가 마이너스이므로 두 파형의 위상이 반대임을 알 수 있다. 또한, 두 전압 Swing의 V_{PP}를 보면 V_{in}은 0.4 V이고 V_{out}은 16 V이다. 전압이득은 약 40으로 이론적으로 계산해본 결과와 매우 유사함을 알 수 있다.

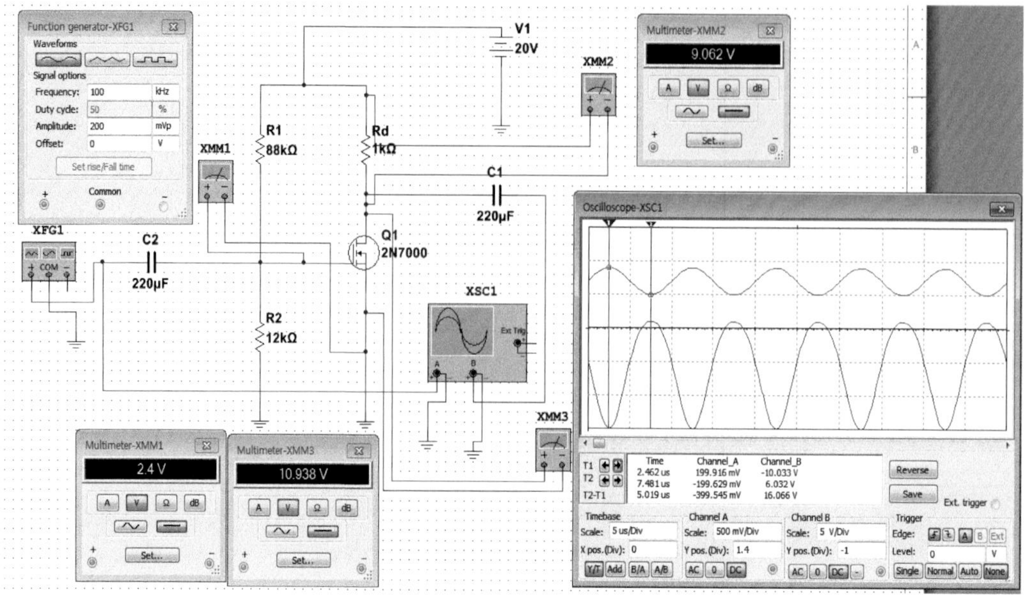

| 그림 12.9 | 공통소스 회로의 시뮬레이션 결과

그림 12.10에서는 축퇴 공통소스 증폭회로에 대한 시뮬레이션 결과를 나타내었으며, 회로도 및 각 단자의 전압을 멀티미터의 결과로부터 확인할 수 있는데, $V_{DD} = 20\,V$ 를 사용할 때, V_{DS} 전압은 19.357 V이고, Gate 전압은 2.4 V이며 Source 전압은 0.321 V이다. 입력 신호의 크기는 0.4 Vpp, 출력신호는 0.353 Vpp를 얻을 수 있다. R_1과 R_2의 전압분배를 이용하여 Transistor의 V_G의 값과 R_{D2}에 걸리는 전압을 설정할 수 있다. (XMM1에서 측정한 전압이다.) $V_{GS} - V_t < V_{DS}$이므로 Saturation 상태임을 알 수 있다. $g_m = \dfrac{2I_{DS}}{V_{GS} - V_t}$이며, I_{DS}는 R_D에 걸리는 전압을 통하여 알 수 있다. 즉, 0.321 mA이다. V_t를 약 2 V라고 가정하였을 때, Transistor의 V_G의 값은 $2.4 - 0.321 = 2.079$ V이다. V_G, V_t, I_{DS}의 값을 이용하면 g_m은 약 0.00812가 된다. $A_v = \dfrac{-g_m R_D}{1 + g_m R_S}$의 전압이득 식을 이용하면 전압이득이 약 −0.89가 됨을 알 수 있다. 오실로스코프 결과를 보면 위의 파형이 V_{in}이며, 아래의 파형이 V_{out}이다. 전압이득의 부호가 마이너스이므로 두 파형의 위상이 반대임을 알 수 있다. 또한, 두 전압 Swing의 V_{PP}가 V_{in}은 0.4 V이고 V_{out}은 0.353 V이다. 전압이득은 약 0.89로 이론적으로 계산해본 결과와 매우 유사함을 알 수 있다.

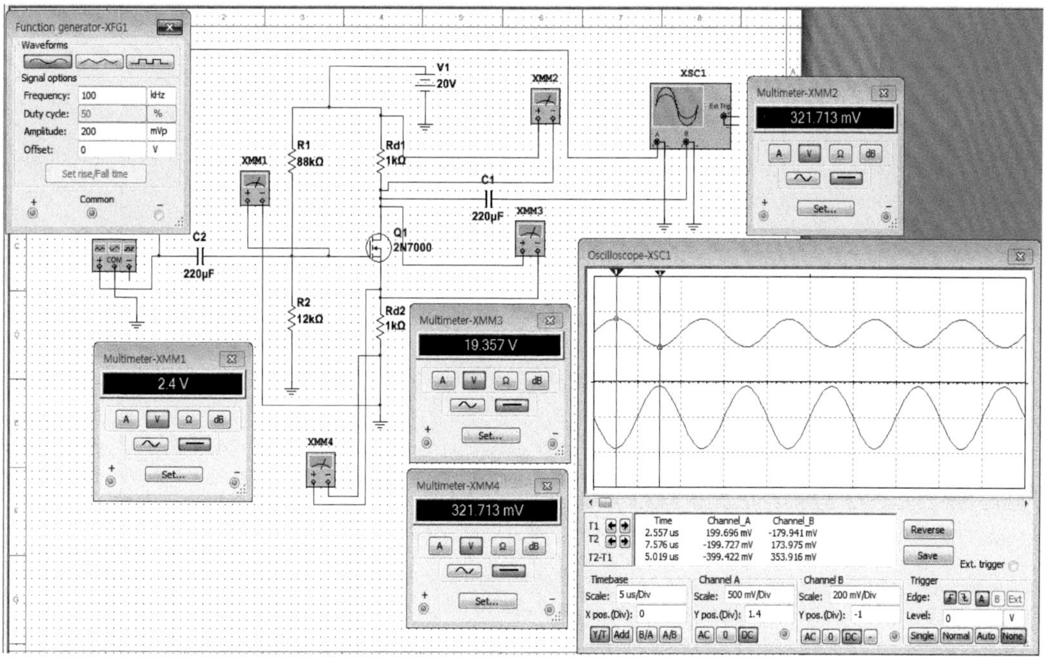

| 그림 12.10 | 축퇴 공통소스 회로의 시뮬레이션 결과

3 사용 계기 및 부품

- DC power supply, 디지털 멀티미터, 오실로스코프, 함수발생기
- 2N7000 (N-channel FET) 1개
- 저항: 1 kΩ 2개, 12 kΩ 1개, 88 kΩ 1개
- 가변저항: 2 kΩ potentiometer 1개
- Capacitor: 10 μF 2개
- 브레드 보드, 전선 및 리드선

(실험 전 준비사항)

- 전원공급장치 (Power supply)의 전류 상한값을 50 mA로 설정하여 소자 및 회로의 단락으로 인한 전류의 과잉을 사전에 차단한다.
- 실험에 사용하는 MOSFET 소자인 2N7000의 방향을 그림 11.30과 같이 확인하고 Drain과 Gate에 가하는 전압을 최대 20 V로 제한한다.

4 실험 방법

A. 공통소스 증폭회로

(1) 그림 12.11과 같이 회로를 결선하고 $R_1 = 88k\Omega$, $R_2 = 12k\Omega$, $R_D = 1k\Omega$, $C_C = 10\mu F$을 연결하고, $V_{DD} = 20V$를 인가한다. M1의 Drain에 흐르는 전류가 이론으로 구한 값 (멀티심 등의 컴퓨터 Tool을 사용하지 않고 2N7000의 Datasheet 등을 참고하여 계산) 및 시뮬레이션으로 구한 값과 같은지 확인하고 각 노드의 전압과 전류를 측정하여 표 12.1에 기록한다.

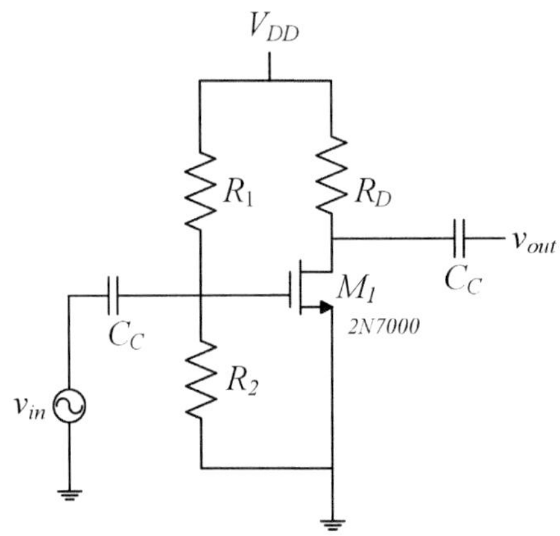

| 그림 12.11 | 공통소스 증폭회로

| 표 12.1 | 공통소스 증폭회로의 실험결과

	측정 결과	이론 계산	시뮬레이션 결과
V_{GS}[V]			
V_{DS}[V]			
I_D[mA]			

(2) 입력으로 C_C Capacitor 앞에 200 mVp 크기, 100 kHz의 주파수를 가지는 정현파를 인가하고, 2 kΩ potentiometer를 이용하여 2 kΩ의 부하 (= R_L)를 연결 (V_{out} node와 ground 사이)하여 입력 파형과 출력 파형을 오실로스코프로 확인한다. 입력전압 및 출력전압을 측정하여 표 12.2에 결과를 기록한다.

(3) 부하 (= R_L)를 가변시키며 회로에서 나타나는 현상들을 자세히 분석한다.

(4) R_L을 제거했을 때의 입력 파형과 출력 파형을 오실로스코프로 확인한다. 입력전압 및 출력전압을 측정하여 표 12.2에 결과를 기록한다.

(5) Multisim 등의 컴퓨터 Tool을 사용하지 않고 오로지 이론을 사용하여 계산한 계산 이득과 시뮬레이션으로 얻은 결과를 동시에 표 12.2에 기록하여 측정 결과와 비교하며 결과가 크게 벗어나는 경우 원인분석을 수행한다.

| 표 12.2 | 공통소스 증폭회로의 실험결과

	R_L 조건	V_{in}[Vpp]	V_{out}[Vpp]	측정이득 [V/V]	계산이득 [V/V]	시뮬레이션 결과 [V/V]
(2)	2 kΩ					
(4)	R_L 제거					

B. 축퇴 공통소스 증폭회로

(1) 그림 12.12에 나타낸 축퇴 공통소스 증폭회로를 결선하고 R_1 = 88kΩ, R_2 =12kΩ, R_D = R_S =1 kΩ, C_C = 10μF을 연결하고, V_{DD} =20V를 인가한다. M_1의 Drain에 흐르는 전류가 이론으로 구한 값 (멀티심 등의 컴퓨터 Tool을 사용하지 않고 2N7000의 Datasheet 등을 참고하여 계산) 및 시뮬레이션으로 구한 값 같은지 확인하고 각 노드의 전압과 전류를 측정하여 표 12.3에 기록한다.

| 표 12.3 | 축퇴 공통소스 증폭회로의 실험결과

	측정 결과	이론 계산	시뮬레이션 결과
V_{GS}[V]			
V_{DS}[V]			
I_D[mA]			

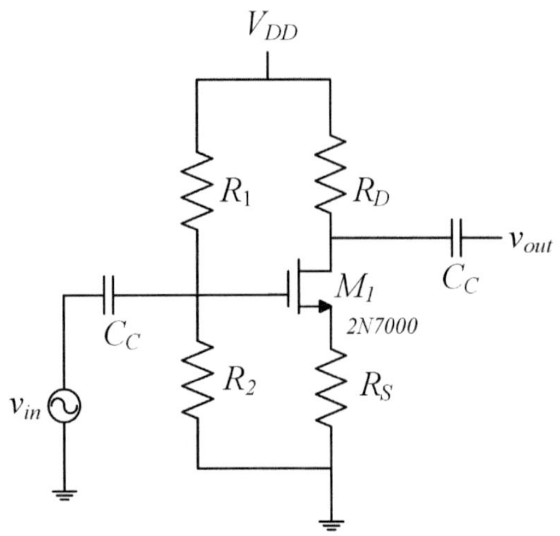

| 그림 12.12 | 축퇴 저항 공통소스 증폭회로

(2) 입력으로 C_C Capacitor 앞에 200 mVp 크기, 100 kHz의 주파수를 가지는 정현파를 인가하고, 2 kΩ potentiometer를 이용하여 2 kΩ의 부하(= R_L)를 연결 (V_{out} node와 ground 사이)하여 입력 파형과 출력 파형을 오실로스코프로 확인한다. 입력전압 및 출력전압을 측정하여 표 12.4에 결과를 기록한다.

(3) 부하(= R_L)를 가변시키며 회로에서 나타나는 현상들을 자세히 분석한다.

(4) R_L을 제거했을 때의 입력 파형과 출력 파형을 오실로스코프로 확인한다. 입력전압 및 출력전압을 측정하여 표 12.4에 결과를 기록한다.

(5) Multisim 등의 컴퓨터 Tool을 사용하지 않고 오로지 이론을 사용하여 계산한 계산이득과 시뮬레이션으로 얻은 결과를 동시에 표 12.2에 기록하여 측정 결과와 비교하며 결과가 크게 벗어나는 경우 원인분석을 수행한다.

| 표 12.4 | 공통소스 증폭회로의 실험결과

	R_L 조건	V_{in}[Vpp]	V_{out}[Vpp]	측정이득 [V/V]	계산이득 [V/V]	시뮬레이션 결과 [V/V]
(2)	2 kΩ					
(4)	R_L 제거					

C. 설계 문제

(1) 100 mVp 크기, 1 MHz의 주파수를 가지는 정현파를 그림 12.11의 공통 소스 회로의 입력으로 사용하여 V_{DD} =20V로 공급하며, 소모전력을 최소로 하고 출력전압의 Swing을 최대로 하며 선형적으로 동작하도록 저항값을 정하여 이론적으로 회로를 설계하고 시뮬레이션 및 측정으로 검증하시오. 단 C_C는 입출력 전압에 영향을 주지 않도록 적당히 선택하고 부하는 2 kΩ을 가정한다. 이때 설계한 회로의 전압이득, 소모전력, V_{GS}, V_{DS} 및 I_D의 값을 기록한다.

(2) 이번에는 축퇴 공통 소스 회로를 사용하여 설계하되, $R_D = R_S$가 되도록 하며 (1)에서 설계한 회로와 비교하여 장단점을 분석한다.

CHAPTER

13 공통게이트 및 공통드레인 증폭회로

1 실험 목적

(1) 공통게이트 회로의 직류 및 교류특성을 실험으로 확인하고, 증폭회로를 설계하여 실험으로 확인한다.

(2) 공통드레인 회로의 직류 및 교류 특성을 실험으로 확인하고, 실제 회로를 설계하여 실험으로 확인한다.

2 이론적 배경

2.1 공통게이트 증폭회로 (Common Gate FET Amplifier)

Gate 단자를 입출력 공통으로 하여 교류의 관점에서 Gate 단자가 접지가 되는 회로를 공통게이트 증폭회로라 하며, 그림 13.1과 같이 입력을 Source 단자로 인가하고, 출력은 Drain 단자로 연결하여 사용한다.

(1) 직류해석

공통게이트 회로의 입력은 Source 단자이고, 입력이 Coupling capacitor에 연결되어 있으므로 직류전류가 흐르는 경로를 마련하여야 한다. 그러므로 Source 단자에 저항 (R_S)을 입력 포트와 병렬로 Source에 연결하는 방법을 사용하는 것이 가능하며, Gate에는 직접 전압 (V_G)을 가하여 입력 바이어스 회로를 구성하였다. 물론 전원 전압을 하나로 하여 공급하는 전원의 종류를 단순하게 하려면 공통소스 회로에서 사용한 것과 같이 전압분배기를 사용하여도 된다. R_S의 값은 입력 신호가 모두 Transistor로 인가되어야 하므로 Source에서 바라본 교류입력 저항 ($= 1/g_m$) 보다 상당히 크게 할 필요가 있다. 그리고 Load line을 구성하는 I_D의 식은 식 (13.1)과 같이 나타난다.

$$I_D = \frac{V_{DD} - V_{DS}}{R_S + R_D} \tag{13.1}$$

(2) 교류해석

우선 입력 저항을 구하기 위하여 입력 신호를 인가하면 R_S보다는 FET로 주로 흘러 들어가므로 입력저항은 $\frac{1}{g_m} \| r_o \| R_S$로 보이며 r_o와 R_S가 매우 큰 경우 입력저항은 $1/g_m$이 됨을 알 수 있으며, 결국 공통게이트 회로의 입력 저항은 매우 작음을 볼 수 있다. 그러므로 공통게이트 증폭회로는 고주파 회로 등에서 50 Ω의 특성임피던스를 가진 전송선로와 매칭 회로를 구성하는 데 요긴하게 사용할 수 있는 장점을 가지고 있다.
출력 저항은 축퇴 공통소스 증폭회로의 경우와 동일하며 $\lambda = 0$이면 출력 저항은 R_D가 된다. 그리고 전압이득을 구하기 위하여서는 그림 13.2의 등가회로를 이용하여, $v_{out} = r_o\left(\frac{-v_{out}}{R_D} - g_m v_{gs}\right) + v_{in}$ 이고, $v_{gs} = -v_{in}$이므로 결국 전압이득 A_v는 식 (13.2)와 같이 표현된다.

$$A_v = \frac{1 + g_m r_o}{r_o + R_D} R_D \tag{13.2}$$

$\lambda = 0$이면, 전압이득은 $g_m R_D$가 되어 공통소스 증폭회로와 크기는 같고 부호만 다름을 알 수 있다. 이는 교류 입력전류와 교류 출력전류의 방향이 서로 일치하여 입력전압과 출력전압 사이의 위상 차이가 나지 않음을 알 수 있다.

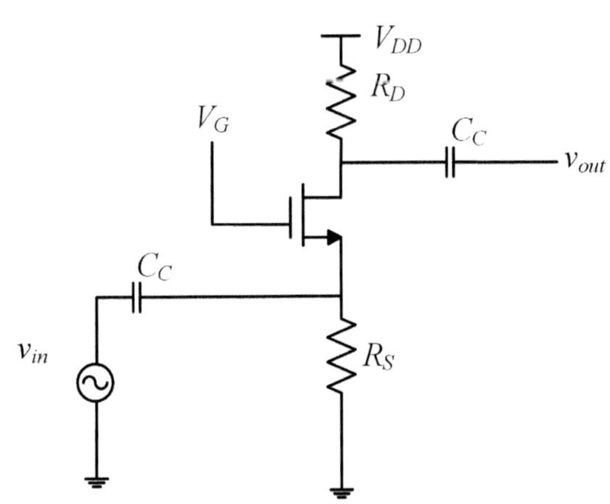

| 그림 13.1 | 공통 게이트 증폭회로

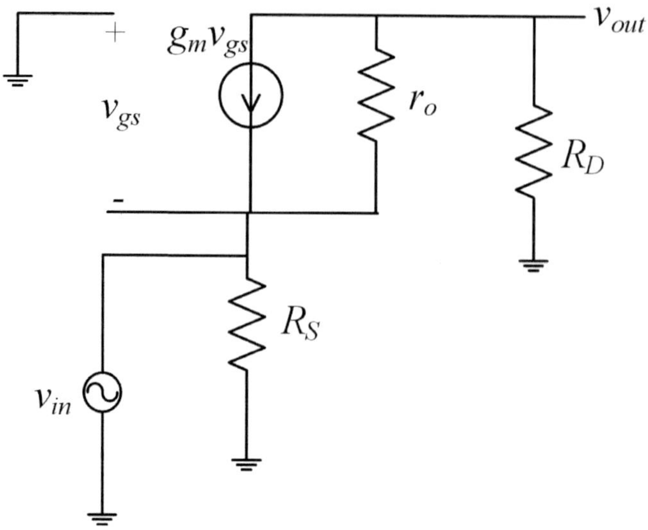

| 그림 13.2 | 입력저항과 전압이득을 계산하기 위한 공통게이트 증폭회로의 등가회로

2.2 공통드레인 회로 (Common Drain Circuit)

Gate 단자에 입력을 인가하고 Source 단자에서 출력을 생성하는 회로를 공통드레인 또는 Source follower 회로라 하며, 이 회로는 큰 입력 임피던스를 작은 임피던스로 변환하는 응용에 많이 사용되어 Buffer라고도 불린다.

(1) 직류해석

그림 13.3에 공통드레인의 회로를 나타내었으며 V_{GS}는 공통소스 증폭회로와 동일하게 전압분배기를 사용하여 결정하고, V_{DS}는 식 (13.3)과 같은 Load line 해석으로 결정할 수 있다.

$$I_D = \frac{V_{DD} - V_{DS}}{R_L} \tag{13.3}$$

Drain의 전압이 항상 V_{DD}에 연결되어 있으므로 Gate 전압보다 높게 형성되어 있으므로 Saturation 영역에서 항상 동작하고 있음을 알 수 있다.

(2) 교류해석

입력저항은 공통소스 회로의 입력저항과 같이 $R_1 \| R_2$로 나타나고, 출력저항은 공통게이트 회로의 입력저항과 같게 되어 $\frac{1}{g_m} \| r_o$이며 $\lambda = 0$인 경우에는 $1/g_m$이 된다. 그리고 전압이득을 구하기 위하여서는 그림 13.4와 같은 등가회로를 이용하여 계산할 수 있다. $v_{in} = v_{gs} + v_{out}$ 이고, $v_{out} = r_o \left(g_m v_{gs} + \frac{v_{out}}{R_L} \right)$이므로 식 (13.4)와 같이 전압이득을 표현할 수 있다.

$$A_v = \frac{r_o \| R_L}{r_o \| R_L + 1/g_m} \tag{13.4}$$

식 (13.4)에서 알 수 있듯이, 공통드레인의 전압이득은 1보다 작으므로 증폭회로에는 사용할 수 없고, 큰 입력저항과 작은 출력저항을 나타내므로, 큰 출력저항을 가진 증폭회로와 작은 입력저항을 가지는 부하 (예를 들면 스피커 등)를 큰 손실 없이 연결하여 사용하고자 하는 회로에 적용할 수 있다. (13장 참고)

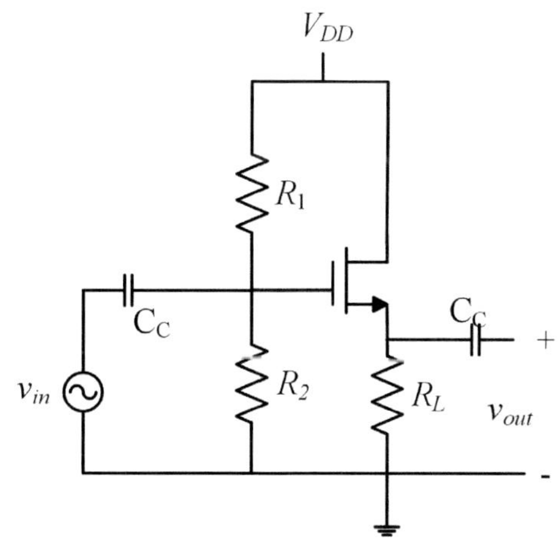

| 그림 13.3 | 공통드레인 회로

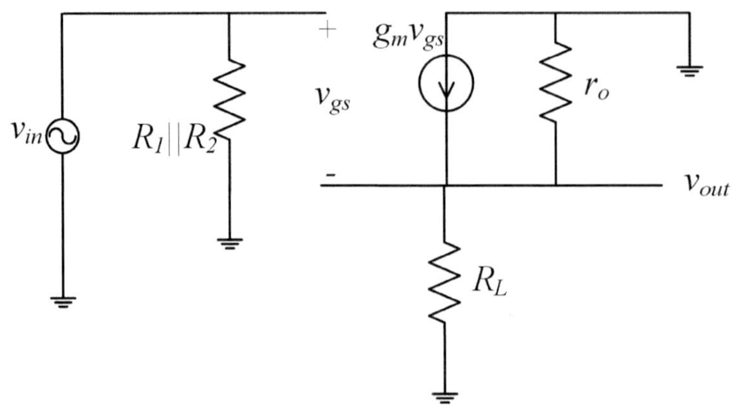

| **그림 13.4** | 공통드레인의 등가회로

2.3 회로 시뮬레이션

공통게이트 증폭회로 (common gate amplifier)와 공통드레인 증폭회로(common drain amplifier, source follower)의 특성을 확인하기 위한 시뮬레이션 회로도가 그림 13.5와 13.6 그리고 그림 13.7과 13.8에 나타나 있다.

그림 13.6에서 회로도 및 각 단자의 전압을 멀티미터의 결과로부터 확인할 수 있는데, $V_{DD} = 5V$를 사용할 때, $V_{GS} = 2.225$ V, $V_{DS} = 3.826$ V, $V_t = 2V$, $I_{DS} = 4.29mA$ 이다. 입력신호의 크기는 0.4 Vpp, 출력신호는 0.823 Vpp를 얻을 수 있다. 회로에서 $V_{GS} > V_t$이므로 트랜지스터는 켜지게 된다. 또한, $V_{GS} - V_t < V_{DS}$이므로 Saturation 상태임을 알 수 있다. $g_m = \dfrac{2I_{DS}}{V_{GS} - V_t}$이며 이 식을 이용해서 g_m을 구하면 0.03이 된다. I_{DS}는 R_2에 걸리는 전압을 이용하여 구하면 4.29 mA이다. 위의 오실로스코프 측정값에서 입력전압은 199.9 mV이고 출력전압은 411.7 mV이기에 전압이득은 약 2.05가 됨을 알 수 있다. 공통게이트의 전압이득은 $g_m R_D$이므로 이 식을 통해 g_m을 확인해보면 약 3이 되므로 즉, 전압이득을 계산해본 결과와 유사함을 알 수 있다.

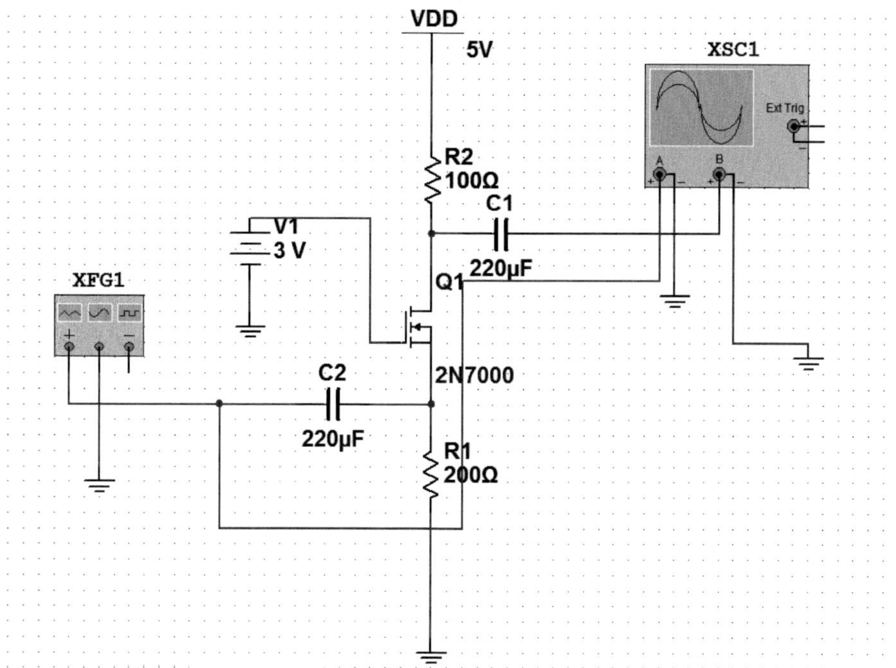

| 그림 13.5 | 공통게이트 증폭회로의 멀티심 구성도

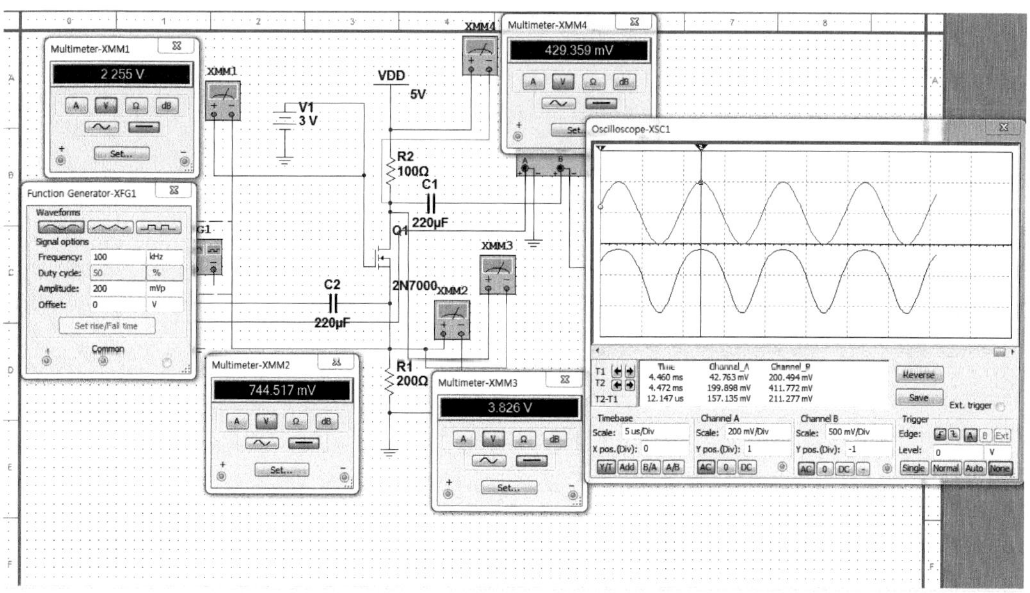

| 그림 13.6 | 공통게이트 회로의 시뮬레이션 결과

그림 13.8에서 회로도 및 각 단자의 전압을 멀티미터의 결과로부터 확인할 수 있는 데, $V_{DD} = 5$ V를 사용할 때, $V_{GS} = 2.424$ V, $V_{DS} = 4.091$ V, $V_t = 2$ V, $I_{DS} = 9.09$ mA

이다. 입력신호의 크기는 0.4 Vpp, 출력신호는 0.365 Vpp를 얻을 수 있다. 회로에서 $V_{GS} > V_t$이므로 트랜지스터는 켜지게 된다. 또한, $V_{GS} - V_t < V_{DS}$이므로 Saturation 상태임을 알 수 있다. $g_m = \frac{2I_{DS}}{V_{GS} - V_t}$로 0.042가 된다. I_{DS}는 R_L에 걸리는 전압을 통해 구하면 9.09 mA이다. 오실로스코프 측정값에서 입력전압은 199.9 mV이고 출력전압은 162.6 mV이기에 전압이득은 약 0.81이 됨을 알 수 있다. 공통드레인의 전압이득은 $\frac{R_L}{R_L + 1/g_m}$이므로 이 식을 통해 g_m을 확인해보면 약 0.042 S가 된다. 즉, 전압이득을 계산해본 결과와 매우 유사함을 알 수 있다.

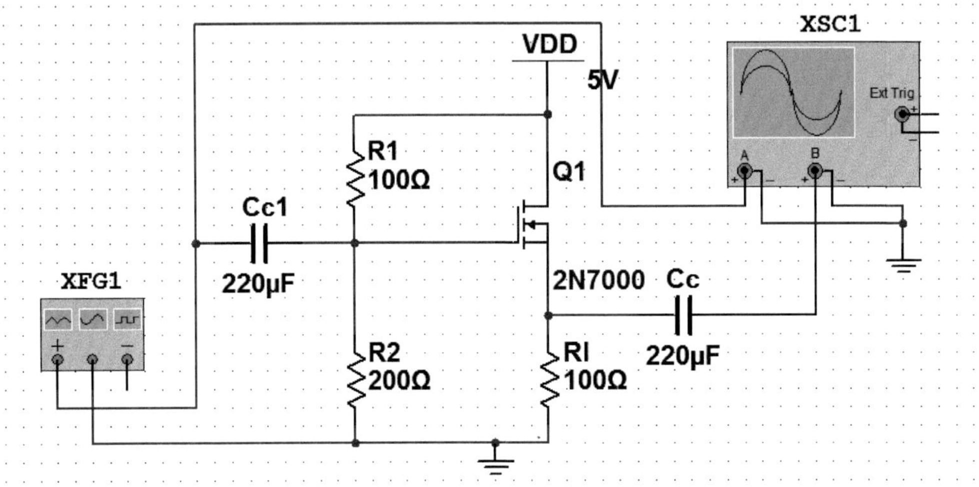

| 그림 13.7 |. 공통드레인 회로의 멀티심 구성도

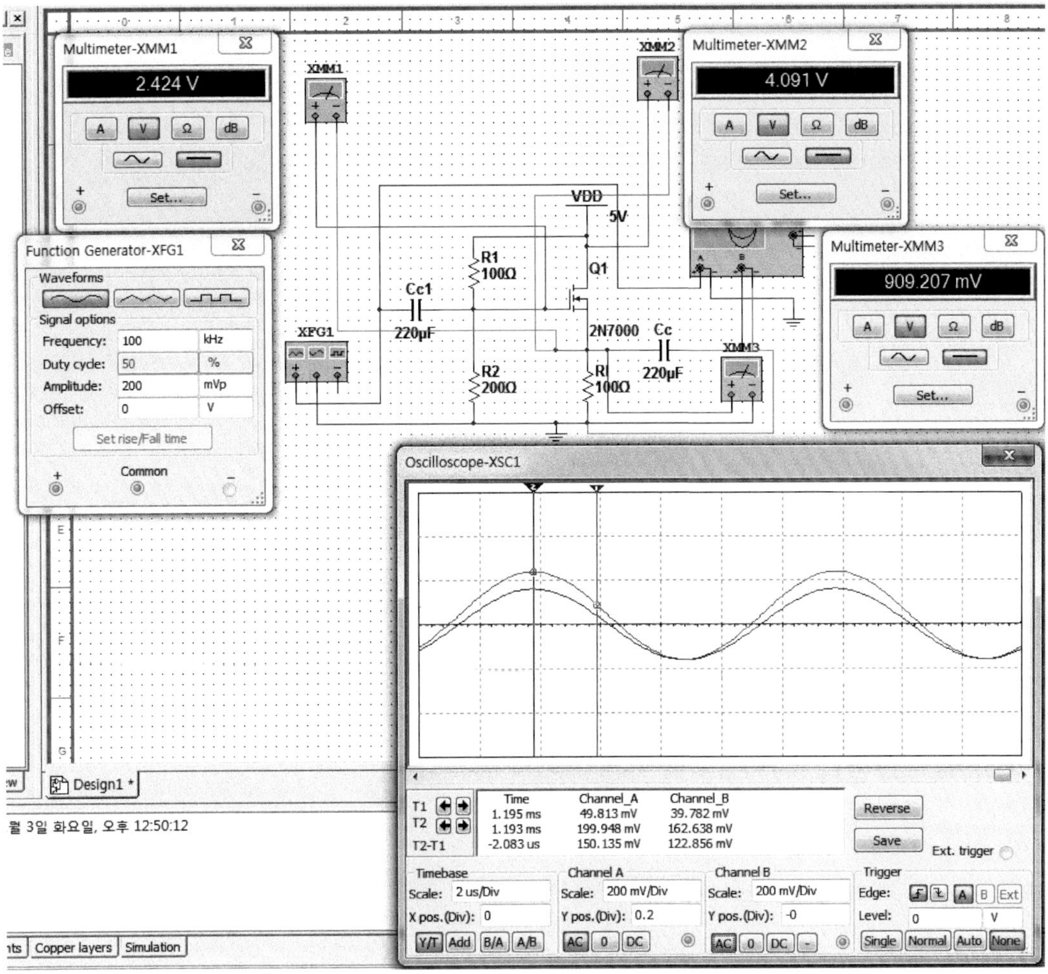

| **그림 13.8** | 공통드레인 회로의 시뮬레이션 결과

3 사용 계기 및 부품

- DC power supply, 디지털 멀티미터, 오실로스코프, 함수발생기
- 2N7000 (N-channel FET) 1개
- 저항: 100Ω 1개, 200Ω 1개, 12 kΩ 1개, 88 kΩ 1개
- 가변저항: 1 kΩ potentiometer 1개
- Capacitor: 10μF 2개
- 브레드 보드, 전선 및 리드선

(실험 전 준비사항)

- 전원공급장치 (Power supply)의 전류 상한값을 50 mA로 설정하여 소자 및 회로의 단락으로 인한 전류의 과잉을 사전에 차단한다.
- 실험에 사용하는 MOSFET 소자인 2N7000의 방향을 그림 11.30과 같이 확인하고 Drain과 Gate에 가하는 전압을 최대 20 V로 제한한다.

4 실험 방법

A. 공통게이트 증폭회로

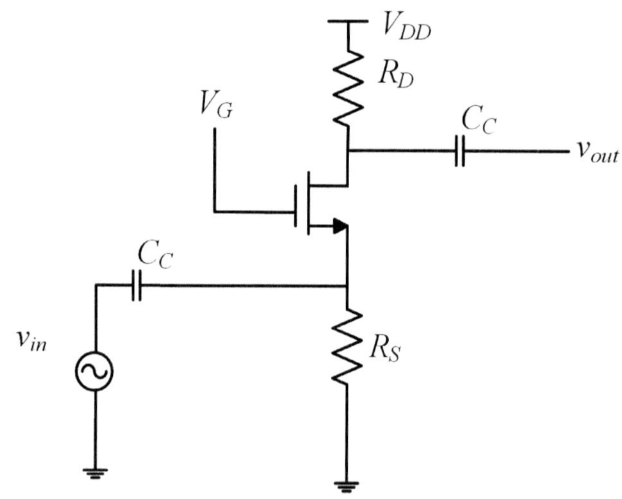

| 그림 13.9 | 공통 게이트 증폭회로

(1) 그림 13.9와 같이 회로를 결선하고 $R_S = 200\Omega$, $R_D = 100\Omega$, $C_C = 10\mu F$을 연결한 후, $V_{DD} = 5V, V_G = 3V$를 인가한다. M1의 Drain에 흐르는 전류가 이론으로 구한 값 (멀티심 등의 컴퓨터 Tool을 사용하지 않고 2N7000의 Datasheet 등을 참고하여 계산) 및 시뮬레이션으로 구한 값과 같은지 확인하고 각 노드의 전압과 전류를 측정하여 표 13.1에 기록한다.

| 표 13.1 | 공통게이트 증폭회로의 실험 결과

	측정결과	이론 계산 값	시뮬레이션 결과
V_D [V]			
V_S [V]			
V_{DS} [V]			
I_D [mA]			

(2) 입력으로 C_C Capacitor 앞에 200 mVp 크기, 100 kHz의 주파수를 가지는 정현파를 인가하고, 1 kΩ potentiometer를 이용하여 1 kΩ의 부하 (= R_L)를 연결 (V_{out} node와 ground 사이)하여 입력 파형과 출력 파형을 오실로스코프로 확인한다. 입력전압 및 출력전압을 측정하여 표 13.2에 결과를 기록한다.

(3) 부하 (= R_L)를 가변시키며 회로에서 나타나는 현상들을 자세히 분석한다.

(4) R_L을 제거했을 때의 입력 파형과 출력 파형을 오실로스코프로 확인한다. 입력전압 및 출력전압을 측정하여 표 13.2에 결과를 기록한다.

(5) 2N7000의 Datasheet와 이론을 이용하여 구한 값을 계산이득에 기록하고 시뮬레이션을 통하여 구한 값을 기록한다.

| 표 13.2 | 공통게이트 증폭회로의 실험 결과

	R_L 조건	V_{in} [Vpp]	V_{out} [Vpp]	측정이득 [V/V]	계산이득 [V/V]	시뮬레이션 결과 [V/V]
(2)	1 kΩ					
(3)	500 Ω					
(3)	100 Ω					
(4)	R_L 제거					

B. 공통드레인 회로

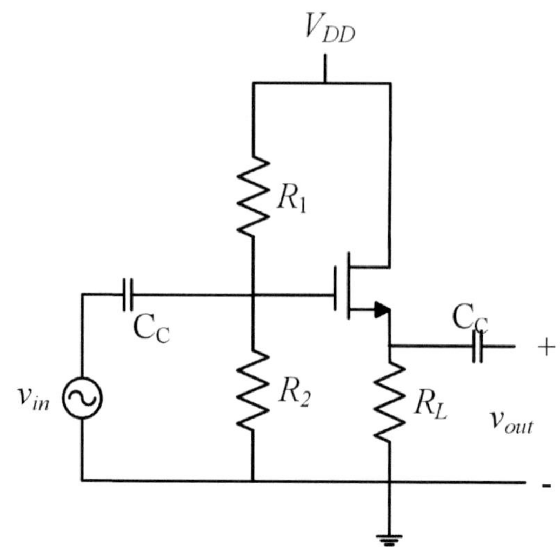

| 그림 13.10 | 공통드레인 회로

(1) 그림 13.10과 같이 회로를 결선하고 $R_1 = 88k\Omega$, $R_2 = 12k\Omega$, $R_L = 100\Omega$, $C_C = 10\mu F$을 연결하고, $V_{DD} = 5V$를 인가한다. M1의 Drain에 흐르는 전류가 이론식으로 구한 값 (멀티심 등의 컴퓨터 Tool을 사용하지 않고 2N7000의 Datasheet 등을 참고하여 계산) 및 시뮬레이션으로 구한 값과 같은지 확인하고 각 노드의 전압과 전류를 측정하여 표 13.3에 기록한다.

| 표 13.3 | 공통드레인 회로의 실험 결과

	측정결과	이론 계산 값	시뮬레이션 결과
V_G [V]			
V_S [V]			
V_{DS} [V]			
I_D [mA]			

(2) 입력으로 C_C Capacitor 앞에 200 mVp 크기, 100 kHz의 주파수를 가지는 정현파를 인가하고, 1 kΩ potentiometer를 이용하여 1 kΩ의 부하 (= R_{L2})를 연결 (V_{out} node와 ground 사이)하여 입력파형과 출력파형을 오실로스코프로 확인한다. 입력전압 및 출력전압을 측정하여 표 13.2에 결과를 기록한다.

(3) 부하(= R_{L2})를 가변시키며 회로에서 나타나는 현상들을 자세히 분석한다.

(4) R_{L2}를 제거했을 때의 입력파형과 출력파형을 오실로스코프로 확인한다. 입력전압 및 출력전압을 측정하여 표 13.4에 결과를 기록한다.

(5) 2N7000의 Datasheet와 이론을 이용하여 구한 값을 계산이득에 기록하고 시뮬레이션을 통하여 구한 값을 기록한다.

| 표 13.4 | 공통드레인 회로의 실험 결과

	R_{L2} 조건	V_{in}[Vpp]	V_{out}[Vpp]	측정이득 [V/V]	계산이득 [V/V]	시뮬레이션 결과 [V/V]
(2)	1 kΩ					
(3)	500 Ω					
(3)	100 Ω					
(4)	R_{L2} 제거					

C. 설계 문제

(1) 100 mVp 크기, 1 MHz의 주파수를 가지는 정현파를 그림 13.9의 공통게이트 회로의 입력으로 사용하여 V_{DD} =5 V로 공급하며, 소모전력을 최소로 하고 출력전압의 Swing을 최대로 하며 선형적으로 동작하도록 저항값을 정하여 이론적으로 회로를 설계하고 시뮬레이션 및 측정으로 검증하시오. 단 C_C는 입출력 전압에 영향을 주지 않도록 적당히 선택하고 부하는 1 kΩ을 가정한다. 이때 설계한 회로의 전압이득, 소모전력, V_{GS}, V_{DS} 및 I_D의 값을 기록한다.

(2) 이번에는 공통드레인 회로를 사용하여 설계하되, 공통소스 회로 및 공통게이트 회로와 비교하여 장단점을 분석한다.

CHAPTER

14 MOSFET 다단 증폭회로

1 실험 목적

(1) 공통소스 회로와 공통드레인 회로를 다단으로 연결하여 회로의 동작을 이해하고 실험으로 확인한다.

(2) 공통게이트 회로와 공통드레인 회로를 다단으로 연결하여 회로의 동작을 이해하고 실험으로 확인한다.

2 이론적 배경

2.1 공통소스–공통드레인 다단 증폭회로

입력 저항이 크고 전압이득이 큰 증폭회로에 적합한 공통소스 회로는 출력 저항을 최대한 크게 하여 설계하기 때문에 스피커 등의 저항이 매우 작은 부하를 구동하기에는 부적합하다. 그러므로 중간에 회로를 추가하여 전압이득은 크게 줄어들지 않고 큰 저항을 작은 저항으로 변환하도록 하면 저항이 작은 부하라도 높은 전압이득으로 구동할 수 있다. 이러한 회로에는 보통 공통드레인을 사용하며 그림 14.1과 같이 구현한다.

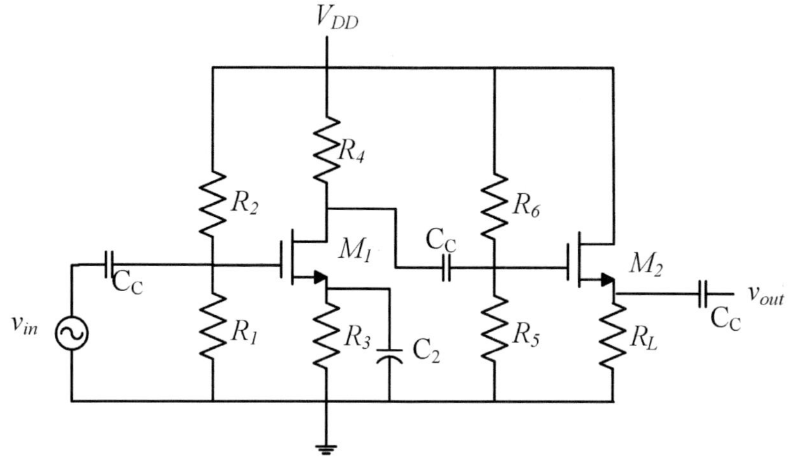

| 그림 14.1 | 공통소스 및 공통드레인의 다단 증폭회로

2.2 공통게이트–공통드레인 다단 증폭회로

한편, 공통게이트 증폭회로와 공통드레인을 다단으로 연결하여 그림 14.2와 같이 구성할 수 있으며, 공통게이트 증폭회로의 전압이득 × 공통드레인의 전압이득으로 전체이득이 되며 공통게이트 입력 저항이 작으므로 전류증폭기나 저항이 작은 증폭회로에 사용할 수 있다.

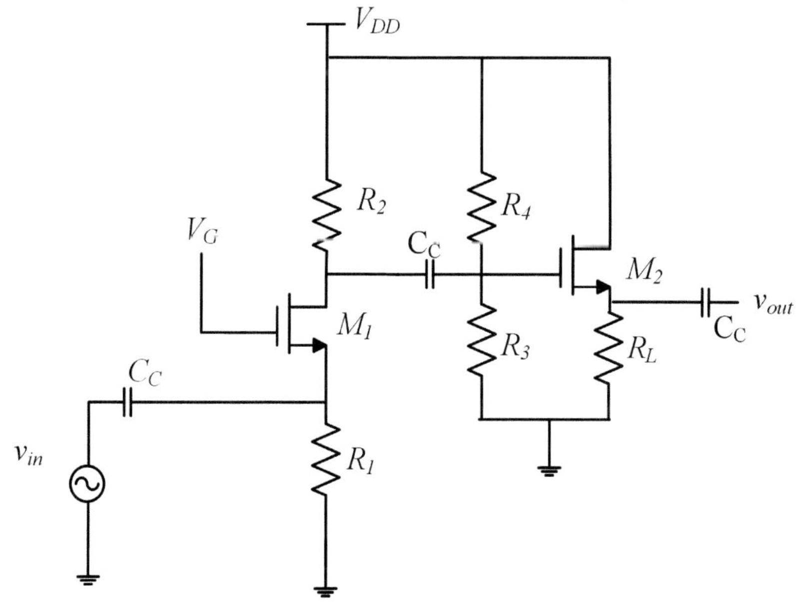

| 그림 14.2 | 공통게이트 및 공통드레인의 다단 증폭회로

2.2 회로 시뮬레이션

공통소스 증폭회로와 공통드레인을 연결하여 다단회로를 시뮬레이션하기 위한 회로도가 그림 14.3에 나타나 있다. 입력의 크기는 200 mVp, 출력크기는 347 mVp를 얻을 수 있다.

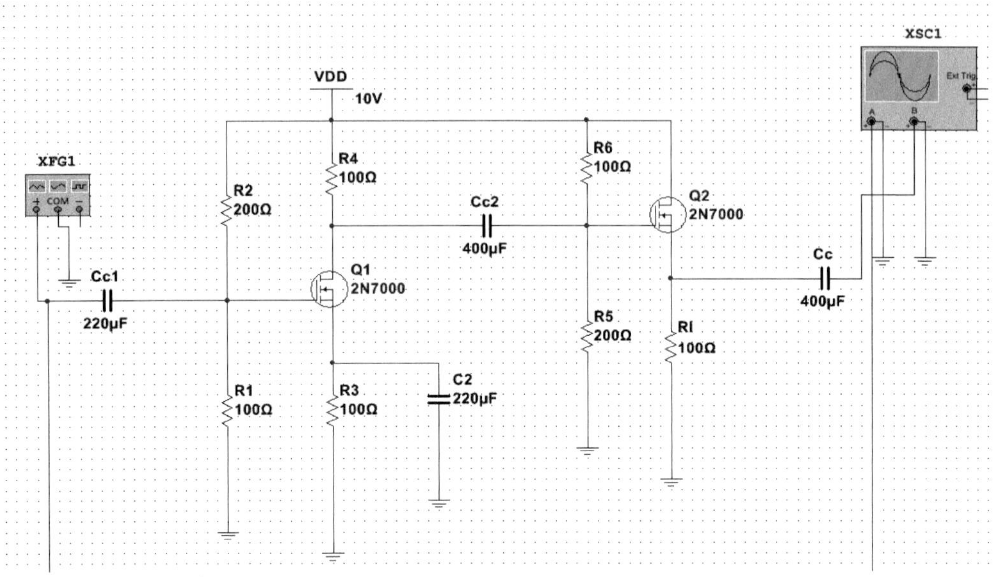

| 그림 14.3 | 공통소스 증폭회로와 공통드레인 회로의 다단 증폭회로

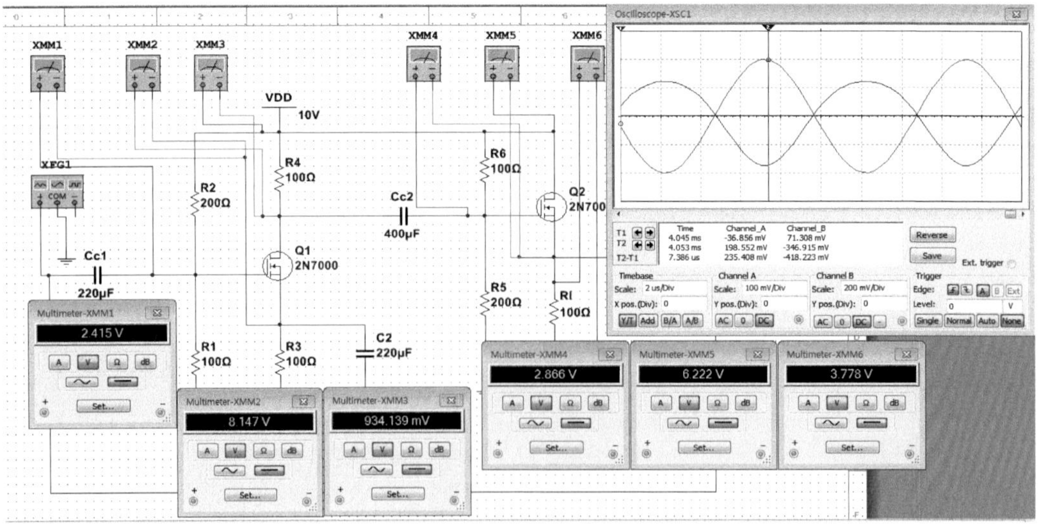

| 그림 14.4 | 공통소스 증폭회로와 공통드레인 회로의 다단 증폭회로 시뮬레이션 결과

여기에서 $V_{GS1}=$ 2.415 V, $V_{GS2}=$ 2.866 V, $V_{DS1}=$ 8.147 V, $V_{DS2}=$ 6.222 V, $V_t=$ 2 V, $I_{DS1}=$ 9.34 mA, $I_{DS2}=$ 37 mA가 됨을 알 수 있으며, 위 회로에서 $V_{GS1} > V_t$, $V_{GS2} > V_t$이므로 트랜지스터는 켜지게 된다. 또한, $V_{DS1} > V_{GS1} - V_t$, $V_{DS2} > V_{GS2} - V_t$이므로 Saturation 영역에 있고 $g_m = \frac{2I_{DS}}{V_{GS} - V_t}$이다. 이 식을 이용하여 g_{m1}, g_{m2}를 구하면 $g_{m1}=$ 0.045, $g_{m2}=$ 0.085임을 알 수 있다. 오실로스코프 측정값에서 입력전압의 최댓값은 198.5 mV이고 출력전압의 최솟값은 −347 mV이기에 전압이득은 약 -1.74가 된다. 다단 증폭회로의 전압이득 식은 $-g_{m1}(R_4 \parallel R_5 \parallel R_6) \times \frac{R_L}{R_L + 1/g_{m2}}$이므로 회로에서 구한 g_{m1}, g_{m2}을 대입해서 전압이득을 구하면 약 -1.61이 된다. 즉, 측정을 통한 전압이득 값과 거의 비슷함을 알 수 있다.

3 사용 계기 및 부품

- DC power supply, 디지털 멀티미터, 오실로스코프, 함수발생기
- 2N7000 (N-channel FET) 2개
- 저항 : 100 Ω 2개, 200 Ω 1개, 1 kΩ 2개
- 가변저항 : 1 kΩ potentiometer 1개, 10 kΩ potentiometer 2개
- Capacitor : 10 μF 3개, 47 μF 1개
- 브레드 보드, 전선 및 리드선

4 실험 방법

A. 다단 증폭회로

(1) 그림 14.5의 회로를 결선한다. V_{DD} = 10 V (회로의 동작이 원활하지 않는 경우 5 V로도 시도할 수 있음)로 공급하여 R_L = 100 Ω을 연결하고, R_1과 R_2는 10 kΩ potentiometer를 이용하여 적절히 배분하여 M1의 Gate 전압을 결성한다. R_5와 R_6도 10 kΩ potentiometer를 이용하여 적절히 배분하여 M2의 Gate 전압을 결정한다. C_2

는 47 μF을 연결하고 나머지 Capacitor들은 10 μF을 연결한다. R_3과 R_4는 출력의 전압 Swing이 최대가 되게 하도록 적당히 선택한다. M1과 M2에 흐르는 Drain 전류가 이론으로 구한 값 (멀티심 등의 컴퓨터 Tool을 사용하지 않고 2N7000의 Datasheet 등을 참고하여 계산) 및 시뮬레이션으로 구한 값과 같은지 확인하고, 각 노드의 전압과 전류를 측정하여 표 14.1에 결과를 기록한다.

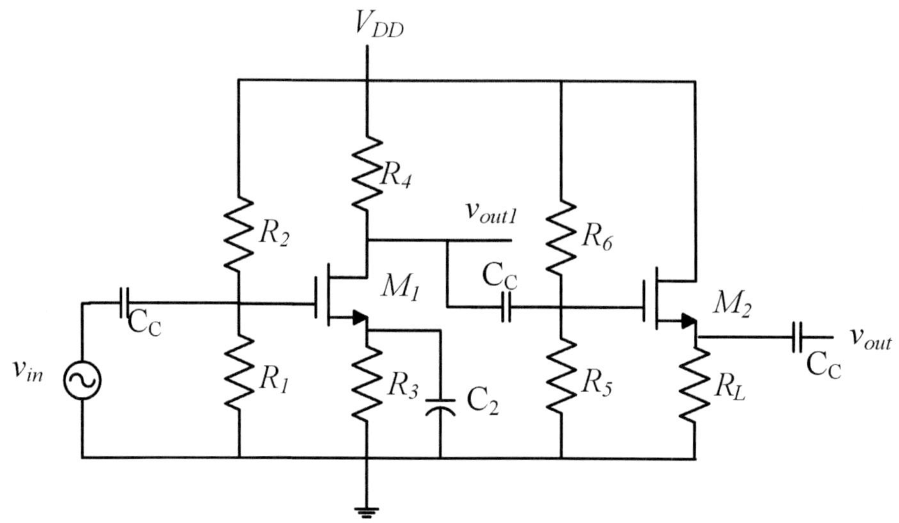

| 그림 14.5 | 공통소스 및 공통드레인의 다단 증폭회로

| 표 14.1 | 다단 증폭회로의 DC 바이어스 실험 결과

	측정결과	이론 계산 값	시뮬레이션 결과
V_{G1} [V]			
V_{D1} [V]			
V_{S1} [V]			
I_{D1} [mA]			
V_{G2} [V]			
V_{S2} [V]			
I_{D2} [mA]			

(2) 입력으로 C_C capacitor 앞에 200 mVp 크기, 100 kHz의 주파수를 가지는 정현파를 인가하고, 1 kΩ potentiometer를 이용하여 1 kΩ의 부하 (= R_{L2})를 연결 (V_{out} node와 ground 사이)하여 입력 파형과 출력 파형을 오실로스코프로 확인한다. 입력전압 및 출력전압을 측정하여 표 14.2에 결과를 기록한다.

(3) C_2를 제거했을 때의 입력 파형과 출력 파형을 오실로스코프로 확인한다. 입력전압 및 출력전압을 측정하여 표 14.2에 결과를 기록한다.

(4) C_2를 제거한 상태에서 부하 (= R_{L2})를 500Ω과 100Ω으로 가변시키며 회로에서 나타나는 현상들을 자세히 분석한다.

(5) R_{L2}를 제거했을 때의 입력 파형과 출력 파형을 오실로스코프로 확인한다. 입력전압 및 출력전압 (V_{out1}과 V_{out})을 측정하여 표 14.2에 결과를 기록한다.

(6) Datasheet와 이론을 사용하여 계산한 계산이득과 시뮬레이션으로 구한 결과를 표 14.2에 기록하여 측정값과 비교 분석한다.

| **표 14.2** | 다단증폭기 실험 결과

	실험조건	V_{in} [Vpp]	V_{out1} [Vpp]	V_{out} [Vpp]	측정이득 [V/V]	계산이득 [V/V]	시뮬레이션 결과 [V/V]
(2)	R_{L2} = 1kΩ, C_2 연결						
(3)	R_{L2} = 1kΩ, C_2 제거						
(4)	R_{L2} = 500Ω, C_2 제거						
(4)	R_{L2} = 100Ω, C_2 제거						
(5)	R_{L2} 제거 C_2 제거						

B. 다단 증폭회로 II

(1) 그림 14.6의 회로를 결선한다. V_{DD} = 5 V, V_G = 3 V로 공급하고 (회로의 동작이 원활하지 않는 경우 변경하여도 무방함), R_1 = 200 Ω, R_2 = 100 Ω, R_L =100 Ω를 연결하고, R_3와 R_4는 10 kΩ potentiometer를 이용하여 적절히 배분하여 M2의 Gate 전압을 결정한다. Power supply에서 V_G 까지의 거리가 상당한 경우 교류 접지에 잡음을 발생시킬 수 있으므로 V_G와 병렬로 Decoupling capacitor (약 1 μF 정도) 를 연결하는 것이 좋다. 나머지 Coupling capacitor들은 10 μF을 연결한다. M_1과 M_2에 흐르는 Drain 전류가 이론으로 구한 값 (멀티심 등의 컴퓨터 Tool을 사용하지 않고 2N7000의 Datasheet 등을 참고하여 계산) 및 시뮬레이션으로 구한 값과 같은지 확인하고, 각 노드의 전압과 전류를 측정하여 표 14.3에 결과를 기록한다.

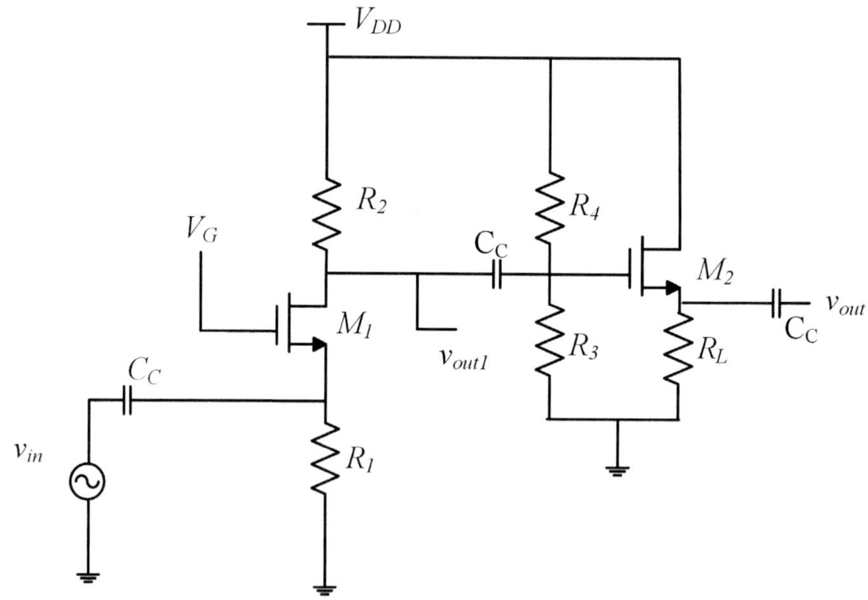

| 그림 14.6 | 공통게이트 및 공통드레인의 다단 증폭회로

| 표 14.3 | 다단 증폭회로의 DC 바이어스 실험 결과

	측정결과	이론 계산 값	시뮬레이션 결과
V_{G1} [V]			
V_{D1} [V]			
V_{S1} [V]			
I_{D1} [mA]			
V_{G2} [V]			
V_{S2} [V]			
I_{D2} [mA]			

(2) 입력으로 C_C capacitor 앞에 200 mVp 크기, 100 kHz의 주파수를 가지는 정편파를 인가하고, 1 kΩ potentiometer를 이용하여 1 kΩ의 부하 (= R_{L2})를 연결 (V_{out} node와 ground 사이)하여 입력 파형과 출력 파형을 오실로스코프로 확인한다. 입력전압 및 출력전압을 측정하여 표 14.4에 결과를 기록한다.

(3) 부하(= R_{L2})를 가변시키며 회로에서 나타나는 현상들을 자세히 분석한다.

(4) R_{L2}를 제거했을 때의 입력파형과 출력파형을 오실로스코프로 확인한다. 입력전압 및 출력전압을 측정하여 표 14.4에 결과를 기록한다.

(5) Datasheet와 이론을 사용하여 계산한 계산이득과 시뮬레이션으로 구한 결과를 표 14.4에 기록하여 측정이득과 비교 분석한다.

| 표 14.4 | 다단 증폭기 실험 결과

	R_{L2} 조건	V_{in} [Vpp]	V_{out1} [Vpp]	V_{out} [Vpp]	측정이득 [V/V]	계산이득 [V/V]	시뮬레이션 결과 [V/V]
(2)	1 kΩ						
(3)	500 Ω						
(3)	100 Ω						
(4)	R_{L2} 제거						

C. 설계 문제

(1) 100 mVp 크기, 음성 주파수 (20 - 20000 Hz) 대역의 신호를 증폭하기 위하여 다단 증폭기를 설계하고자 한다. 출력전압의 크기를 5 V_{pp} 이상으로 증폭하고, 소모전력을 최소로 하고 출력전압의 Swing을 최대로 하며 최대한 선형적으로 동작하도록 이론적으로 회로를 설계하고 시뮬레이션 및 측정으로 검증하시오. 단 C_C는 입출력 전압에 영향을 주지 않도록 적당히 선택하고 부하는 스피커를 가정하여 약 32 Ω으로 가정한다. 이때 설계한 회로의 공급전압, 전압이득, 소모전력 및 동작 주파수 대역을 자세히 나타내시오. 여기에서 통과 주파수 대역이란 최대의 크기를 보이는 주파수 신호 대비 전력이 1/2보다 큰 경우를 말하며 그 이하의 크기는 통과 대역 주파수 대역으로 포함하지 않는다.

저자 약력

조춘식

한국항공대학교 항공전자정보공학부

전재홍

한국항공대학교 항공전자정보공학부

김영진

한국항공대학교 항공전자정보공학부

오병태

한국항공대학교 항공전자정보공학부

정동원

한국항공대학교 항공전자정보공학부

전자회로 실험

발 행 일 • 2019년 2월 28일

저 자 • 조춘식 · 전재홍 · 김영진 · 오병태 · 정동원
발 행 자 • 최 봉 조
발 행 처 • 진샘미디어
주 소 • 서울시 은평구 연서로 5길 28 부호아파트 102동 상가5호
전 화 • 02)353-4421 / FAX 02)353-4431
홈 페 이 지 • www.jinsaem.co.kr

신 고 번 호 • 제311-2005-000025호
I S B N • 979-11-88791-24-8 93560

정가 14,000원